Vraagstukkenboek bio-organische chemie

Prof. dr. J.F.J. Engbersen is als hoogleraar Biomedische Chemie verbonden aan de Faculteit der Technische Natuurwetenschappen van de Universiteit Twente

Prof. dr. Æ. de Groot is met emeritaat. Hij was als hoogleraar bio-organische chemie verbonden aan de Leerstoelgroep Organische Chemie van Wageningen Universiteit

L.L. Doddema is als practicumleider verbonden aan de Leerstoelgroep Organische Chemie van Wageningen Universiteit

Vraagstukkenboek bio-organische chemie

J.F.J. Engbersen

Æ. de Groot

L.L. Doddema

Wageningen Academic
P u b l i s h e r s

Trefwoorden:
Organische chemie
Biochemie
Vraagstukken

Foto omslag:
H.J. Bouwmeester
Plant Research International

ISBN 9789074134989

1e druk, 1997
2e, verbeterde druk, 2001
3e druk, 2005
4e druk, 2012
5e druk, 2015
6e druk, 2018

©Wageningen Academic Publishers
Nederland, 2018

Woord vooraf

In 1985 verscheen de eerste druk van het studieboek "Inleiding in de bio-organische chemie" van J.F.J. Engbersen en Æ. de Groot. Dit boek is een groot succes en wordt op veel HBO instellingen en universiteiten gebruikt. In de afgelopen jaren ontwikkelden de auteurs een groot aantal oefenopgaven voor de propedeuse studenten van Wageningen Universiteit. Het zijn open vragen en meerkeuzevragen. Uit dit materiaal is in de loop der tijd een opgavenbundel ontstaan die aan Wageningen Universiteit wordt gebruikt als oefenstof voor de studenten. Docenten uit den lande vroegen regelmatig naar deze opgavenbundel en dit deed ons besluiten om de opgavenbundel uit te breiden en om te werken tot het voorliggende vraagstukkenboek, behorend bij genoemd studieboek.
We staan vanzelfsprekend open voor suggesties en opmerkingen ter verbetering van dit boek.

Inleiding

De opgaven in het vraagstukkenboek volgen de volgorde van de hoofdstukken in het studieboek "Inleiding in de bio-organische chemie" van J.F.J. Engbersen en Æ. de Groot. Over elk onderwerp zijn een aantal vraagstukken opgenomen en aan het eind van elk hoofdstuk is van deze vraagstukken volledige uitwerking gegeven. Dit is inclusief een toelichting op de wijze van aanpak van het vraagstuk en het vermijden van veel voorkomende fouten. Zo krijgt de student direct een terugkoppeling van zijn of haar vaardigheden om de verkregen kennis toe te passen. Het vraagstukkenboek bevat zowel open vragen als meerkeuzevragen. Bij de meerkeuzevragen wordt de student geadviseerd eerst de opgave volledig uit te werken, alvorens een keuze te maken uit de gepresenteerde antwoordmogelijkheden. Het antwoord op een vraag wordt gegeven door in het hokje achter het nummer van de vraag het cijfer behorend bij het gekozen antwoord te plaatsen.
In het vraagstukkenboek staan relatief veel opgaven over de twee inleidende hoofdstukken van het studieboek. Deze behandelen de algemene basisbegrippen in de organische chemie en zijn bedoeld om studenten met verschillende vooropleidingen op hetzelfde beginniveau te brengen. Afhankelijk van de vooropleiding kan de student meer of minder aandacht aan de oefenopgaven in deze hoofdstukken besteden. Evenals in het studieboek zijn de volgende hoofdstukken ingedeeld naar functionele groepen en worden de onderwerpen vervolgens toegepast op de chemie van natuurproducten. Over de stof van de hoofdstukken aldehyden en ketonen, carbonzuren en carbonzuur-derivaten zijn veel oefenopgaven opgenomen omdat deze onderwerpen belangrijk zijn voor een goed begrip van de chemie van de natuurproducten suikers, vetten, aminozuren en eiwitten. Het vraagstukkenboek wordt afgesloten met voorbeelden van twee tentamens zoals die aan Wageningen Universiteit zijn afgenomen.

Hengelo	Wageningen	Leusden
J.F.J. Engbersen	Æ. de Groot	L.L. Doddema

Inhoudsopgave

1   Bouw en eigenschappen van moleculen

1) Geef alle mogelijke structuurisomeren, met hun naam van, C_6H_{14} en C_5H_{10}.

2) Teken de structuur van de volgende functionele groepen:
    a   een primaire, een secundaire en een tertiaire alcohol
    b   een primair, een secundair en een tertiair amine
    c   een alkoxyalkaan (ether)
    d   een ester
    e   een keton (alkanon)
    f   een aldehyde (alkanal)

3) Geef de structuur en naam van de isomeren met de volgende brutoformule (geen cyclische
    of onverzadigde verbindingen of verbindingen met meerdere functionele groepen).
    a $C_4H_{11}N$ (aminen)
    b C_4H_8O (alkanalen en alkanonen)
    c $C_4H_8O_2$ (alkaancarbonzuren en esters)
    d $C_4H_{10}O$ (alkanolen en alkoxyalkanen)

4) Geef de structuurformule van de volgende verbindingen:
    a   2-aminopentaan   e   *n*-propylformiaat
    b   3-amino-2-methylbutanal   f   het carbonamide afgeleid van
    c   trichloorethanal   azijnzuur en *n*-propylamine
    d   propaancarbonamide   g   2,3-butaandion

5) Geef schematisch de elektronenverdeling weer in de volgende moleculen:
    CO_2 NH_3 BF_3 H_2CO_3 H_2CCl_2 HCN HNO_2 HNO_3 $AlCl_3$

6) Geef de elektronenformules (d.w.z. met alle elektronenparen en eventuele ladingen erin
    getekend) van:
    a   propanon   g   waterstofcarbonzuur (mierenzuur)
    b   methoxyethaan   h $H_3CO^{\ominus}$
    c   ethanal   i $CCl_3^{\ominus}$
    d   1,3-butadiëen   j H_3NBF_3
    e   monochloorazijnzuur   k $(H_3C)_2NH_2^{\oplus}$
    f   benzeen

7) Bij enkele van onderstaande elektronenformules zijn de ladingen weggelaten. Schrijf ze erbij.

$$H:B:H \quad (a) \qquad \overset{\cdot\cdot O\cdot\cdot}{\underset{:Cl: \;:Cl:}{C}} \quad (b) \qquad H_3C:\overset{CH_3}{\underset{CH_3}{C}} \quad (c) \qquad H_3C:\overset{CH_3}{\underset{CH_3}{N}}:CH_3 \quad (d)$$

a   b   c   d

$$:N::\overset{\cdot\cdot}{O}: \quad (e) \qquad H:\overset{\cdot\cdot}{\underset{\cdot\cdot}{F}}:H \quad (f) \qquad H:\overset{\cdot\cdot}{O}:N::\overset{\cdot\cdot}{O}: \quad :\overset{\cdot\cdot}{O}: \quad (g)$$

e   f   g

8) De elektronenconfiguratie in een koolstofatoom is $1s^2$-$2s^2$-$2p_x$-$2p_y$

Hoe is de elektronenconfiguratie in een atoom van de elementen stikstof, zuurstof, fluor en neon?

9) a Teken het energiediagram en de elektronenverdeling van stikstof in ongehybridiseerde en in sp^2-gehybridiseerde toestand.

b Wat kunt u zeggen over het energieniveau van de bindingselektronen in beide toestanden?

10) Geef voor de volgende verbindingen het aantal σ en π bindingen aan.

Geef de hybridisatietoestand van de atomen die gemerkt zijn met een *.

Geef ook de hoeken tussen de bindingen juist weer.

$$HC{\equiv}\overset{*}{C}-CH{=}\overset{*}{N}CH_3$$

a

$$\overset{*}{H}C{=}O$$

b

$$\underset{CH_3O}{\overset{H}{\diagdown}}C{=}\overset{*}{C}\underset{H}{\overset{CH_3}{\diagup}}$$

c

11) Voor hybridisatie van een koolstofatoom naar de sp^3-toestand is energie nodig. Waarom heeft deze hybridisatie toch de voorkeur boven de grondtoestand in verbindingen met koolstof?

12) Hoe zijn de koolstofatomen gehybridiseerd in

a ethaan

b 1-propeen

c monofluorethyn

Maak de tekeningen van deze moleculen (met orbitalen).

13) Verklaar het verschil in bindingshoeken tussen ethaan, etheen en ethyn.

14) Geef alle mogelijke structuren van de moleculen die voldoen aan de volgende voorwaarden:

a C_3H_2O met twee sp-gehybridiseerde C-atomen en één sp^2-gehybridiseerd C-atoom.

b C_3H_4O met drie sp^2-gehybridiseerde C-atomen.

c C_3H_6O met drie sp^3-gehybridiseerde C-atomen.

d C_3H_6O met twee sp^2-gehybridiseerde C-atomen en één sp^3-gehybridiseerd C-atoom.

e C_3H_8O met drie sp^3-gehybridiseerde C-atomen.

15) Geef de hybridisatietoestand aan van alle atomen in de volgende moleculen.

H_3C-OH $H_3C-O-CH_3$ $H_2C=O$

a   b   c

$H_3C-CH_2-\overset{\overset{O}{\|}}{C}-CH_3$ $H_3C-C\equiv C-O-CH_3$ H_3C-NH_2

d   e   f

$(H_3C)_3N$ HCN H_3C-F

g   h   i

—CH_3 —$CH=CH_2$

j   k

16) Teken de vrije elektronenparen in de volgende verbindingen en geef hierbij aan in welk type orbitaal ($1s$; $2s$; $2p$; sp, sp^2; sp^3) ze zich bevinden.

serie A

H_3C-OH $H_2C=NH$ $H-C\equiv C^{\ominus}$

a   b   c

serie B

H_3C-F H_3C-NH_2 H_3C-CN

a   b   c

17) De verbinding C_3HN is een lineair molecuul. Geef de formule.

18) Een verbinding C_5H_6O heeft de volgende geometrie:

$\angle C_1 C_2 C_3 = 109°$ $\angle C_2 C_3 C_4 = 120°$ $\angle C_3 C_4 C_5 = 180'$

Wat is de structuur van deze verbinding?

19) Geef met de symbolen δ+ en δ- de ladingsverdeling aan in de volgende verbindingen:

$H_3C—F$ .... $H—Cl$ .... $H_3C—O—CH_3$ .... $H_2C=CH—\overset{\overset{\displaystyle O}{\|}}{C}—CH_3$

a .... b .... c .... d

$H_2C=O$ .... CO_2 .... $H_2C=CH_2$ .... $H_3C—NH_2$

e .... f .... g .... h

20) Geef de richting van het dipoolmoment, voorzover aanwezig, in de volgende moleculen:

HBr .... I Cl .... I_2 .... CH_2Cl_2 .... $CHCl_3$

a .... b .... c .... d .... e

H_3COH .... H_3COCH_3 .... $(CH_3)_3N$ .... CF_2Cl_2

f .... g .... h i

21) Welke factoren bepalen in hoge mate de fysische eigenschappen van moleculen?

22) Rangschik naar opklimmend kookpunt:
   a H_5C_2OH; $H_3C(CH_2)_2Br$; CH_4; H_2O
   b $H_3CCH_2CH_2Cl$; H_3COCH_3; $C_{10}H_{22}$; $H_3CCHClCH_3$; CH_3OH
   c azijnzuur, butaan, 2-broombutaan, propaan, 2-chloorbutaan
   d ethylpropionaat (= ethylester van propaanzuur), 2-propanol, 2-chloorpropaan, propanon, propionzuur (= propaanzuur), propaan

23) Welke van de volgende stoffen hebben een dipoolmoment gelijk aan 0
   ethyn, ethanal, benzeen, 1,4-dibroombenzeen, propeen, 2-aminopropaan.

24) Welke van de volgende stoffen kunnen volledig gemengd worden met water?
   a ethaan, ethanol, chloorethaan, ethanal, azijnzuur, aminobutaan, 1-aminohexaan
   b 1,2,3-propaantriol (= glycerol), 1,3-butadiëen, ethoxyethaan (= ether), propanon (= aceton), chloorpropaan, ethaancarbonzuur (= propaanzuur).

25) De oplosmiddelen dichloormethaan en tetrahydrofuraan (THF) hebben nagenoeg dezelfde polariteit ε = 9,0 resp. 7,4 en hetzelfde dipool μ= 1.60 resp.1.63. Toch lost er nagenoeg geen water op in dichloormethaan terwijl THF volledig mengbaar is met water.
   Verklaar dit.

26) Geef een verklaring voor het feit dat pentaan niet met methanol maar wel met ethanol mengbaar is.

27) Waterstof kan men gesplitst denken in $H^{\oplus}$ en $H^{\ominus}$. Waarom heeft bij de splitsing van waterstof toch de vorming van twee radicalen de voorkeur ?

28) Geef de ruimtelijke structuur met orbitalen van

$\overset{\oplus}{NH_4}$ $\qquad\qquad$ $\overset{\ominus}{CH_3}$ $\qquad\qquad$ $\overset{\oplus}{CH_3}$

29) Geef de hybridisatie aan van alle koolstofatomen in de volgende structuren:

H_2C=CH—$\overset{\cdot}{C}H_2$ $\qquad$ H_3C—CH_2—$\overset{\oplus}{C}H_2$ $\qquad$ H—C≡$\overset{\ominus}{C}$:

a $\qquad\qquad$ b $\qquad\qquad$ c

H_3C—$\overset{\overset{O}{\|}}{C}$—$\overset{\ominus}{C}H_2$: $\qquad$ H_3C—$C\overset{\overset{\cdot\cdot}{O}\cdot\cdot}{\underset{\cdot\cdot O\cdot\cdot}{}}\overset{\ominus}{}$ $\qquad$ H_3C—$C\,H_2$—$\overset{\ominus}{C}H_2$:

d $\qquad\qquad$ e $\qquad\qquad$ f

H_2C=$C\overset{\overset{\cdot\cdot}{O}\cdot\cdot}{\underset{H}{}}\overset{\ominus}{}$ $\qquad$ H_3C—$\overset{\cdot\cdot}{\underset{\cdot\cdot}{O}}$: $\overset{\ominus}{}$ $\qquad$ H_3C—CH_2—$\overset{\cdot}{C}H_2$

g $\qquad\qquad$ h $\qquad\qquad$ i

30) Geef een structuur met orbitalen van

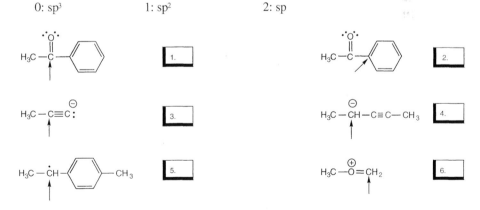

a $\qquad\qquad\qquad$ b

31) In welke hybridisatietoestand komen de met een pijl aangegeven koolstofatomen voor?
U hebt steeds de keuze uit de volgende mogelijkheden:
0: sp³ $\qquad\qquad$ 1: sp² $\qquad\qquad$ 2: sp

32) a Een verbinding X is opgebouwd uit vier verschillende koolstofatomen en één
       zuurstofatoom. Van de koolstofatomen is er één sp^3 -gehybridiseerd, één
       sp^2-gehybridiseerd en twee sp-gehybridiseerd.

   Verbinding X kan zijn: 1.

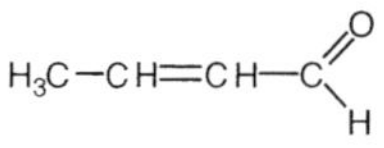

$H_3C-CH=CH-C$ (=O)(H)

0

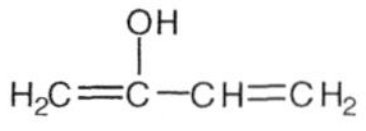

$H_2C=C(OH)-CH=CH_2$

1

$H_3C-C\equiv C-CH_2-OH$

2

$H_3C-C\equiv C-C$ (=O)(H)

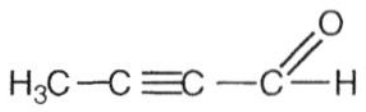

3

$H_3C-O-CH_2-C\equiv CH$

4

$H_3C-O-CH=CH-CH_3$

5

   b In een verbinding Y met de formule C_6H_{12} zijn alle bindingshoeken die de
      koolstofatomen onderling maken 120°.

      Verbinding Y is: 2.

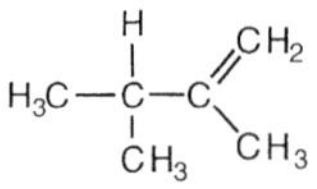

$H_3C-C(H)(CH_3)-C(CH_2)(CH_3)$

0

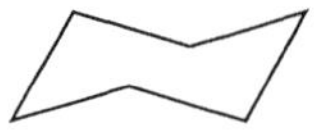

(ring structure)

1

$H_3C-CH_2-CH=CH-CH_2-CH_3$

2

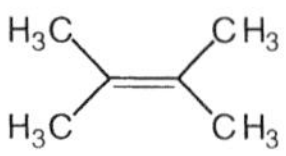

$(H_3C)(H_3C)C=C(CH_3)(CH_3)$

3

(cyclopentane with CH_3)

4

(cyclobutane with H_3C)

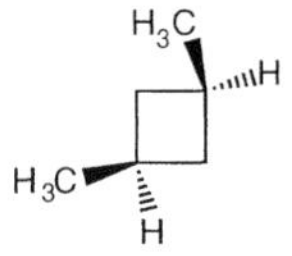

5

(cyclopropane with CH_3)

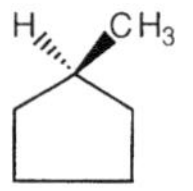

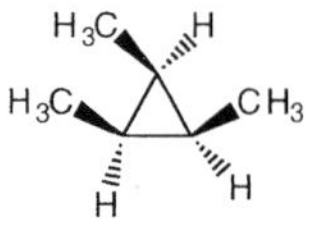

6

33) U hebt bij onderstaande vraagstukken te kiezen uit de volgende combinatiemogelijkheden:

0: sp^3 - sp^3 - sp^3 4: sp^3 - sp^2 - sp^2 7: sp^2 - sp - sp^2
1: sp^3 - sp^3 - sp^2 5: sp^2 - sp^2 - sp^2 8: sp - sp^2 - sp^3
2: sp^3 - sp^3 - sp 6: sp^2 - sp^2 - sp 9: sp - sp^2 - sp
3: sp^3 - sp^2 - sp^3

Geef de hybridisatietoestand voor de koolstofatomen a, b en c in onderstaande verbindingen:

A $H_2\overset{\ominus}{\underset{a}{C}} - \overset{O}{\underset{b}{C}} - \underset{c}{\bigcirc}$

De combinatie van uw keuze opzoeken en het desbetreffende nummer achter 1. invullen.

B : $H_2\underset{a}{C} = \underset{b}{CH} - \underset{c}{C} \equiv CH$

Idem, nu het nummer van de gekozen combinatie achter 2. invullen.

C : $H_3\underset{a}{C} - \overset{\oplus}{\underset{b}{CH}} - \underset{c}{\bigcirc}$

Idem, nu het nummer van de gekozen combinatie achter 3. invullen.

D : $H_2C \overset{H_2C - CH_2}{\underset{H_2C - \underset{a}{CH_2}}{\big\rangle}} \underset{b}{CH} - \underset{c}{C} \equiv N$

Idem, nu het nummer van de gekozen combinatie achter 4. invullen.

E : $H_2\overset{\ominus}{\underset{a}{C}} - \underset{b}{CH_2} - \underset{c}{CH} = CH_2$

Idem, nu het nummer van de gekozen combinatie achter 5. invullen.

5.

34) Gegeven is het kation $H_3C - \overset{\oplus}{CH} - CH = CH_2$ (I)

a   Het aantal sp^3 orbitalen dat gebruikt wordt voor een binding in I is:

1.

0: geen   1: een   2: twee   3: drie
4: vier   5: vijf   6: zes   7: meer dan zes

b   De CH-bindingen in de CH_3-groep maken onderling een hoek van :

2.

0: 90°   1: 109°   2: 120°   3:180°

c   De hoeken die de C-C bindingen aan het $-\overset{\oplus}{CH}-$ structuurfragment met elkaar maken zijn:

3.

0: 90°   1: 109.5°   2: 120°   3: 180°

d De positieve lading wordt aanwezig geacht in een: 4.

0: 2s-orbitaal   1: 2p-orbitaal   2: sp-orbitaal

3: sp^2-orbitaal   4: sp^3 -orbitaal   5: een molecuulorbitaal opgebouwd
                                                    uit drie sp^2-orbitalen

e De hoek die de orbitaal die de positieve lading draagt maakt met de

C-C bindingen is: 5.

0: 90°   1: 109.5°   2: 120°   3: 180°

f De hybridisatie van het koolstofatoom van het -CH= structuurelement is: 6.

0: niet gehybridiseerd   1: sp   2: sp^2 3: sp^3

35) Geef het aantal sp^2-gehybridiseerde *koolstof*atomen aan in de volgende structuurformules.
    U hebt bij uw antwoord steeds de keuze uit de volgende mogelijkheden:
    0: geen   2: twee   4: meer dan drie
    1: een   3: drie
    (één van de mogelijkheden 0 t/m 4 kiezen en uw keuze achter het cijfer onder elke
    structuur invullen)

1.   2.   3.

4.   5.

36) In welk type orbitaal bevindt zich het elektronenpaar dat met een pijl is aangegeven?
U hebt keuze uit:

0: = 1s   2: = 2p   4: = sp^2
1: = 2s   3: = sp   5: = sp^3

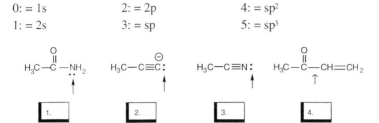

37) Geef de hybridisatie van onderstaande geladen koolstofatomen.
U hebt de keuze uit:

0: sp^3 1: sp^2 2: sp

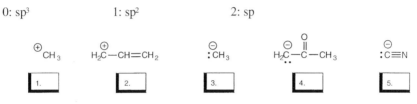

38) U hebt bij elk onderdeel de keuze uit:

0: geen van de structuren   3: alleen c   6: b + c
1: alleen a   4: a + b   7: a + b+ c
2: alleen b   5: a + c

A Welk van de met een pijl aangegeven koolstofatomen is sp^2-gehybridiseerd?

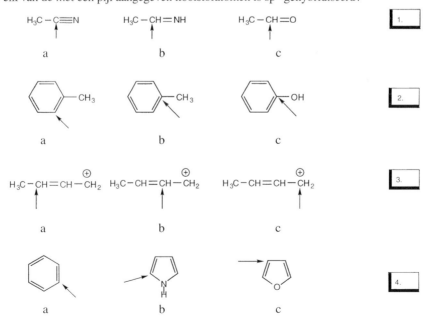

B Welk van onderstaande verbindingen kunnen waterstofbruggen vormen met water?

$$H_3C-NH_2 \qquad\qquad H_3C-\overset{\displaystyle O}{\overset{\displaystyle \|}{C}}-NH_2 \qquad\qquad H_3C-CH=CH_2$$

| a | b | c |

| 5. |

$$NH_3 \qquad\qquad CH_4 \qquad\qquad H_2$$

| a | b | c |

| 6. |

1   Antwoorden

1)   a C_6H_{14}:

$$H_3C-CH_2-CH_2-CH_2-CH_2-CH_3$$

hexaan

$$H_3C-\overset{\overset{\textstyle CH_3}{|}}{CH}-CH_2-CH_2-CH_3$$

2-methylpentaan

$$H_3C-CH_2-\overset{\overset{\textstyle CH_3}{|}}{CH}-CH_2-CH_3$$

3-methylpentaan

$$H_3C-CH_2-\overset{\overset{\textstyle CH_3}{|}}{\underset{\underset{\textstyle CH_3}{|}}{C}}-CH_3$$

2,2-dimethylbutaan

$$H_3C-\overset{\overset{\textstyle CH_3}{|}}{CH}-\overset{\overset{\textstyle CH_3}{|}}{CH}-CH_3$$

2,3-dimethylbutaan

b C_5H_{10}:

$$H_2C=CH-CH_2-CH_2-CH_3$$

1-penteen

$$H_3C-CH=CH-CH_2-CH_3$$

2-penteen

$$H_2C=\overset{\overset{\textstyle CH_3}{|}}{C}-CH_2-CH_3$$

2-methyl-1-penteen

$$H_3C-CH=\overset{\overset{\textstyle CH_3}{|}}{C}-CH_3$$

2-methyl-2-penteen

$$H_2C=CH-\overset{\overset{\textstyle CH_3}{|}}{CH}-CH_3$$

3-methyl-1-buteen

cyclopentaan

methylcyclobutaan

1,1-dimethylcyclopropaan

ethylcyclopropaan

1,2-dimethylcyclopropaan

Opmerking: De plaats van een substituent of een functionele groep zoals een dubbele of drievoudige binding wordt altijd met een zo laag mogelijk nummer aangegeven. Dus de eerste structuur wordt 1-penteen genoemd en geen 4-penteen. Ringstructuren worden aangegeven door het voorvoegsel cyclo- voor de stamnaam te plaatsen.

2)   a $R-CH_2-OH$ $R_1-\overset{\overset{\textstyle OH}{|}}{\underset{\underset{\textstyle H}{|}}{C}}-R_2$ $R_1-\overset{\overset{\textstyle OH}{|}}{\underset{\underset{\textstyle R_3}{|}}{C}}-R_2$

primaire alcohol   secundaire alcohol   tertiaire alcohol

N.B. de term primair, secundair en tertiair slaat hier op het aantal substituenten aan het *koolstofatoom* waaraan de OH-groep zit

b $R-NH_2$ $R_1-\overset{\overset{\textstyle H}{|}}{N}-R_2$ $R_1-\overset{\overset{\textstyle R_3}{|}}{N}-R_2$

primair amine   secundair amine   tertiair amine

N.B. de term primair, secundair en tertiair slaat hier op het aantal substituenten aan het *stikstofatoom*

c R_1-O-R_2 : alkoxyalkaan (ether

d $R_1-C\overset{\overset{\textstyle O}{\|}}{\underset{\underset{\textstyle OR_2}{}}{}}$: ester

$R_1=H$ formiaten: esters van mierezuur

$R_1=CH_3$ acetaten: esters van azijnzuur

e $R_1-\overset{\overset{\textstyle O}{\|}}{C}-R_2$: alkanon (keton

$R_1=R_2=CH_3$ propanon (= aceton)

f $R-C\overset{\overset{\textstyle O}{\|}}{\underset{\underset{\textstyle H}{}}{}}$: alkanal (aldehyde)

$R=H$ methanal (= formaldehyde)

$R=CH_3$ ethanal (= aceetaldehyde)

3)

a $H_3C-CH_2-CH_2-CH_2-NH_2$ $H_3C-\underset{H}{\overset{CH_3}{C}}-CH_2-NH_2$ $H_3C-CH_2-\underset{H}{\overset{CH_3}{C}}-NH_2$ $H_3C-\underset{CH_3}{\overset{CH_3}{C}}-NH_2$

1-aminobutaan   1-amino-2-methylpropaan   2-aminobutaan   2-amino-2-methylpropaan

(*n*-butylamine)   (isobutylamine)   (*sec*-butylamine)   (*tert*-butylamine)

$H_3C-CH_2-CH_2-\overset{H}{\underset{}{N}}-CH_3$ $H_3C-\underset{H}{\overset{CH_3}{C}}-\overset{H}{N}-CH_3$ $H_3C-CH_2-\overset{H}{N}-CH_2-CH_3$ $H_3C-CH_2-\underset{CH_3}{N}-CH_3$

methylpropylamine   methylisopropylamine   diethylamine   dimethylethylamine

b $H_3C-CH_2-CH_2-\overset{\displaystyle O}{C}\diagdown_H$ $H_3C-\underset{H}{\overset{CH_3}{C}}-\overset{\displaystyle O}{C}\diagdown_H$ $H_3C-CH_2-\overset{\displaystyle O}{\underset{}{C}}-CH_3$

butanal   2-methylpropanal   butanon

(butyraldehyde)   (2-methylpropionaldehyde)   (methylethylketon)

                (isobutyraldehyde)

c $H_3C-CH_2-CH_2-\overset{\displaystyle O}{C}\diagdown_{OH}$ $H_3C-\underset{H}{\overset{CH_3}{C}}-\overset{\displaystyle O}{C}\diagdown_{OH}$ $H_3C-CH_2-\overset{\displaystyle O}{C}-O-CH_3$ $H_3C-\overset{\displaystyle O}{C}-O-CH_2-CH_3$

1-propaancarbonzuur   2-propaancarbonzuur   methylpropionaat   ethylacetaat

=butaanzuur(boterzuur)   =2-methylpropaanzuur   (methylester van   (ethylester van

                ethaancarbonzuur)   ethaancarbonzuur)

$H-\overset{\displaystyle O}{C}-O-CH_2-CH_2-CH_3$ $H-\overset{\displaystyle O}{C}-O-\underset{CH_3}{\overset{CH_3}{CH}}$

propylformiaat   isopropylformiaat

(*n*-propylester van   (isopropylester van

hydrogeencarbonzuur)   hydrogeencarbonzuur)

d $H_3C-CH_2-CH_2-CH_2-OH$ $H_3C-CH_2-\underset{OH}{\overset{H}{C}}-CH_3$ $H_3C-\underset{H}{\overset{CH_3}{C}}-CH_2-OH$ $H_3C-\underset{CH_3}{\overset{CH_3}{C}}-OH$

1-butanol   2-butanol   2-methyl-1-propanol   2-methyl-2-propanol

(*n*-butylalcohol)   (*sec*-butylalcohol)   (isobutylalcohol)   (*tert*-butylalcohol)

$H_3C-CH_2-CH_2-O-CH_3$ $H_3C-\underset{H}{\overset{CH_3}{C}}-O-CH_3$ $H_3C-CH_2-O-CH_2-CH_3$

1-methoxypropaan   2-methoxypropaan   ethoxyethaan

(methylpropylether)   (methylisopropylether)   (diethylether)

4) $H_3C-CH-CH_2-CH_2-CH_3$ (NH_2)   a
    $H_3C-CH-CH-C$ (NH_2)(CH_3) (O,H)   b
    Cl_3C-C (O,H)   c
    $H_3C-CH_2-CH_2-C$ (O,NH_2)   d

    $H-C-O-CH_2-CH_2-CH_3$ (O)   e
    $H_3C-C-NH-CH_2-CH_2-CH_3$ (O)   f
    $H_3C-C-C-CH_3$ (O,O)   g

5) [Lewis structures]

In de structuurformule van HNO₃ wordt het stikstofatoom positief geladen en één zuurstofatoom negatief geladen weergegeven. Een extra dubbele binding tussen stikstof en zuurstof door combinatie van de ⊕ en ⊖ -lading is hier niet mogelijk, omdat stikstof dan 10 elektronen in de valentieschil zou krijgen. Stikstof kan echter maar 8 elektronen in de buitenste schil herbergen, vandaar dat in zo'n geval aan het schrijven van de dipolaire structuur de voorkeur wordt gegeven. Met name bij de elementen N, O, P en S zien we een dergelijke structuur nogal eens optreden.

6)

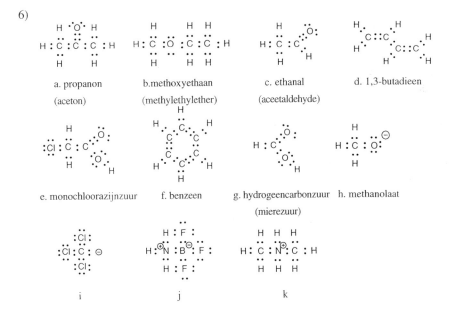

a. propanon (aceton)

b. methoxyethaan (methylethylether)

c. ethanal (aceetaldehyde)

d. 1,3-butadieen

e. monochloorazijnzuur

f. benzeen

g. hydrogeencarbonzuur (mierezuur)

h. methanolaat

i

j

k

7) Deze opgave is een kwestie van elektronen tellen. De plaats in het periodiek systeem geeft aan hoeveel elektronen er zitten in de buitenste schil van een ongeladen atoom. Covalente bindingen bevatten een elektronenpaar waarvan één elektron afkomstig is van elk der atomen die deel uitmaken van de covalente binding. Komt het aantal bindingselektronen plus eventuele vrije elektronenparen *hoger* uit dan het aantal valentie elektronen, dan is de lading *negatief*; komt het aantal bindingselektronen *lager* uit, dan is de lading *positief.*

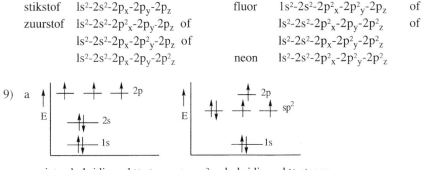

a, b (was goed), c, d (was goed), e, f, g

8) De gevraagde elektronen-configuraties zijn:

stikstof	$1s^2\text{-}2s^2\text{-}2p_x\text{-}2p_y\text{-}2p_z$	fluor	$1s^2\text{-}2s^2\text{-}2p^2_x\text{-}2p^2_y\text{-}2p_z$ of
zuurstof	$1s^2\text{-}2s^2\text{-}2p^2_x\text{-}2p_y\text{-}2p_z$ of		$1s^2\text{-}2s^2\text{-}2p^2_x\text{-}2p_y\text{-}2p^2_z$ of
	$1s^2\text{-}2s^2\text{-}2p_x\text{-}2p^2_y\text{-}2p_z$ of		$1s^2\text{-}2s^2\text{-}2p_x\text{-}2p^2_y\text{-}2p^2_z$
	$1s^2\text{-}2s^2\text{-}2p_x\text{-}2p_y\text{-}2p^2_z$	neon	$1s^2\text{-}2s^2\text{-}2p^2_x\text{-}2p^2_y\text{-}2p^2_z$

9) a

niet gehybridiseerd N-atoom   sp²-gehybridiseerd N-atoom

b In ongehybridiseerde toestand zitten de drie bindingselektronen in drie gelijkwaardige 2p-orbitalen. Hiermee kan stikstof dus in principe drie gelijkwaardige bindingen vormen. De elektronen in de 2p-orbitalen liggen echter vrij hoog in energie, omdat in deze orbitalen de elektronen niet maximaal van elkaar verwijderd zijn. Door het "mengen" (hybridiseren) van twee 2p-orbitalen met de 2s-orbitaal ontstaan drie nieuwe orbitalen (sp²-orbitalen) die in energie tussen de oorspronkelijke 2s- en 2p-orbitalen inliggen. Samen met de overgebleven, niet gehybridiseerde 2p-orbitaal moeten in deze nieuwe orbitalen de vijf valentie elektronen van stikstof geplaatst worden. De opvulling van deze banen gebeurt als volgt:

   1 De elektronen nemen plaats in de orbitalen met de laagste energie.
   2 *Alle* orbitalen met dezelfde energie worden aanvankelijk gevuld met één elektron (op deze wijze kan men dus eerst drie elektronen plaatsen in de drie gelijkwaardige sp²-orbitalen en vervolgens één elektron in de hoger in energie gelegen 2p-orbitaal).

3 Als alle orbitalen van dezelfde schil reeds één elektron bevatten, worden de orbitalen gevuld met een tweede elektron met tegengestelde elektronenspin. Ook hier wordt de laagst in energie gelegen orbitaal het eerst gevuld.

Op deze wijze komen we dus tot de elektronenverdeling die getekend is in het tweede dagram van vraag 9. Eén sp^2-orbitaal bevat een vrij elektronenpaar. De overige twee sp^2-orbitalen bevatten ieder één bindingselektron waarmee een σ–binding gevormd kan worden.

Het elektron in de 2p-orbitaal kan door zijdelingse overlapping met een andere 2p-orbitaal een π-binding vormen.

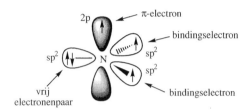

orbitalen in sp^2-gehybridiseerd stikstofatoom

10)

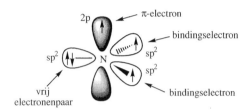

a	b	c
Totaal 9 σ-bindingen	14 σ-bindingen	12 σ–bindingen
3 π-bindingen	4 π-bindingen	1 π–binding

Het is belangrijk te weten dat de *eerste* binding tussen twee atomen altijd een σ-binding is. Er kan *nooit* meer dan één σ-binding tussen twee atomen zitten. Alle overige bindingen tussen dezelfde atomen zijn π-bindingen.

Om het tweede onderdeel van de vraag te beantwoorden, moeten we op de hoogte zijn met de algemene regel dat π-bindingen ontstaan door overlapping van *zuivere p-orbitalen* en niet door overlapping van hybride orbitalen (tenminste voor zover het elementen uit de tweede rij van het periodiek systeem betreft). Als we dus molecuul (a) beschouwen dan zien we dat het koolstofatoom met een * twee π-bindingen verzorgt. Dit betekent dat twee p-orbitalen van dat koolstofatoom bij de vorming van deze π-bindingen betrokken moeten zijn. Daardoor blijft er slechts één p-orbitaal over die kan hybridiseren met de 2s-orbitaal. De hybridisatie is daarom *sp* en deze twee sp-hybride orbitalen worden gebruikt bij de vorming van twee σ-bindingen.

Het stikstofatoom in molecuul (a) vormt één π-binding en gebruikt daarvoor dus een van zijn p-orbitalen. De twee resterende p-orbitalen kunnen dus hybridiseren met de 2s-orbitaal en daardoor ontstaan drie *sp²*-orbitalen. In één van de drie sp²-hybridisatieorbitalen neemt het vrije elektronenpaar van stikstof plaats, de andere twee worden gebruikt voor de vorming van σ-bindingen.

Het aldehyde-koolstofatoom in (b) gebruikt één p-orbitaal voor de vorming van een π-binding met zuurstof. De hybridisatie van dit atoom is dus *sp²*. Ook de beide koolstofatomen in de ring verzorgen ieder steeds één π-binding en zijn dus ook *sp²*-gehybridiseerd.

In molecuul (c) is de waterstof niet gehybridiseerd, waterstof kan niet hybridiseren. Het zuurstofatoom is sp³-gehybridiseerd, de twee sp³-orbitalen worden gevuld met een electron van elke koolstof aan weerszijden van de zuurstof. Het gemerkte koolstofatoom is sp²-gehybridiseerd. De 2p-orbitaal heeft een zijdelingse overlap met de 2p-orbitaal van het andere koolstofatoom van de dubbele band, waardoor een π-binding ontstaat. Om de geometrie van de moleculen te bepalen, moeten we kijken naar de hybridisatie van de atomen.

- sp-hybridisatie geeft lineaire bindingen,
- sp²-hybridisatie geeft bindingen in het platte vlak met hoeken van 120° tussen de bindingen,
- sp³-hybridisatie geeft bindingen naar de hoekpunten van een tetraëder met hoeken van 109.5°.

De geometrie is daarom:

Alle C-atomen zijn sp²-gehybridiseerd
dus alle hoeken tussen de bindingen
zijn ongeveer 120°

11) Aangezien bij sp³-hybridisatie 4 bindingen gevormd kunnen worden tegen 2 in de grondtoestand, wordt de voor hybridisatie benodigde energie ruimschoots gecompenseerd door de energie die vrijkomt bij de vorming van de 2 extra bindingen vrijkomende energie.

12)   a   b

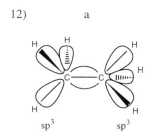

sp^3 sp^3

C-atomen sp^3 gehybridiseerd

sp^3-bindingshoeken 109.5°

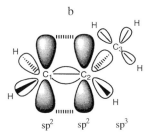

sp^2 sp^2 sp^3

C1 en C2 sp^2-gehybridiseerd

C3 sp^3-gehybridiseerd

sp^2-bindingshoeken 120°

c

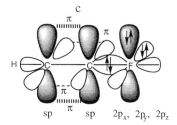

sp   sp   2p$_x$, 2p$_y$, 2p$_z$

C-atomen sp-gehybridiseerd

F-atoom niet gehybridiseerd

sp-bindingshoeken 180°

13) In ethaan zijn de koolstofatomen sp^3-gehybridiseerd. De maximale afstand tussen de vier sp^3-orbitalen wordt verkregen als de orbitalen tetraëdrisch zijn gerangschikt en hoeken van 109° maken. In etheen zijn de koolstofatomen sp^2-gehybridiseerd. De maximale afstand tussen de drie sp^2-orbitalen wordt verkregen als ze in een vlak liggen en hoeken van 120° maken.

In ethyn zijn de koolstofatomen sp-gehybridiseerd. Hier wordt de maximale afstand tussen de twee sp-orbitalen verkregen als ze in elkaars verlengde liggen en dus een hoek van 180° maken.

14) $H-C \equiv C-C \begin{smallmatrix} O \\ \\ H \end{smallmatrix}$ $H_2C = CH - C \begin{smallmatrix} O \\ \\ H \end{smallmatrix}$ $\begin{smallmatrix} H_2C - O \\ | \quad | \\ H_2C - CH_2 \end{smallmatrix}$ $H_2C = CH - CH_2OH$

a   b   c   d

$H_3C - CH_2 - CH_2 - OH$ $H_3C - \underset{OH}{CH} - CH_3$ $H_3C - CH_2 - O - CH_3$

e-1   e-2   e-3

15) Waterstof heeft slechts één orbitaal (1s) en kan dus niet hybridiseren.

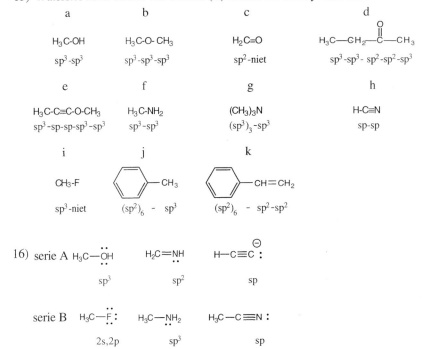

     a   b   c   d

H_3C-OH

sp^3-sp^3

H_3C-O-CH_3

sp^3-sp^3-sp^3

H_2C=O

sp^2-niet

H_3C—CH_2—$\overset{\overset{\displaystyle O}{\|}}{C}$—$CH_3$

sp^3-sp^3- sp^2-sp^2-sp^3

     e   f   g   h

H_3C-C≡C-O-CH_3
sp^3-sp-sp-sp^3-sp^3

H_3C-NH_2
sp^3-sp^3

$(CH_3)_3N$
$(sp^3)_3$-sp^3

H-C≡N
sp-sp

     i   j   k

CH_3-F

sp^3-niet

$(sp^2)_6$ - sp^3

$(sp^2)_6$ - sp^2-sp^2

16) serie A

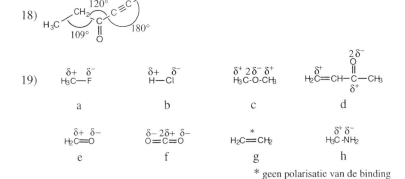

  H_3C—$\overset{..}{\underset{..}{O}}H$ H_2C=$\overset{..}{N}H$ H—C≡C $\overset{\ominus}{:}$

     sp^3 sp^2 sp

serie B H_3C—$\overset{..}{\underset{..}{F}}:$ H_3C—$\overset{..}{N}H_2$ H_3C—C≡N$:$

       2s,2p sp^3 sp

Opm.   Fluor hybridiseert niet; de vrije elektronenparen blijven dus in de   niet bij de binding betrokken 2s en 2p-orbitalen.

17) H—C≡C—C≡N

18) H_3C—$\overset{120°}{CH_2}$—$\overset{C}{\underset{\overset{\|}{O}}{109°}}$—C≡C—H 180°

19) $\overset{\delta+\ \ \delta^-}{H_3C-F}$ $\overset{\delta+\ \ \delta^-}{H-Cl}$ $\overset{\delta+\ 2\delta^-\ \delta^+}{H_3C-O-CH_3}$ $\overset{\delta^+}{H_2C}$=CH-$\overset{\overset{2\delta^-}{\overset{O}{\|}}}{\underset{\delta^+}{C}}$-$CH_3$

     a   b   c   d

    $\overset{\delta+\ \ \delta-}{H_2C}$=O $\overset{\delta-\ 2\delta+\ \delta-}{O=C=O}$ $\overset{*}{H_2C}$=CH_2 $\overset{\delta^+\ \delta^-}{H_3C-NH_2}$

     e   f   g   h

    * geen polarisatie van de binding

20)

H—Br   I—Cl   I—I   (structuur)   (structuur)   (structuur)
 →   →   geen
 a   b   c   d   e   f

(structuur)   (structuur)   (structuur)
   g   h   i

Opm.: Het dipoolmoment tussen een binding is steeds gericht naar het meest elektronegatieve atoom.

Vrije elektronenparen doen ook mee; het dipoolmoment wijst hier in de richting van het vrije elektronenpaar. Het uiteindelijke dipoolmoment in een molecuul is de resultante van alle afzonderlijke bindingsdipooltjes.

21) De fysische eigenschappen, met name het kook- en smeltpunt, worden bepaald door de krachten die de moleculen onderling op elkaar uitoefenen. Voor geladen moleculen zijn elektrostatische krachten het belangrijkst (b.v. de aantrekking tussen kationen en anionen, tussen kationen en vrije elektronenparen van andere atomen e.d.). Voor ongeladen moleculen zijn waterstofbruggen het belangrijkst, daarna komen andere dipoolinteracties en de Van der Waals krachten.

22) a $CH_4 < H_3C(CH_2)_2Br < H_5C_2OH < H_2O$

   b $H_3COCH_3 < H_3CCHClCH_3 < H_3CCH_2CH_2Cl < H_3COH < C_{10}H_{22}$

   Bij grote moleculen zijn de Van der Waals krachten zo aanzienlijk, dat ze voor het grootste deel de fysische eigenschappen van een verbinding bepalen.

   c Propaan (kp. -42°C), butaan (kp. -0.5°C), 2-chloorbutaan (kp. 68°C), 2-broombutaan (kp. 91°C), azijnzuur (kp. 118°C).

   d Propaan (kp. -42°C), 2-chloorpropaan (kp. 36°C), propanon (kp. 56°C), 2-propanol (kp. 82°C), ethylpropionaat (kp. 99°C), propionzuur (kp. 141°C).
   Opm.: Bij deze opgave gaat het er uiteraard niet om het exacte kookpunt van de verschillende verbindingen te kennen. Wel moet er inzicht zijn in de mate waarin de diverse krachten die tussen moleculen kunnen optreden invloed hebben op het kookpunt. Wanneer dit inzicht aanwezig is, kunnen de bovengenoemde volgorden gemakkelijk gegeven worden.

23) Ethyn, benzeen en 1,4-dibroombenzeen hebben een dipoolmoment = 0.

24) a Ethanol, ethanal, azijnzuur en aminobutaan zijn volledig mengbaar met water. Chloorethaan is polair maar vormt geen waterstofbruggen en lost niet op. 1-Aminohexaan is slecht oplosbaar in water door de grote apolaire koolstofketen.

   b Mengbaar met water zijn: 1,2,3-propaantriol, propanon en ethaancarbonzuur.
   Niet mengbaar met water zijn: 1,3-butadiëen, ethoxyethaan en chloorpropaan.

25) THF is in staat waterstofbruggen te vormen doordat de zuurstof van THF een brug vormt met het waterstofatoom van de watermoleculen.
Verder is dit zuurstofatoom door de starre cyclische structuur van THF goed beschikbaar, dit i.t.t. het zuurstofatoom in b.v. diethylether.

26) Ethanol is minder polair dan methanol (diëlectrische constanten zijn resp. 37 en 25). Ethanol heeft een CH_2-groep meer en dus is het in totaal apolairder. Dit feit geeft ethanol net voldoende apolair karakter om goed mengbaar te zijn met pentaan.

27) Het delen van de electronen heeft de voorkeur omdat dan elk atoom een electron in de 1s-baan heeft. Dit gaat echter alleen op als de twee deelnemende atomen een gelijke electronegativiteit hebben. Is dit niet het geval dan treedt er een ladingsscheiding op en zal het meest electronegatieve element zijn orbitaal gaan vullen met het electron van het minder electronegatieve element. Dus $HCl \longrightarrow H^{\oplus} + Cl^{\ominus}$

28)

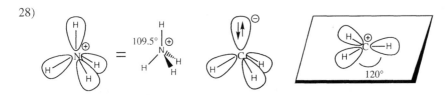

$NH_4^{\oplus}$ en $CH_3^{\ominus}$ hebben acht elektronen om het stikstof- resp. koolstofatoom.
Door sp^3-hybridisatie van deze atomen komen de elektronenparen in orbitalen die zo ver mogelijk van elkaar verwijderd zijn (tetraëder).
$CH_3^{\oplus}$ heeft zes elektronen om het koolstofatoom. Hier zorgt de sp^2-hybridisatie van koolstof voor de grootst mogelijke afstand tussen de elektronenparen.
De drie C-H bindingen liggen in één vlak en maken onderling hoeken van 120°.

29)

a
$H_2C=CH-\overset{.}{C}H_2$

$sp^2 \quad sp^2 \quad sp^2$

b
$H_3C-CH_2-\overset{\oplus}{C}H_2$

$sp^3 \quad sp^3 \quad sp^2$

c
$H-C\equiv C:^{\ominus}$

$sp \quad sp$

d
$H_3C-\overset{\overset{O}{\|}}{C}-CH_2:^{\ominus}$

$sp^3 \quad sp^2 \quad sp^2$

e
$H_3C-C\overset{:\overset{..}{O}:}{\underset{:\overset{..}{O}:^{\ominus}}{}}$

$sp^3 \quad sp^2$

f
$H_3C-CH_2-CH_2:^{\ominus}$

$sp^3 \quad sp^3 \quad sp^3$

g
$H_2C=C\overset{:\overset{..}{O}:^{\ominus}}{\underset{H}{}}$

$sp^2 \quad sp^2$

h
$H_3C-\overset{..}{\underset{..}{O}}:^{\ominus}$

sp^3

i
$H_3C-CH_2-\overset{.}{C}H_2$

$sp^3 \quad sp^3 \quad sp^2$

30)

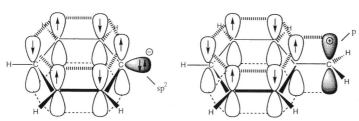

- Bij het benzeenanion zit het vrije elektronenpaar in een sp^2-orbitaal. De p-orbitalen blijven dus normaal beschikbaar voor de zijdelingse π-overlapping en de mesomere-energie wordt niet verstoord.
  Het vrije elektronenpaar in de sp^2-orbitaal ligt in hetzelfde vlak als de zesring.
- Bij het benzylkation zal de lege 2p-orbitaal van $C^\oplus$ mesomere-interactie geven met de π-orbitalen van de benzeenring. Daardoor is een carbokation van dit type relatief gestabiliseerd.

31) De juiste antwoorden zijn 1.1, 2.1, 3.2, 4.1, 5.1 en 6.1.

Verklaring 4.1: een carbanion is sp^3 gehybridiseerd als het geen mesomerie kan geven; het is sp^2 gehybridiseerd indien mesomerie mogelijk is (dus als het náást een ander sp^2 of sp gehybridiseerd atoom gelegen is).

32) a Er moet aan de volgende eisen worden voldaan.

structuur	2 x sp	sp^2	sp^3
1.0		X	X
1.1		X	
1.2	X		X
1.3	X	X	X
1.4	X		X
1.5		X	X

Alleen structuur 1.3 voldoet dus.

b 2.0 bevat o.a. een sp^3 koolstofatoom (109.5°), valt af
   2.1 bevat alleen sp^3 koolstofatomen (109.5°) ,valt af
   2.2 bevat o.a. sp^3 koolstofatomen (109.5°), valt af
   2.4. hoeken in 5-ring 105°, valt af
   2.5. hoeken in 4-ring 90°, valt af.
   2.6. hoeken in 3-ring 60°, valt af.

Alleen structuur 2.3 komt hiervoor in aanmerking.

33) Goed antwoord: 1.5 (bedenk dat een carbanion naast een carbonylgroep sp^2 gehybridiseerd is vanwege de mesomeriebijdrage)

Overige goede antwoorden: 2.6; 3.4; 4.2; 5.1 (een carbanion *zonder* mesomerie is sp^3 gehybridiseerd!). Zie boek par. 2.4.

34) a Goed antwoord: 1.4 Alleen het koolstofatoom gemerkt met (1) heeft vier gelijkwaardige bindingen en is dus sp^3 gehybridiseerd.

Koolstofatoom(2) is sp^2-gehybridiseerd (een carbokation), ook de atomen 3 en 4 (dubbele band) zijn sp^2-gehybridiseerd. Een mesomere structuur A, verandert niets aan de situatie; immers in zijn totaliteit hebben we te maken met een structuur waarbij de positieve lading gelijkelijk is verdeeld over de atomen 2 en 4.

b De hoek tussen de bindingen in een sp^3-gehybridiseerd koolstofatoom is 109.5^o (antw: 2.1)

c Het carbokation is vlak. De hoek tussen de 3 overblijvende bindingen is 360 : 3 = 120° (antw: 3.2)

d Het koolstofatoom is sp^2 gehybridiseerd en de +-lading bevindt zich in de lege 2p orbitaal (antw: 4.1)

e zie punt C; de hoek, die het vlak waarin de C-C bindingen liggen, maakt met de 2p orbitaal is 90° (antw: 5.0).

f sp^2 gehybridiseerd, zie bij a (antw: 6.2)

35) De juiste antwoorden zijn: 1.3; 2.0; 3.2; 4.4. Een sp^2-hybridisatie treedt op bij koolstofatomen die één dubbele binding verzorgen, bij carbokationen, bij carbanionen die door mesomerie gestabiliseerd zijn en bij koolstofradicalen.
Bij 3 is het carbanion door mesomerie gestabiliseerd door de naburige carbonylgroep en dus sp^2-gehybridiseerd.

36) De juiste antwoorden zijn: 1.2; 2.3; 3.3; 4.4.
Let erop dat hier niet gevraagd wordt naar het type hybridisatie, maar naar de orbitaal waarin zich het elektronenpaar bevindt. Voor het juiste antwoord dienen we uiteraard wel de hybridisatie van het atoom te kennen.
Het elektronenpaar kan zich daarbij bevinden in de gehybridiseerde orbitalen (bindingselektronenparen, vrije elektronenparen zonder mesomerie met naburige atomen) òf in de niet mee gehybridiseerde 2p orbitaal (dit geldt met name voor elektronenparen die deel uitmaken van een geconjugeerd systeem).

37) De juiste antwoorden zijn: 1.1; 2.1; 3.0; 4.1; 5.2.

Carbokationen zijn sp^2-gehybridiseerd. Carbanionen zijn sp^3-gehybridiseerd als geen mesomerie optreedt en het koolstofatoom zelf ook geen dubbele of drievoudige bindingen verzorgt zoals bij 4.1.

Bij 5 is het koolstofatoom vanwege de drievoudige binding naar stikstof sp-gehybridiseerd. Het vrije elektronenpaar is afkomstig van de bindingselektronen van de H-C -binding die gesplitst is in H$^\oplus$ en $:\overset{\ominus}{C}\equiv N$.

38) A 1.6 a sp   b sp^2 c sp^2

2.7 De structuren a, b en c. In alle gevallen zit het koolstofatoom in een benzeenring. Alle koolstofatomen in deze ring zijn sp^2 gehybridiseerd.

3.7 Alle koolstofatomen. De getoonde structuren zijn mesomere structuren!

4.7 Alle koolstofatomen maken deel uit van aromatische systemen analoog aan de benzeenring en zijn dus sp^2 gehybridiseerd.

B   Het hebben van een vrij electronenpaar is essentieel voor het vormen van waterstofbruggen dus:

5.4 Bij structuur a op N en bij b op N en O

6.1 Alleen op structuur a.

2   Chemische reactiviteit en stabiliteit

1) Welke van beide onderstaande verbindingen is het sterkste zuur?
   -methanol of methylamine
   -methanol of methaanthiol (CH_3SH)
   -$H_3O^{\oplus}$ of $^{\oplus}NH_4$

2) pag.34 ijn Lewiszuren of -basen?

   H_2O BCl_3 CH_4 $^{\oplus}CH_3$ NH_3 $^{\ominus}OH$ $AlCl_3$ $(H_3C)N$ H_2CCl_2

3) In een reactie A----->B bestaat het reactiemengsel bij $0^{\circ}C$ uit 13% B en bij $25^{\circ}C$ uit 78% B. Bereken ΔH° en ΔS°

4) a Geef een korte formulering voor het begrip mesomerie; in welk type verbindingen kan mesomerie voorkomen?
   b Welk soort elektronen zijn vooral bij mesomerie betrokken?

5) Geef van 1,3-butadiëen de mesomere grensstructuren in orbitaalvorm.

6) a Geef een definitie van mesomere energie.
   b Welke verbinding in de hierna volgende paren heeft de hoogste mesomere energie en waarom?
      1 etheen of 1,3-butadiëen
      2 benzeen of fenol
      3 het amide van mierezuur of het diamide van koolzuur (ureum)
      4 propanal of propenal (acroleïne).

7) Ozon, O_3, is een open ketenverbinding die het beste weergegeven kan worden als het mesomere hybride van een aantal structuren. Welke zijn dit?

8) Geef alle belangrijke mesomere structuren van het acetaation $CH_3CO_2^{\ominus}$

9) Geef alle belangrijke mesomere structuren van het nitraation $NO_3^{\ominus}$

10) Geef alle belangrijke mesomere structuren van het sulfaation $SO_4^{2\ominus}$

11) Geef alle belangrijke mesomere structuren van het kation $H_2C{=}CH{-}CH{=}CH{-}CH_2^{\oplus}$

12) Geef alle belangrijke mesomere structuren van het anion $H_3C{-}\overset{O}{\overset{\|}{C}}{-}\overset{\ominus}{\underset{H}{C}}{-}\overset{O}{\overset{\|}{C}}{-}CH_3$

13) Geef, door het plaatsen van δ⊕ en bij δ⊖ bij de desbetreffende atomen hoe de verdeling van de lading is in de volgende moleculen.

$H_3C-C\equiv N:$

a

$H_3C-\overset{\overset{O}{\parallel}}{C}-OCH_3$

b

$H_2C=CH-\overset{\overset{O}{\parallel}}{C}-H$

c

$H_2C=CH-\overset{\overset{O}{\parallel}}{C}-O-CH_3$

d

$H_2C=CH-CH=CH-\overset{\overset{O}{\parallel}}{C}-CH_3$

e

$H_3C-N=CH-\overset{\overset{O}{\parallel}}{C}-CH=CH_2$

f

$F-CH_2-CH=CH_2$

g

$\overset{\overset{O}{\parallel}}{C}-N\overset{CH_3}{\underset{CH_3}{<}}$ (benzoyl group, phenyl ring attached)

h

14) Streep de twee minst belangrijke mesomere grensstructuren weg in onderstaande verbindingen.

a

1   2   3   4

b $H_3C-\overset{\overset{:\ddot{O}:}{\parallel}}{C}-CH=CH_2 \longleftrightarrow H_3C-\overset{\overset{:\ddot{O}:^{\ominus}}{|}}{\underset{\oplus}{C}}-CH=CH_2 \longleftrightarrow H_3C-\overset{\overset{:\ddot{O}:^{\ominus}}{|}}{C}=CH-\overset{\oplus}{CH_2} \longleftrightarrow$

1   2   3

$H_3C-\overset{\overset{:\ddot{O}:^{\ominus}}{|}}{\underset{\oplus}{C}}-\overset{..}{\underset{\ominus}{C}H}-\overset{\oplus}{C}H_2 \longleftrightarrow H_3C-\overset{\overset{.\ddot{O}.^{\oplus}}{|}}{C}=CH-\overset{..}{\underset{\ominus}{C}H_2}$

4   5

c $H_2C=CH-C\equiv N: \longleftrightarrow H_2C=CH-\overset{..}{C}=\overset{..}{\underset{\ominus}{N}}:^{} \longleftrightarrow H_2C-CH=C=\overset{..}{N}: \longleftrightarrow$
(with ⊕ ⊖ under structure 2, ⊕ under C and ⊖ under N in structure 3)

1   2   3

$H_2\overset{..}{C}-CH-C\equiv\overset{..}{N}: \longleftrightarrow H_2\overset{..}{C}-CH=C=N: \longleftrightarrow H_2C-\overset{..}{C}H-C\equiv\overset{..}{N}:$
(charges: 4: ⊖ ⊕ ⊕ ⊖ ; 5: ⊖ ⊕ ; 6: ⊕ ⊖ ⊕ ⊖)

4   5   6

d

$$H_3C\text{-}N(CH_3)\text{-}C(=O)\text{-}CH=CH_2 \longleftrightarrow (H_3C)_2N^{\oplus}=C(\text{-}O^{\ominus})\text{-}CH=CH_2 \longleftrightarrow (H_3C)_2N^{\oplus}=C(\text{-}O^{\ominus})\text{-}\overset{\oplus}{C}H\text{-}\overset{\ominus}{C}H_2 \longleftrightarrow$$

1   2   3

$$(H_3C)_2N^{\oplus}=C(\text{-}O^{\ominus})\text{-}\overset{\ominus}{C}H\text{-}\overset{\oplus}{C}H_2 \longleftrightarrow H_3C\text{-}N(CH_3)\text{-}C(\text{-}O^{\ominus})=CH\text{-}\overset{\oplus}{C}H_2 \longleftrightarrow H_3C\text{-}N(CH_3)\text{-}C(\text{-}O^{\oplus})=CH\text{-}\overset{\ominus}{C}H_2$$

4   5   6

e $H_2C=CH\text{-}CH=CH\text{-}CH=CH_2 \longleftrightarrow H_2\overset{\oplus}{C}\text{-}CH=CH\text{-}CH=CH\text{-}\overset{\ominus}{C}H_2 \longleftrightarrow$

1   2

$H_2\overset{\oplus}{C}\text{-}CH=CH\text{-}\overset{\ominus}{C}H\text{-}CH=CH_2 \longleftrightarrow H_2\overset{\ominus}{C}\text{-}CH=CH\text{-}\overset{\oplus}{C}H\text{-}CH=CH_2 \longleftrightarrow$

3   4

$H_2\overset{\oplus}{\underset{\ominus}{C}}\text{-}CH=CH\text{-}CH=CH_2 \longleftrightarrow H_2\overset{\ominus}{\underset{\oplus}{C}}\text{-}CH=CH\text{-}\overset{\ominus}{\underset{\oplus}{C}}H=CH_2 \longleftrightarrow$

5   6

$H_2\overset{\ominus}{\underset{}{\ddot{C}}}\text{-}CH=CH\text{-}\overset{\oplus}{C}H\text{-}\overset{\ominus}{C}H_2 \longleftrightarrow H_2\overset{\oplus}{\underset{\ominus}{C}}\text{-}\overset{}{C}H=\overset{\oplus}{\underset{\ominus}{C}}H\text{-}\overset{}{C}H=\overset{}{C}H_2$

7   8

f $H_2C=CH\text{-}CH=\ddot{N}H \longleftrightarrow H_2\overset{\ominus}{C}\text{-}CH=CH\text{-}\overset{\oplus}{\ddot{N}}H \longleftrightarrow H_2\overset{\oplus}{C}\text{-}CH=CH\text{-}\overset{\ominus}{\ddot{N}}H \longleftrightarrow$

1   2   3

$H_2C=CH\text{-}\overset{\oplus}{\ddot{C}}H\text{-}\overset{\ominus}{\ddot{N}}H \longleftrightarrow H_2C=CH\text{-}\overset{\ominus}{\ddot{C}}H\text{-}\overset{\oplus}{\ddot{N}}H \longleftrightarrow H_2\overset{\ominus}{\ddot{C}}\text{-}\overset{\oplus}{C}H\text{-}CH=NH \longleftrightarrow$

4   5   6

$H_2\overset{\oplus}{C}\text{-}\overset{\ominus}{\ddot{C}}H\text{-}CH=NH$

7

15) De volgende structuurparen geven steeds carbanionen of carbokationen weer. Teken alle vrije electronenparen in de structuren. Geef voor elk tweetal ionen aan welke het meest stabiel is en geef een verklaring voor het verschil in stabiliteit.

a $H_3C-\overset{\ominus}{\underset{CH_3}{C}}-\overset{O}{\overset{\|}{C}}-CH_3$ $H_3C-\overset{\ominus}{\underset{CH_3}{C}}-\overset{CH_2}{\overset{\|}{C}}-CH_3$

b $H_3C-\overset{O}{\overset{\|}{C}}-\overset{\ominus}{O}$ $H_3C-\overset{H_2}{C}-\overset{\ominus}{O}$

c $H_3C-\overset{CH_3}{\underset{\oplus}{\overset{|}{C}}}-\overset{H_2}{C}-CH_3$ $H_3C-\overset{CH_3}{\underset{\oplus}{\overset{|}{C}}}-O-CH_3$

d $H_3C-\overset{H}{\underset{\ominus}{\overset{|}{C}}}-C\equiv N$ $H_2C-\overset{\ominus}{\overset{H_2}{C}}-C\equiv N$

e $H_3C-\overset{\oplus}{\underset{CH_3}{C}}-\overset{H_2}{C}-\overset{}{\underset{H}{C}}=CH_2$ $H_3C-\overset{\oplus}{C}-\overset{}{\underset{H}{C}}=\overset{}{\underset{H}{C}}-CH_3$ (with CH_3)

f $H_2C-\overset{\ominus}{\underset{H}{C}}=O$ $H_3C-\overset{}{\underset{\ominus}{C}}=O$

g $\overset{H_3C}{\underset{H_3C}{>}}N-\overset{H}{\underset{\oplus}{\overset{|}{C}}}-\overset{H_2}{C}-\overset{H_2}{C}-CH_3$ $\overset{H_3C}{\underset{H_3C}{>}}N-\overset{H_2}{C}-\overset{H_2}{C}-\overset{H}{\underset{\oplus}{\overset{|}{C}}}-CH_3$

16) Wanneer 1 mol van onderstaand molecuul behandeld wordt met één mol natrium methanolaat, welk anion zal dan het *meest* gevormd worden.

| 1. |

$H_3C-\overset{O}{\overset{\|}{C}}-\overset{H_2}{C}-\overset{}{\underset{H}{C}}=\overset{}{\underset{H}{C}}-\overset{O}{\overset{\|}{C}}-CH_2OH$ $H_3C-\overset{\ominus}{O}$ ⇌

$H_2C-\overset{O}{\overset{\|}{C}}-\overset{H_2}{C}-\overset{}{\underset{H}{C}}=\overset{}{\underset{H}{C}}-\overset{O}{\overset{\|}{C}}-CH_2OH$
0

$H_3C-\overset{O}{\overset{\|}{C}}-\overset{H_2}{C}-\overset{\ominus}{\underset{H}{C}}=\overset{}{C}-\overset{O}{\overset{\|}{C}}-CH_2OH$
1

$H_3C-\overset{O}{\overset{\|}{C}}-\overset{H}{\underset{\ominus}{C}}-\overset{}{\underset{H}{C}}=\overset{}{\underset{H}{C}}-\overset{O}{\overset{\|}{C}}-CH_2OH$
2

$H_3C-\overset{O}{\overset{\|}{C}}-\overset{H_2}{C}-\overset{}{\underset{H}{C}}=\overset{}{\underset{H}{C}}-\overset{O}{\overset{\|}{C}}-\overset{H}{\underset{\ominus}{C}}-OH$
3

$H_3C-\overset{O}{\overset{\|}{C}}-\overset{H_2}{C}-\overset{\ominus}{C}=\overset{}{\underset{H}{C}}-\overset{O}{\overset{\|}{C}}-CH_2OH$
4

$H_3C-\overset{O}{\overset{\|}{C}}-\overset{H_2}{C}-\overset{}{\underset{H}{C}}=\overset{}{\underset{H}{C}}-\overset{O}{\overset{\|}{C}}-\overset{H_2}{C}-\overset{\ominus}{O}$
5

17) a Welke van onderstaande structuren is een Lewis-base?

$$H_3C-\overset{\overset{O}{\parallel}}{C}-O^{\ominus} \qquad AlCl_3 \qquad BCl_3 \qquad H^{\oplus} \qquad {}^{\oplus}C(CH_3)_3$$

   0   1   2   3   4

b Welke van onderstaande structuren is een Lewis-zuur?

$$H_2\overset{\ominus}{C}-\overset{\overset{O}{\parallel}}{C}-CH_3 \qquad H_2O \qquad H_3COH \qquad \overset{\oplus}{NH_4} \qquad H_5C_2-O-C_2H_5$$

   0   1   2   3   4

c Welke van onderstaande structuren zal de *geringste* bijdrage leveren aan
   het mesomere hybride?

   serie 1

$$H_2C=CH-\overset{\overset{\cdot\cdot\overset{\cdot\cdot}{O}\cdot\cdot}{\parallel}}{C}-NH_2 \longleftrightarrow H_2C=CH-\overset{\overset{:\overset{\cdot\cdot}{O}:^{\ominus}}{|}}{\overset{\oplus}{C}=NH_2} \longleftrightarrow H_2\overset{\oplus}{C}-CH=\overset{\overset{:\overset{\cdot\cdot}{O}:^{\ominus}}{|}}{C}-NH_2 \longleftrightarrow$$

   0   1   2

$$H_2\overset{\ominus}{\underset{\cdot\cdot}{C}}-CH=\overset{\overset{:\overset{\oplus}{O}:}{|}}{C}-NH_2 \longleftrightarrow H_2C=CH-\overset{\overset{:\overset{\cdot\cdot}{O}:^{\ominus}}{}}{\underset{\oplus}{C}}-NH_2$$

        3   4

   serie 2

$$H_3C-\overset{\cdot\cdot}{\underset{\cdot\cdot}{O}}-\overset{\oplus}{C}H-CH=CH-\overset{\overset{\cdot\cdot\overset{\cdot\cdot}{O}\cdot\cdot}{\parallel}}{C}-CH_3 \longleftrightarrow H_3C-\overset{\oplus}{\underset{\cdot\cdot}{O}}=CH-CH=CH-\overset{\overset{\cdot\cdot\overset{\cdot\cdot}{O}\cdot\cdot}{\parallel}}{C}-CH_3 \longleftrightarrow$$

                     0   1

$$H_3C-\overset{\cdot\cdot}{\underset{\cdot\cdot}{O}}-CH=CH-\overset{\oplus}{C}H-\overset{\overset{\cdot\cdot\overset{\cdot\cdot}{O}\cdot\cdot}{\parallel}}{C}-CH_3 \longleftrightarrow H_3C-\overset{\cdot\cdot}{\underset{\cdot\cdot}{O}}-CH=CH-CH=\overset{\overset{\cdot\cdot\overset{\cdot\cdot}{O}\cdot\cdot^{\oplus}}{}}{C}-CH_3$$

            2   3

18) A Welk van de onderstaande deeltjes zijn Lewis-basen?

        NH_3 $AlCl_3$ H_2O
         a   b   c

   U hebt bij uw antwoord steeds de keuze uit de volgende mogelijkheden:
      0: alleen a   2: alleen c   4: a + c   6: geen van de drie
      1: alleen b   3: a + b   5: b + c

B   Welk van onderstaande kationen is het *minst* stabiel uit elke serie?

serie 1

$$H_3C-\overset{\oplus}{C}H-CH_3 \qquad H_3C-\overset{\oplus}{C}H-\overset{\cdot\cdot}{\underset{\cdot\cdot}{O}}CH_3 \qquad H_3C-\overset{\oplus}{C}H-\overset{\cdot\cdot}{N}H-CH_3$$

    0   1   2

serie 2

$$H_3C-\overset{\overset{H}{|}}{\underset{\underset{H}{|}}{\overset{\oplus}{N}}}-CH_3 \qquad H_3C-\overset{\overset{\cdot\cdot}{}}{\underset{\underset{H}{|}}{\overset{\oplus}{O}}}-CH_3 \qquad H_3C-\overset{\oplus}{\underset{\underset{H}{|}}{C}}-CH_3$$

    0   1   2

serie 3

$$H_3C-CH=CH-\overset{\oplus}{C}H_2 \qquad \overset{\oplus}{H_2}C-\hexagon \qquad \oplus\hexagon$$

    0   1   2

2 Antwoorden

1) Methanol is zuurder dan methylamine (vergelijk H_2O en NH_3), omdat bij het afstaan van een proton het sterker elektronegatieve zuurstofatoom beter een negatieve lading kan ontvangen dan het wat minder elektronegatieve stikstofatoom. Dus $H_3CO^{\ominus}$ is stabieler dan $H_3CNH^{\ominus}$. Beide deeltjes zijn echter sterke basen en bestaan liever niet als anion. In water worden ze dan ook direct geprotoneerd:

$$H_3CO^{\ominus} + H_2O \longrightarrow H_3COH + OH^{\ominus} \qquad H_3CNH^{\ominus} + H_2O \longrightarrow H_3CNH_2 + OH^{\ominus}$$

Methaanthiol (CH_3SH) is een sterker zuur dan methanol (vergelijk H_2S met H_2O), omdat een negatieve lading gemakkelijker op een zwavelatoom kan ontstaan dan op een zuurstofatoom. Zuurstof is weliswaar meer elektronegatief dan zwavel, maar daar staat tegenover dat een zwavelatoom veel groter is. De negatieve lading kan daardoor veel beter verdeeld worden over een groot oppervlak, waardoor de ladingsdichtheid per oppervlakteëenheid veel geringer is. Dit is energetisch gunstig en het bepaalt de sterkere zuurgraad van H_3CSH. Hetzelfde effect treffen we aan bij de waterstofhalogeniden.

De elektronegativiteit van de atomen is:

F > Cl > Br > I. De zuursterkte is echter HI > HBr > HCl > HF.

$H_3O^{\oplus}$ is een sterker zuur dan $NH_4^{\oplus}$. Doordat zuurstof elektronegatiever is, is het minder graag positief geladen.

2) Lewis zuren: BCl_3, $CH_3^{\oplus}$, $AlCl_3$. Deze deeltjes hebben een elektronensextet en kunnen dus nog een elektronenpaar opnemen.

Lewis basen: $H_2\overset{..}{\underset{..}{O}}$ $:NH_3$ $:\overset{..}{\underset{..}{O}}H^{\ominus}$ $(CH_3)_3N:$ Deze deeltjes hebben een vrij elektronenpaar en kunnen dit zonodig delen met een verbinding die een electronentekort heeft (Lewis zuur).

3) Bij $0^{\circ}C$ bevat het mengsel 13% B, dan is K= B/A= 13/87= 0,15.
Dan is ΔG° = -RT ln 0,15 = -8,3 x 273 x -1,9= +4305 J/mol.

Bij $25^{\circ}C$ bevat het mengsel 78% B, dan is K= B/A= 78/22= 3,55.
Dan is ΔG= -RT ln 3,55 = -8,3 x 298 x 1,26 = -3116 J/mol.

Bij $0^{\circ}C$ geldt: ΔG° = 4,305 kJ/mol= ΔH° - TΔS° = ΔH° - 273 ΔS°
Bij $25^{\circ}C$ geldt: ΔG° =-3,316 kJ/mol= ΔH° - TΔS° = ΔH° - 298 ΔS°

Na oplossen van de vergelijking krijgt men: ΔH° = 85,4 kJ/mol en ΔS° = 0,30 kJ/mol.

4) a Als een molecuul kan worden voorgesteld door twee of meer structuren, die alleen verschillen in de rangschikking van de *elektronen*, maar niet in die van de atoomkernen, dan spreekt men van mesomerie.

Voorwaarden: ◯ = atoomromp

1 Is een systeem van afwisselend enkele en meervoudige bindingen

2 t/m 4 zijn systemen van een meervoudige en een enkele band, met daaraan een atoom met een vrij electronenpaar, een vrij electron of een tekort aan electronen.

b Vrije elektronen(paren) en elektronen die π-bindingen verzorgen zijn verantwoordelijk voor mesomerie.

5)

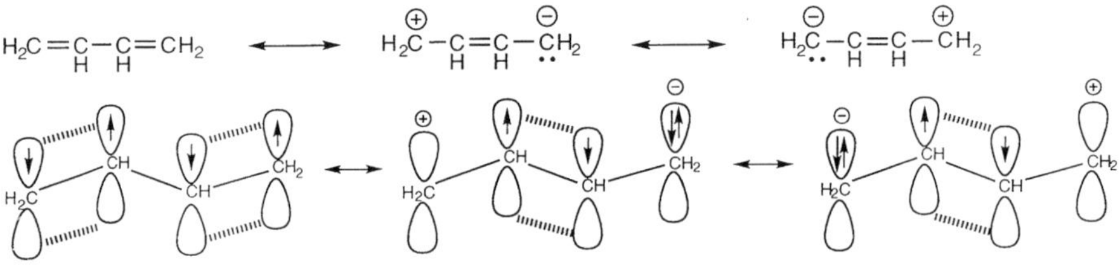

6) a De mesomere-energie van een verbinding is het verschil tussen de werkelijke energie-inhoud en de op grond van de bindingsenergieën berekende energie-inhoud van die verbinding.

b-1

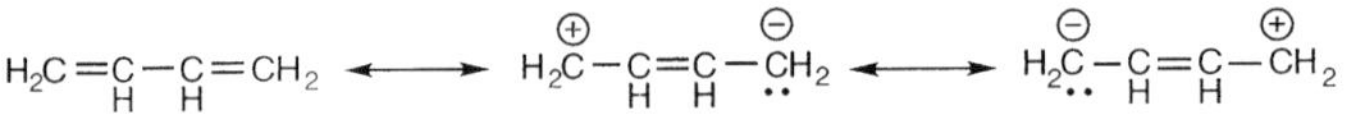

$H_2C=CH_2$: geen mesomerie; de ladingsscheiding van de dubbele binding, $H_2\overset{\oplus}{C}-\overset{\ominus}{CH_2}$ wordt hier buiten beschouwing gelaten omdat dit in principe voor elke dubbele binding is op te schrijven.

b-2

benzeen

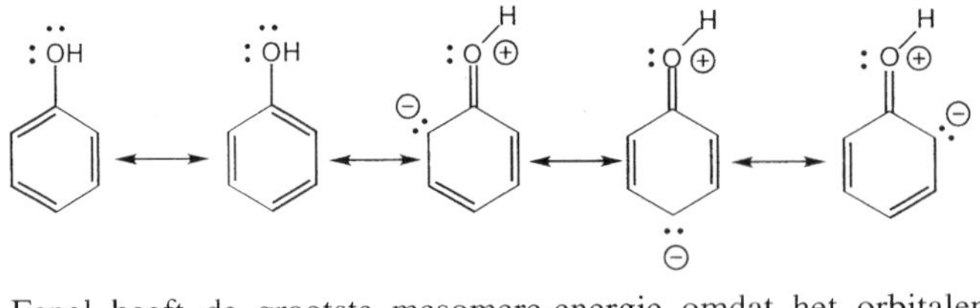

Fenol heeft de grootste mesomere-energie omdat het orbitalensysteem dat bij de mesomerie betrokken is hier het meest uitgebreid is, omdat de vrije electronenparen van het zuurstofatoom meedoen met de π–electronen van de aromatische ring.

b-3

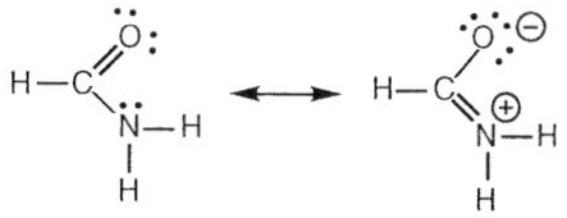

amide van mierezuur

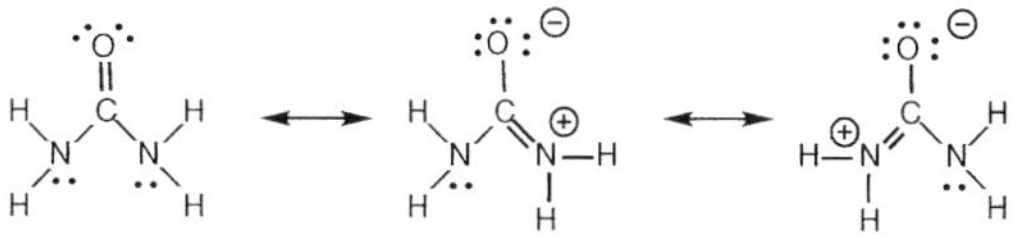

diamide van koolzuur
(ureum)

Ureum heeft de grootste mesomerie-energie; hier zijn meer elektronen bij de mesomerie betrokken.

b-4

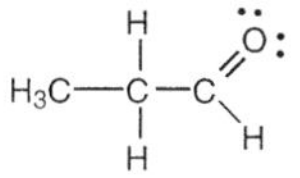

geen mesomerie

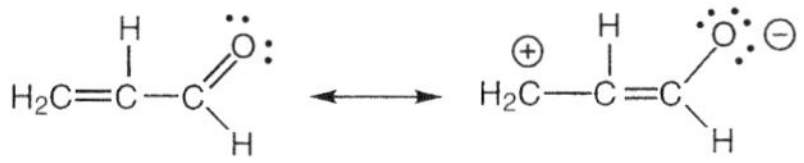

propenal
(acroleïne)

7)

8)

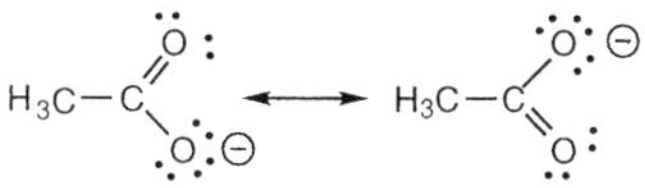

9)

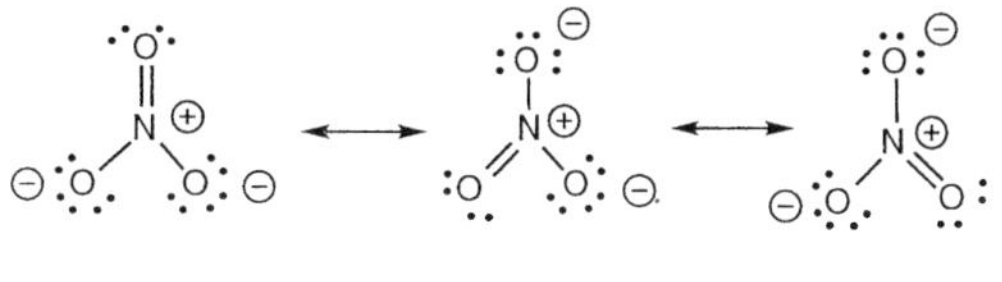

10)

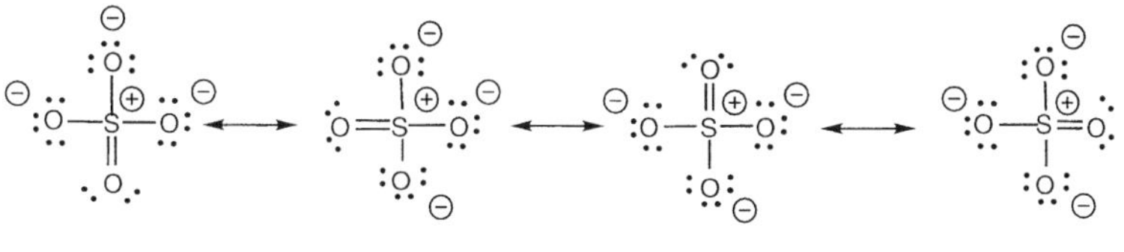

11)

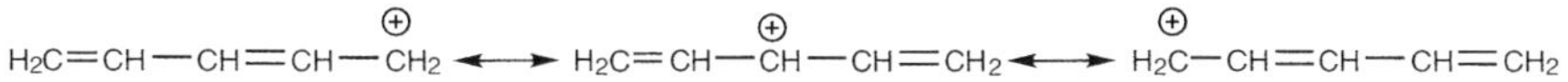

12)

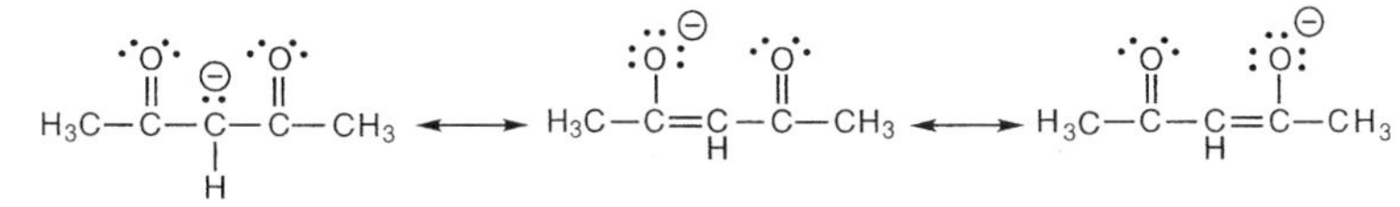

13) a Stikstof is elektronegatiever dan koolstof, zodat de bijdrage van de mesomere grensstructuur $H_3C-\overset{\oplus}{C}=\overset{..}{\underset{}{N}}:^{\ominus}$ veel groter is dan de bijdrage van de mesomere

grensstructuur $H_3C-\overset{..}{\underset{}{C}}^{\ominus}=\overset{\oplus}{N}:$

Dus is $H_3\overset{\delta\oplus}{C}-C\overset{\delta\ominus}{\equiv}N:$ de beste weergave van de ladingsverdeling.

b $H_3C-\overset{\overset{..}{O}}{\underset{}{\overset{\|}{C}}}-\overset{..}{\underset{..}{O}}CH_3 \longleftrightarrow H_3C-\overset{\overset{:\overset{..}{O}:^{\ominus}}{|}}{\underset{\oplus}{C}}-\overset{..}{\underset{..}{O}}CH_3 \longleftrightarrow H_3C-\overset{\overset{:\overset{..}{O}:^{\ominus}}{|}}{C}=\overset{\oplus}{\underset{..}{O}}CH_3$

      1   2   3

Structuur (3) zal, ondanks het feit dat de $\oplus$-lading hier op het sterk elektronengatieve element zuurstof komt, toch een bijdrage leveren, omdat in deze structuur *alle atomen de edelgasconfiguratie hebben* in tegenstelling tot het koolstofatoom in structuur 2.

Mesomere grensstructuren waarin alle atomen de edelgasconfiguratie hebben, leveren een *belangrijke* bijdrage aan het mesomere hybride. Het belangrijkst is de structuur waarbij er geen ladingsscheiding is opgetreden (1).

De beste weergave van de ladingsverdeling is dan: $H_3C-\overset{\overset{\delta\ominus}{\overset{..}{O}}}{\underset{\delta\oplus \quad \delta\oplus}{\overset{\|}{C}}}-\overset{..}{O}CH_3$

c $H_2C=CH-\overset{\overset{..}{O}}{\underset{}{\overset{\|}{C}}}-H \longleftrightarrow H_2C=CH-\overset{\overset{:\overset{\ominus}{O}:}{|}}{\underset{\oplus}{C}}-H \longleftrightarrow H_2\overset{\oplus}{C}-CH=C\overset{:\overset{..}{O}:^{\ominus}}{\underset{H}{\diagdown}} \quad\times\quad H_2\overset{\ominus}{C}-CH=C\overset{:\overset{..}{O}^{\oplus}}{\underset{H}{\diagdown}}$

     1   2   3   4

Hier is er géén mesomere bijdrage van structuur (4), omdat daar het sterk elektro-negatieve element zuurstof positief geladen is en slechts zes elektronen in de valentieschil heeft.

Dus is $H_2\overset{\delta\oplus}{C}=CH-\overset{\overset{O\ \delta\ominus}{}}{\underset{}{\overset{\|}{C}}}-H$ de beste weergave van de ladingsverdeling.

d $H_2C=CH-\overset{\overset{..}{O}}{\underset{}{\overset{\|}{C}}}-\overset{..}{O}CH_3 \longleftrightarrow H_2\overset{\oplus}{C}-CH=\overset{\overset{:\overset{..}{O}:^{\ominus}}{|}}{C}-\overset{..}{O}CH_3 \longleftrightarrow$

$H_2C=CH-\overset{\overset{:\overset{..}{O}:^{\ominus}}{|}}{\underset{\oplus}{C}}-\overset{..}{O}CH_3 \longleftrightarrow H_2C=CH-\overset{\overset{:\overset{..}{O}:^{\ominus}}{|}}{C}=\overset{\oplus}{\underset{..}{O}}CH_3$

Deze opgave is in feite een combinatie van b en c, zie ook de opmerking daar.

Ladingsverdeling: $H_2C=CH-\overset{\overset{\delta\ominus}{\overset{..}{O}}}{\underset{\delta\oplus \quad \delta\oplus}{\overset{\|}{C}}}-\overset{..}{O}CH_3$

Deze voorstelling voor de ladingsverdeling wil niet zeggen dat er twee negatieve ladingen op zuurstof zitten, maar dat er tegenover de negatieve lading op zuurstof, de equivalente positieve lading verdeeld is over twee koolstofatomen.

e $H_2C=CH-CH=CH-\overset{\cdot\cdot\overset{\cdot\cdot}{O}\cdot\cdot}{\underset{||}{C}}-CH_3 \longleftrightarrow H_2C=CH-\overset{\oplus}{CH}-CH=\overset{:\overset{\cdot\cdot}{O}:^{\ominus}}{C}-CH_3 \longleftrightarrow$

$H_2C=CH-CH=CH-\overset{:\overset{\cdot\cdot}{O}:^{\ominus}}{\underset{\oplus}{C}}-CH_3 \longleftrightarrow \overset{\oplus}{H_2C}-CH=CH-CH=\overset{:\overset{\cdot\cdot}{O}:^{\ominus}}{C}-CH_3$

dus: $\overset{\delta\oplus}{H_2C}=CH-\overset{\delta\oplus}{CH}=CH-\overset{:\overset{\cdot\cdot}{O}:^{\delta\ominus\ominus\ominus}}{\underset{\delta\oplus}{C}}-CH_3$

f $H_3C-\overset{\cdot\cdot}{N}=CH-\overset{\cdot\cdot\overset{\cdot\cdot}{O}\cdot\cdot}{\underset{||}{C}}-CH=CH_2 \longleftrightarrow H_3C-\overset{\cdot\cdot}{N}=CH-\overset{:\overset{\cdot\cdot}{O}:^{\ominus}}{C}=CH-\overset{\oplus}{CH_2} \longleftrightarrow$

1   2

$H_3C-\overset{\cdot\cdot}{N}=CH-\overset{:\overset{\cdot\cdot}{O}:^{\ominus}}{\underset{\oplus}{C}}-CH=CH_2 \quad\times\times\quad H_3C-\overset{\cdot\cdot}{\underset{\oplus}{N}}-CH=\overset{:\overset{\cdot\cdot}{O}:^{\ominus}}{C}-CH=CH_2$

3   4

Mesomere grensstructuur (4) zal niet bijdragen omdat stikstof een elektronegatief element is en in deze structuur slechts zes elektronen in de valentieschil heeft.

Dus: $H_3C-\overset{\cdot\cdot}{N}=CH-\overset{\cdot\cdot\overset{\cdot\cdot}{O}\cdot\cdot^{\delta\ominus\ominus}}{\underset{\delta\oplus}{\underset{||}{C}}}-CH=CH_2$ (with $\delta\oplus$ under CH_2 end)

Door het elektronegatieve karakter van stikstof zal de polarisatie van de dubbele binding in het linker gedeelte van het molecuul zodanig zijn, dat de grootste ladingsdichtheid op stikstof voorkomt (vergelijk met de $\diagdown C=O$ groep).

$H_3C-\overset{\cdot\cdot}{N}=CH\sim\sim \longleftrightarrow H_3C-\overset{\cdot\cdot}{\underset{\cdot\cdot}{N}}^{\ominus}-\overset{\oplus}{CH}\sim\sim \quad$ of wel: $\quad H_3C-\overset{\cdot\cdot}{N}=CH\sim\sim$ $\overset{\delta\ominus}{}\ \overset{\delta\oplus}{}$

Dit effect is echter veel kleiner dan het hiervoor beschreven effect door mesomerie.

g $F-CH_2-CH=CH_2$. In dit molecuul is geen mesomerie mogelijk.

Door het sterk elektronegatieve karakter van fluor wordt de ladingsverdeling echter wel beïnvloed. De CH_2-groep waar het fluoratoom aan vastzit wordt enigszins positief geladen en dit positieve centrum induceert op zijn beurt een ladingsverdeling in de dubbele binding

$\overset{\delta\ominus}{:}\overset{\delta\oplus}{F}-\overset{\delta\ominus}{CH_2}-\overset{\delta\oplus}{CH}=CH_2$

h

1

2

3

4a

4b

4c

De mesomere grensstructuren 4a, 4b en 4c zullen maar zeer zwak meedoen in het mesomere hybride omdat in deze structuren de aromaticiteit van de benzeenring verstoord wordt.

Let overigens op de plaats van de ⊕ ladingen in deze structuren.

Ladingsverdeling:

14) a   Geladen structuren dragen minder bij aan het hybride dan ongeladen structuren omdat ladingsscheiding altijd energie kost.

b   Structuur (5) zal geen wezenlijke bijdrage leveren omdat zich daar rond zuurstof slechts zes elektronen bevinden en er dus een positieve lading op het sterk elektronegatieve element zuurstof zit. Daarnaast zal structuur (4) slechts een kleine bijdrage leveren omdat in deze structuur vier ladingen voorkomen.

c   Geen belangrijke bijdrage levert (5) vanwege de positieve lading en de aanwezigheid van slechts zes elektronen op de elektronegatieve stikstof.
Eveneens zal geen bijdrage te verwachten zijn van de structuren (4) en (6) omdat daar veel ladingsscheiding optreedt. Structuur (4) is echter veel ongunstiger dan (6) omdat in (4) twee gelijke ladingen naast elkaar zitten.

d   Structuur (6) is zeer ongunstig vanwege de ⊕-lading op zuurstof en de aanwezigheid van slechts zes elektronen op dit elektronegatieve element.
Daarnaast zijn structuren (3) en (4) niet erg gunstig vanwege het grote aantal ladingen in het molecuul. Hier is wat moeilijk aan te geven welke van de twee laatste structuren het meest ongunstig is.

e   Structuur (8) zal geen noemenswaardige bijdrage leveren vanwege het grote aantal ladigen; structuur (7) is ongunstig omdat twee ⊕-ladingen elkaar opvolgen.

f   Stikstof is elektronegatiever dan koolstof en zal liever een negatieve lading hebben (8 elektronen) dan een positieve (met slechts zes elektronen). Dus mesomere grensstructuren (2) en (5), waarbij N positief geladen is, zijn ongunstig.

15) a

In het linker carbanion wordt de negatieve lading door mesomerie gedelocaliseerd over het koolstof atoom en het electronegatieve zuurstofatoom. Het zuurstofatoom draagt het grootste deel van de negatieve lading. In het rechter carbanion wordt de negatieve lading gedelocaliseerd over twee koolstofatomen. Koolstof is minder electronegatief dan zuurstof en daardoor draagt de mesomerie in het rechter carbanion minder bij aan de stabiliteit dan in het linker carbanion. Het linker carbanion is daarom stabieler.

b

In het linker anion wordt de negatieve lading door mesomerie gedelocaliseerd over twee zuurstfatomen. In het rechter anion is geen mesomerie mogelijk en daar moet de negatieve lading door één zuurstofatoom opgevangen worden. Delocalisatie van lading is gunstig en daarom is het linker anion stabieler

c

Het linker carbokation is een normaal tertiair carbokation waarin geen mesomerie mogelijk is. Het rechter carbokation is een secundair carbocation maar de positieve lading zit op een koolstofatoom naast een zuurstofatoom. Eén van de vrije electronenparen op het zuurstofatoom kan deels het electronengat op het koolstofatoom opvullen. Door deze mesomerie wordt het electronegatieve zuurstofatoom positief geladen. Dat is niet gunstig, de positieve lading kan beter op het minder electronegatieve koolstofatoom zitten. De rechter mesomere grensstructuur draagt echter toch aanzienlijk bij tot de stabiliteit van dit carbokation omdat in de rechter grensstructuur alle atomen een edelgasconfiguratie hebben. Door deze mesomere stabilisatie is het rechter carbokation stabieler.

d

Het linker carbanion is gestabiliseerd door mesomerie met de drievoudige binding, waardoor de negatieve lading gedelocaliseerd wordt over het koolstofatoom en het meer electronegatieve stikstofatoom. Dit is gunstig.
In het rechter carbanion is geen mesomere stabilisatie mogelijk omdat het koolstofatoom dat de negatieve lading draagt door de tussenliggende CH_2 groep geisoleerd is van (niet

geconjugeerd is met) de π orbitalen van de drievoudige binding. Het linker carbanion is daarom stabieler.

$$\text{e} \quad H_3C-\overset{\overset{\oplus}{C}}{\underset{CH_3}{|}}-\overset{H_2}{C}-C\!=\!CH_2 \qquad H_3C-\overset{\overset{\oplus}{C}}{\underset{CH_3}{|}}-C\!=\!\overset{H}{\underset{H}{C}}-CH_3 \quad \longleftrightarrow \quad H_3C-C\!=\!\overset{\underset{CH_3}{|}}{C}-\overset{H}{\underset{\oplus}{C}}-CH_3$$

In het linker carbokation is geen mesomere stabilisatie mogelijk omdat het koolstofatoom dat de positieve lading draagt door de tussenliggende CH_2 groep geisoleerd is van (niet geconjugeerd is met) de π orbitalen van de dubbele binding. In het rechter carbokation is wel mesomerie mogelijk omdat het koolstofatoom dat de positieve lading draagt hier naast de dubbele binding ligt waardoor zijdelingse overlap van π orbitalen en dus mesomerie, mogelijk wordt. Verdeling van lading is gunstig en daardoor is het rechter carbokation stabieler.

$$\text{f} \quad H_2\overset{\ominus}{\overset{\bullet\bullet}{C}}-\overset{H}{C}\!=\!\overset{\bullet\bullet}{\underset{\bullet\bullet}{O}}\,\text{:} \quad \longleftrightarrow \quad H_2C\!=\!\overset{H}{C}-\overset{\bullet\bullet}{\underset{\bullet\bullet}{\overset{\ominus}{O}}}\,\text{:} \qquad H_3C-\overset{\bullet\bullet}{\underset{\ominus}{C}}\!=\!\overset{\bullet\bullet}{\underset{\bullet\bullet}{O}}\,\text{:}$$

In het linker carbanion wordt de negatieve lading door mesomerie gedelocaliseerd over het koolstof atoom en het electronegatieve zuurstofatoom. Zijdelingse overlap van de 2p orbitaal van het koolstofatoom met de 2p orbitalen van de π binding is goed mogelijk omdat ze hier naast elkaar liggen. Het zuurstofatoom draagt het grootste deel van de negatieve lading. In het rechter carbanion is de negatieve lading gelocaliseerd in de sp^2 orbitaal van het koolstofatoom. Deze orbitaal staat loodrecht op de 2p orbitalen van de π binding en kan daarmee dus geen zijdelingse overlap hebben. Delocalisatie van lading door mesomerie is hier dus niet mogelijk. Het linker carbanion is daarom stabieler.

$$\text{g} \quad \overset{H_3C}{\underset{H_3C}{>}}\overset{\bullet\bullet}{N}-\overset{H}{\underset{\oplus}{C}}-\overset{H_2}{C}-\overset{H_2}{C}-CH_3 \quad \longleftrightarrow \quad \overset{H_3C}{\underset{H_3C}{>}}\overset{\oplus}{N}\!=\!\overset{H}{C}-\overset{H_2}{C}-\overset{H_2}{C}-CH_3 \qquad \overset{H_3C}{\underset{H_3C}{>}}\overset{\bullet\bullet}{N}-\overset{H_2}{C}-\overset{H_2}{C}-\overset{H}{\underset{\oplus}{C}}-CH_3$$

Het linker carbokation is een secundair carbokation maar de positieve lading zit op een koolstofatoom naast een stikstofatoom. Het vrije electronenpaar op het stikstofatoom kan deels het electronengat op het koolstofatoom opvullen. Door deze mesomerie wordt het electronegatieve stikstofatoom positief geladen en dat is in principe niet gunstig, de positieve lading kan beter op het minder electronegatieve koolstofatoom zitten. De rechter mesomere grensstructuur draagt echter toch aanzienlijk bij tot de stabiliteit van dit carbokation omdat in de rechter grensstructuur alle atomen een edelgasconfiguratie hebben. Deze mesomere stabilisatie is in het rechter carbokation niet mogelijk omdat het vrije electronenpaar op het stikstofatoom geisoleerd is van het carbokation door de tussenliggende CH_2 groepen. Het linker carbokation is daarom stabieler.

16) Het juiste antwoord is 1.2. Methanolaat is een sterke base en zal dus een proton halen van de plaats die het meest gestabiliseerde anion vormt. Dit is de positie waar de meeste

mesomerie in het anion mogelijk is. Teken alle mesomere grensstructuren van alle anionen. Hieruit blijkt dat de negatieve lading in anion 2 verdeeld is over twee koolstofatomen en, wat belangrijker is, over twee zuurstofatomen. In de anionen 0 en 3 is de negatieve lading verdeeld over een koolstofatoom en een zuurstofatoom. In anion 9 is de negatieve lading gelocaliseerd op een zuurstof atoom. In de anionen 1 en 4 is de negatieve lading gelocaliseerd in een sp^2 orbitaal van een koolstofatoom, waardoor geen mesomerie mogelijk is. Vergelijk deze situatie met die in vraag 15f.

17) a Een Lewis-zuur is een deeltje dat een elektronenpaar kan opnemen en daarmee een elektronentekort (afwijkend van de edelgasconfiguratie) opvult. Structuur 1.0 is geen Lewis-zuur want dit deeltje kan geen elektronenpaar opnemen (structuur 1.0 is het anion van azijnzuur).

   b Een Lewis-base is een deeltje dat een elektronenpaar kan leveren door beide elektronen te leveren om een gemeenschappelijk elektronenpaar te vormen met een ander deeltje (n.l. met een Lewis-zuur).
   Een vrij elektronenpaar is dus nodig om de functie als Lewis-base uit te oefenen. Structuur 2.3 heeft geen vrij elektronenpaar en is dus geen Lewis-base.

   c De juiste antwoorden zijn: 3.3; 4.3.
   In beide gevallen wordt het carbokation geplaatst op *zuurstof met een elektronensextet.* Dit is zeer ongunstig en zal dus niet bijdragen aan de mesomerie. Structuur 3.3 is ook te verwerpen omdat teveel elektronen rond stikstof geplaats zijn.

18) a Lewis-basen zijn electronenpaar-donoren. Er moet dus een vrij electronenpaar aanwezig zijn, wat het geval is bij a en c. $AlCl_3$ is echter een Lewiszuur, het heeft een electronenpaar tekort om aan de octetregel te kunnen voldoen.

   b serie 1:
   De vraag is: wat is het minst stabiele deeltje, met andere woorden wat is het minst gestabiliseerde deeltje? Structuur 2.0. is het minst gestabiliseerde deeltje, weliswaar stuwen de methylgroepen electronen naar het carbokation, maar dat is minimaal vergeleken met de structuren 2.1. en 2.2, waar de positieve lading gestabiliseerd wordt door mesomerie.

   serie 2:
   Protonering van de aminogroep in CH3-NH-CH3 is analoog aan de bekende reactie NH_3 + HCl tot $NH_4^{\oplus} Cl^{\ominus}$. Protonering van het zuurstofatoom in H3COCH3 tot structuur 3.1. is mogelijk, echter de grotere electronegativiteit van het zuurstofatoom t.o.v. het stikstofatoom in structuur 3.0, heeft tot gevolg het deeltje niet zo stabiel is als structuur 3.0.
   Het carbokation in structuur 3.2. is onstabiel, hoewel de ⊕-lading enigszins wordt gestabiliseerd door de electronenstuwende werking van de methylgroepen.
   Omdat een afweging van structuur 3.1. t.o.v. structuur 3.2. lastig is met de tot nu toe verkregen kennis, wordt zowel antwoord 3.1. als 3.2. goed gerekend.

serie 3:

4.2. is het minst gestabiliseerde deeltje. De positieve lading neemt niet deel aan het aromatische systeem (ga dit na).

De structuren 4.1 en 4.0. zijn door mesomerie gestabiliseerd.

3   Alkanen

1) Er bestaan negen structuren van de formule C_7H_{16}.

A- Geef deze structuren.

B- Geef ze de juiste IUPAC-naam.

C- Geef aan welke koolstofatomen secundair, tertiair dan wel quaternair zijn met de cijfers 2, 3 en 4.

2) Zijn de namen van de volgende verbindingen juist, gezien hun structuurformules? Zo niet, geef dan de juiste naam.

a 1-methyl-2-propylhexaan,

b 1,4,5-trimethylpentaan,

c 2,2,4,4-tetrachloor-3-isopropylhexaan,

d 3-isopropylbutaan,

e 3-chloor-3-ethyl-4-broom-4-chloorpentaan.

3) Geef de structuurformules van de volgende verbindingen:

a 2-methyl-3-isopropylheptaan,

b 2,2,4,4-tetramethylpentaan,

c 3-ethyl-3-methylhexaan,

d 3,4-dibroom-2,3-dichloor-2,4-dimethylhexaan.

4) Gegeven zijn de volgende van der Waals-stralen:

F 1.35, Cl 1.80, Br 1.95, I 2.15, CH_3-groep 2.00 (in Å).

Teken de meest ongunstige eclipsed conformatie van 1,2-dibroomethaan. Wat zal de invloed zijn van de vervanging van een broomatoom door resp. een fluor-, chloor-, joodatoom of een methylgroep op het energieniveau van deze conformatie ?

3 Antwoorden

1) A

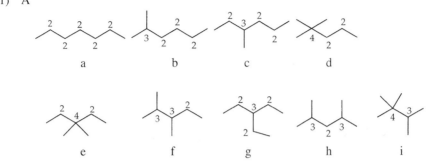

a   b   c   d

e   f   g   h   i

B a: n-heptaan b: 2-methylhexaan c: 3-methylhexaan d: 2,2-dimethylpentaan
e: 3,3-dimethylpentaan f: 2,3-dimethylpentaan (niet: 3,4-dimethylpentaan, de som van
de getallen zo klein mogelijk) g: 3-ethylpentaan h: 2,4-dimethylpentaan
i: 2,2,3-trimethylbutaan

Opmerking: De stamnaam wordt ontleend aan de langste keten.

Vertakkingen worden afzonderlijk benoemd en met een zo laag mogelijk plaatsnummer
vóór de naam van de hoofdketen geplaatst. De tweede structuur wordt daarom
2-methylhexaan genoemd en niet 5-methylhexaan en de derde structuur is niet
4-ethylpentaan of 4-methylhexaan, maar 3-methylhexaan.

C Zie tekening bij A.

2)

a

C—C—C—C—C—C
| |
C C
    |
    C
    |
    C

4-ethyloctaan

b

C—C—C—C—C
| | |
C   C C

3-methylheptaan

c

     Cl   Cl
     | |
C—C—C—C—C—C
     | C |
     Cl / \ Cl
       C C

2,2,4,4-tetrachloor-
3-isopropylhexaan

d

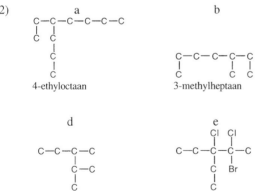

C—C—C—C
    |
    C—C
    |
    C

2,3-dimethylpentaan

e

     Cl Cl
     | |
C—C—C—C—C
     | Br
     C
     |
     C

2-broom-2,3-dichloor-
3-ethylpentaan

(zie voor de benoeming de opmerkingen bij opgave 1)

3) $H_3C-CH-CH-CH_2-CH_2-CH_2-CH_3$
            | |
           CH_3 $HC-CH_3$
                   |
                 CH_3

                  a

                                CH_3 CH_3
                                | |
                     $H_3C-C-CH_2-C-CH_3$
                                | |
                                CH_3 CH_3

                                    b

               CH_3
                |
$H_3C-CH_2-C-CH_2-CH_2-CH_3$
                |
               CH_2
                |
               CH_3

                c

                             Cl Cl CH_3
                              | | |
                    $H_3C-C-C-C-CH_3$
                              | | |
                              CH_3Br Br

                              d

Bij antwoord d speelt het voorvoegsel niet mee bij de bepaling van de alfabetische volgorde van de substituenten.

4)   De grootte van de groepen is van belang. Het sterische effect van een grotere groep geeft een hoger energieniveau van de genoemde conformatie. Zo zal fluor de grootste verlaging in energie bewerkstelligen, het chlooratoom een kleine verlaging. Het energieniveau van de methylgroep ligt op nagenoeg hetzelfde niveau als dat van 1,2-dibroomethaan, terwijl invoering van een joodatoom een duidelijke verhoging teweeg brengt. Merk op dat een methylgroep sterisch gezien dus net zo groot is als een broomatoom !

4   Cycloalkanen

1) Geef de volgende verbindingen de juiste IUPAC-naam.

    I   II   III   IV

2) Welke van de onderstaande structuren zijn andere weergaven van dezelfde verbinding?

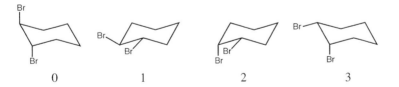

3) Stel de algemene formule op voor een cycloalkaan, een alkeen en een alkaan. Wat valt u op?

4) Cyclopropaan reageert goed met HBr. Geef de structuur van het ontstane product.

5) Teken de gunstigste conformatie van broomcyclopentaan. Geef een verklaring.

6) Hoe kan een mengsel worden onderscheiden van cyclopropaan, cyclobutaan en cyclopentaan.

7) Welke van de onderstaande conformaties van 1,2 dibroomcyclohexaan zal het meest voorkomen?

```
1.
```

Br

      Br
Br   Br   Br
      Br
Br   Br   Br

   0   1   2   3

8) Gegeven is onderstaand steroïde.

cholzuur

Van belang voor de fysiologische werking van een steroïde is de koppeling van de ring.
Een verandering van *trans-* naar een *cis*-koppeling kan de werking van het steroïde teniet
doen.
Geef het aantal koppelingen aan in bovenstaand steroïde.

a   Het aantal *cis*-gekoppelde ringen is:

0: geen   2: 2   4: 4
1: 1   3: 3

b   Het aantal *trans*-gekoppelde ringen is:
0: geen   2: 2   4: 4
1: 1   3: 3

4   Antwoorden

1) Neem de cycloalkaanring als basis. Nummer de ring zodanig dat de som van de getallen, gevormd door de plaatsen waar een alkylsubstituent aan vast zit, zo klein mogelijk is: dus niet volgens 1 maar volgens 2.

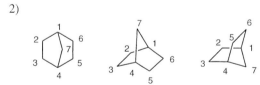

Verder worden de substituenten in alfabetische volgorde opgeschreven. Dus niet 1-methyl-2-ethylcyclohexaan zoals bij 3, maar 1-ethyl-2-methylcyclohexaan zoals bij 4.

I =   1-(*tert*-**b**utyl-),2-(**i**sopropyl-)cyclohexaan. (met voorvoegsels als *tert-* , *sec-* of *n-* wordt geen rekening gehouden, het voorvoegsel iso hoort bij het woord propyl)

II=   1,2-di**e**thyl, 4-**m**ethylcyclohexaan

III=   1,3-di**m**ethyl, 2-(*n*-**n**onyl)-cyclobutaan

IV=   1-**e**thyl-2-**j**oodcyclobutaan, -alkanen en halogeen worden ook alfabetisch gerangschikt- (ter verduidelijking zijn de letters die van belang zijn voor de alfabetische volgorde vet weergegeven).Vervanging van het joodatoom door broom in IV geeft dan 1-**b**room-2-**e**thylcyclobutaan IV-a (broom nu dus vóór ethyl).

2)

De hierboven weergegeven structuren zijn alle gelijk. Steeds is er een zesring te vinden met een methyleengroep (-CH$_2$-) als brug van de 1- naar de 4-plaats, het geheel is steeds ruimtelijk anders getekend.

3) Een alkaan heeft de algemene formule C$_n$H$_{2n+2}$. Bij de introductie van een dubbele band verliest het molecuul 2 waterstofatomen, zodat een alkeen de algemene formule C$_n$H$_{2n}$ heeft. Een cycloalkaan is een ringgesloten alkaan. Dit kan worden verkregen door twee waterstofatomen aan de uiteinden van het alkaan weg te halen en vervolgens de twee uiteinden te koppelen. Het eindresultaat heeft dan dezelfde algemene formule als een

alkeen. Let er dus op dat als er sprake van de algemene formule c_nH_{2n}, dat dan zowel een alkeen als een cycloalkaan kan worden bedoeld.

4) De cyclopropaanring wordt vrij gemakkelijk opengebroken omdat het zeer gespannen ringsysteem (hoeken van 60°) wordt omgezet in een lineaire structuur, hetgeen energiewinst oplevert. Er ontstaat dan het 1-broompropaan (hoeken 109.5^O).

5)

a   b

In de conformatie a worden de eclipsed interacties van het grote broomatoom met de waterstofatomen zoveel mogelijk vermeden. Verder staat het broomatoom pseudoequatoriaal en niet boven het vlak van de ring, zoals bij b, waardoor ook minder interactie optreedt met de waterstofatomen aan dezelfde kant van de ring.

6) Cyclopropaan reageert goed met Br_2 tot 1,3-dibroompropaan. De broom-oplossing wordt dus ontkleurd. Deze reactie is vergelijkbaar met die van alkenen met broom. Verder reageert cyclopropaan vlot met waterstof en nikkel als katalysator. Cyclobutaan is iets minder reactief dan cyclopropaan en reageert niet met broom maar nog wel waterstof en Ni als katalysator. Cyclopentaan reageert niet meer met deze reagentia, de ringspanning is hier nagenoeg verdwenen.

7) We kijken naar de meest stabiele conformatie. Dat is de conformatie met de minste 1,3-diaxiale interacties. Anders gezegd: de structuur waar beide broomatomen equatoriaal staan heeft de minste interacties. In structuur 1.1 staan de broomatomen allebei equatoriaal.

8)

In bovenstaande structuur zijn de *cis-* en *trans*-koppelingen aangegeven.

De goede antwoorden zijn: 1.1 en 2.2.

5 Alkenen en alkynen

1) Schrijf de structuren op van alle mogelijke C_5H_{10}-isomeren en geef ze de systematische IUPAC naam. Vergelijk het aantal C_5H_{10}-isomeren met het aantal C_5H_{12}-isomeren.

2) Geef de systematische namen van de volgende verbindingen:

a   b   c

$$(H_3C)_3C-C\equiv C-CH(CH_3)_2$$

d   e   f

$$H_2C=CH-CH_2Br \qquad H_3C-CH=CH-C\equiv CH$$

3) Geef de structuren van de volgende verbindingen:
   a   1-fluor-2-methylpropeen   b   (Z)- en (E)-2-hexeen   c   (E)-dichloorethyleen
   d   allyl radicaal   e   vinylchloride

4) Welke van de volgende verbindingen vertonen E-Z isomerie? Geef de structuren.
   a   4,5-dimethyl-4-octeen   b   1-chloor-2,3-dimethyl-2-buteen
   c   5,6-dimethyl-4-ethyl-3-hepteen.

5) Welke van de verbindingen met de formule C_6H_{12} zullen 2-methylpentaan geven na katalytische reductie met waterstof?

6) Geef het reactiemechanisme voor de volgende reacties:
   a   1-penteen met HCl
   b   1-penteen met *verdund* H_2SO_4.

7) Geef het mechanisme en de reactieprodukten die kunnen ontstaan bij reactie van $(CH_3)_3C-CH=CH_2$ met *verdund* H_2SO_4.

8) 2-Methylpropeen geeft bij behandeling met geconcentreerd H_2SO_4 twee produkten C_8H_{16}, waarvan één in overmaat en één in ondermaat. Geef deze produkten.

9) Geef het reactiemechanisme voor de reactie van 2-methyl-2-buteen met broom.

10) Men laat broom reageren met etheen, in methanol als oplosmiddel. Als reactieprodukt wordt naast 1,2-dibroomethaan ook $Br-CH_2-CH_2-OCH_3$ verkregen. Hoe is dit te verklaren? Geef het reactiemechanisme.

11) Verklaar de produkten die gevormd worden als we 1,2-dimethylcyclopenteen laten reageren met:

a H_2 met Pd als katalysator   b Br_2 c HBr

Let vooral ook op het sterisch verloop van de reacties.

12) Geef het mechanisme voor de volgende reacties:

a 2-methylpropeen + Br_2 b + Br_2 in H_2O.

13) Geef het mechanisme van de reactie van 3,3-dimethyl-1-buteen met HCl.

14) Welke produkten worden gevormd bij additie van één equivalent HBr aan de koolstof-koolstof dubbele binding(en) in de volgende stoffen.

tip: De wijze van additie wordt bepaald door de stabiliteit van de intermediaire carbokationen.

15) a Maak een duidelijke tekening van het ion dat het eerst gevormd wordt uit 3,3-dimethyl-1-buteen (I) en geconcentreerd zwavelzuur.

b Onder invloed van zuur kan I omgezet worden in een mengsel van isomere alkenen. Geef de produkten en het mechanisme van deze omzetting.

c Welke twee produkten verwacht u als I o.i.v. zuur met water reageert? Geef het mechanisme van deze reacties.

16) Alkynen kunnen betrekkelijk gemakkelijk een proton afstaan, maar behandeling van propyn (acetyleen) met $CH_3O^{\ominus}$) geeft geen protonabstractie.
Wat is hiervan de oorzaak?

17) Reactie van acetyleen met een overmaat HCl geeft 1,1-dichloorethaan.
Geef het reactiemechanisme en geef aan waarom niet het 1,2-dichloorethaan ontstaat.

18) Bij reactie van $(CH_3)_3C-CH=CH_2$ met *verdund* H_2SO_4 kunnen een aantal van onderstaande intermediairen of reactieprodukten ontstaan.

Maak steeds één keuze uit de vier mogelijkheden in elke reeks.

$$H_3C-\underset{\underset{CH_3}{|}}{\overset{\overset{CH_3}{|}}{C}}-CH_2-\overset{\oplus}{C}H_2 \qquad H_3C-\underset{\underset{CH_3}{|}}{\overset{\overset{CH_3}{|}}{\overset{\oplus}{C}}}-C=CH_2 \qquad H_3C-\underset{\underset{CH_3}{|}}{\overset{\overset{CH_3}{|}}{\overset{\oplus}{C}}}-CH-CH_3 \qquad \text{geen van deze structuren}$$

0   1   2   3   [1.]

$$H_3C-\underset{\underset{CH_3}{|}}{\overset{\oplus}{C}}-CH_2-CH_2-CH_3 \qquad H_3C-\underset{\underset{CH_3}{|}}{\overset{\oplus}{C}}-\overset{\overset{H}{|}}{\underset{\underset{CH_3}{|}}{C}}-CH_3 \qquad H_3C-\overset{\oplus}{C}H-\underset{\underset{CH_3}{|}}{C}H-CH_2-CH_3 \qquad \text{geen van deze structuren}$$

0   1   2   3   [2.]

$$\underset{H_3C}{\overset{H_3C}{>}}\underset{\overset{|}{C}H}{\overset{\overset{OSO_3H}{|}}{C}}-\overset{CH_3}{\underset{CH_3}{<}} \qquad H_3C-\underset{\underset{CH_3}{|}}{\overset{\overset{OH}{|}}{C}}-\overset{CH_3}{\underset{CH_3}{<}}CH \qquad H_3C-\underset{\underset{CH_3}{|}}{\overset{\overset{CH_3}{|}}{C}}-CH_2-CH_2OH \qquad \text{geen van deze structuren}$$

0   1   2   3   [3.]

$$\underset{H_3C}{\overset{H_3C}{>}}C=C\underset{CH_3}{\overset{CH_3}{<}} \qquad \underset{H_3C}{\overset{H_3C}{>}}C=C\underset{CH_2CH_3}{\overset{CH_3}{<}} \qquad H_3C-\underset{\underset{CH_3}{|}}{C}H-CH=CH-CH_3 \qquad \text{geen van deze structuren}$$

0   1   2   3   [4.]

19) Welk(e) van onderstaande verbindingen wordt (worden) gevormd als 2-methyl-2-buteen wordt gedimeriseerd o.i.v. gec. H_2SO_4.   [1.]

$$H_3C-CH_2-\underset{\underset{H_3C}{|}}{\overset{\overset{H_3C}{|}}{C}}-\underset{\underset{CH_3}{|}}{\overset{\overset{H}{|}}{C}}-\underset{\underset{CH_3}{|}}{C}=CH_2 \qquad\qquad H_3C-CH_2-\underset{\underset{H_3C}{|}}{\overset{\overset{CH_3}{|}}{C}}-C=\underset{CH_3}{\overset{CH_3}{<}}$$

a   b

$$H_3C-CH_2-\underset{\underset{H_3C}{|}}{\overset{\overset{H}{|}}{C}}-\underset{\underset{CH_3}{|}}{\overset{\overset{CH_3}{|}}{C}}-\underset{\underset{CH_3}{|}}{C}=CH_2 \qquad\qquad \underset{H_3C}{\overset{H_3C}{>}}\underset{\overset{|}{H_3C}}{C}-\underset{\overset{|}{CH_3}}{\overset{\overset{H}{|}}{C}}-C=\underset{CH_3}{\overset{CH_3}{<}}$$

c   d

U hebt de keuze uit de volgende mogelijkheden:

0: alleen a   2: alleen c   4: a + b   6: a + b + c + d

1: alleen b   3: alleen d   5: a + d

20) 3,3-Dimethylcyclopenteen wordt behandeld met verdund zuur.

Welk(e) produkt(en) kunnen we in oplossing aantreffen?

     a   b   c   d

U hebt de keuze uit de onderstaande antwoordmogelijkheden:

0: a + b	3: b + c	6: a + b + c	9: a + b + c + d
1: a + c	4: b + d	7: a + b + d	
2: a + d	5: c + d	8: b + c + d	

21) a Carbokation I kan gevormd worden door:

$$H_3C-\overset{\oplus}{\underset{H_3C}{C}}-\overset{H}{\underset{CH_3}{C}}-CH_3$$

           I

0: reactie van 2,3-dimethyl-2-buteen met HBr

1: reactie van 3,3-dimethyl-1-buteen met gec. H_2SO_4

2: reactie van 3,3-dimethyl-2-butanol met gec. H_2SO_4

3: geen van deze reacties

4: alle drie reacties

b Reactie van $\underset{H_3C}{\overset{H_3C}{>}}C=CH_2$ met geconcentreerd H_2SO_4 geeft: 2.

$$H_3C-\underset{CH_3}{\overset{H}{C}}-CH_2-OSO_3H$$
      a

$$H_3C-\underset{CH_3}{\overset{H}{C}}-\underset{CH_3}{\overset{CH_3}{C}}-CH_2OSO_3H$$
      b

$$H_3C-\underset{H}{\overset{CH_3}{C}}-CH_2-\underset{CH_3}{\overset{CH_3}{C}}-CH_3$$
      c.

$$H_3C-\underset{H}{\overset{CH_3}{C}}-CH_2-\overset{CH_3}{C}=CH_2$$
      d

$$H_3C-\underset{CH_3}{\overset{CH_3}{C}}-CH_2-C\underset{CH_3}{\overset{CH_2}{<}}$$
      e

$$H_3C-\underset{CH_3}{\overset{CH_3}{C}}-CH=C\underset{CH_3}{\overset{CH_3}{<}}$$
      f

U hebt de keuze uit de onderstaande antwoordmogelijkheden:

0: a + b	3: a + f	6: d + f	9: geen van deze structuren
1: a + c	4: b + c	7: a + d	
2: e + f	5: d + e	8: b + d	

c   Welke van onderstaande verbindingen wordt (worden) gevormd bij

additie van 1 equivalent HBr aan molecuul I?

   I

a   Br

b   Br

c   Br

d   Br

U hebt de keuze uit de onderstaande antwoordmogelijkheden:

0: a   2: c   4: a + b   6: a + d   8: b + d

1: b   3: d   5: a + c   7: b + c   9: c + d

5   Antwoorden

1) $H_2C=CH-CH_2-CH_2-CH_3$ $H_2C=CH-\overset{\overset{\displaystyle CH_3}{|}}{CH}-CH_3$ $H_3C-CH=CH-CH_2-CH_3$ $H_3C-CH=\overset{\overset{\displaystyle CH_3}{|}}{C}-CH_3$

1-penteen   3-methyl-1-buteen   2-penteen (*E* en *Z*)   2-methyl-2-buteen

$H_3C-CH_2-\overset{\overset{\displaystyle CH_3}{|}}{C}=CH_2$ Er zijn daarentegen maar drie isomere pentanen.

2-methyl-1-buteen

2)   a   (*E*)-broomchlooretheen
         (*trans*-broomchlooretheen)
     b   (*Z*)-2-penteen
         (*cis*-2-penteen)
     c   2,2,5-trimethyl-3-hexyn

     d   (*E*)-2,4-dimethyl-3-chloor-3-hepteen
         (*cis*-2,4-dimethyl-3-chloor-3-hepteen)
     e   3-broompropeen (allylbromide)
     f   2-penteen-4-yn
         (stamnaam -een gaat voor -yn bij nummering)

3)   a   F–CH=C$\overset{\diagup CH_3}{\diagdown CH_3}$ b   structuur   structuur   c   structuur

     gelijke groepen   *E*   *Z*   *E*
     geen *Z* of *E*   (*trans*)   (*cis*)   (*trans*)

     d $H_2\overset{\bullet}{C}-CH=CH_2$ ⇵ $H_2C=CH-\overset{\bullet}{C}H_2$

     e $H_2C=C\overset{\diagup Cl}{\diagdown H}$

Let op het verschil tussen een vinylgroep ($H_2C=CH-$) en een allylgroep ($H_2C=CH-CH_2-$)

4)   a   structuur *Z* (*cis*)   +   structuur *E* (*trans*)   b   structuur *E-Z* geen *cis-trans* isomerie

     c   structuur *E*   structuur *Z*

5,6-dimethyl-4-ethyl-3-hepteen

5) $\text{H}_3\text{C}-\overset{\overset{\displaystyle \text{CH}_3}{|}}{\text{CH}}-\text{CH}_2-\text{CH}_2-\text{CH}_3$ (2-methylpentaan) wordt als eindprodukt gevormd bij hydrogenering van de volgende alkenen:

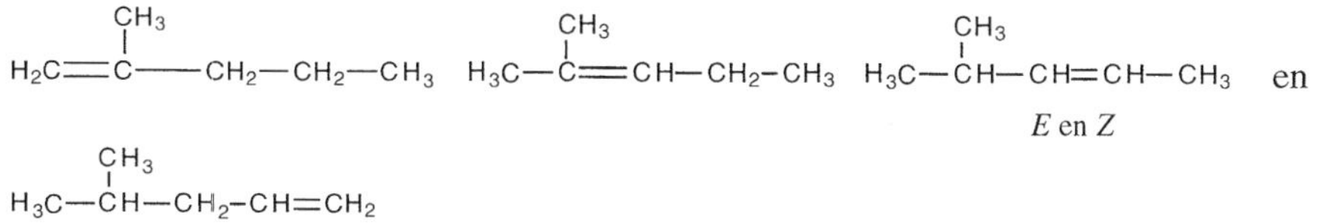

$\text{H}_2\text{C}{=}\overset{\overset{\displaystyle \text{CH}_3}{|}}{\text{C}}-\text{CH}_2-\text{CH}_2-\text{CH}_3$ $\text{H}_3\text{C}-\overset{\overset{\displaystyle \text{CH}_3}{|}}{\text{C}}{=}\text{CH}-\text{CH}_2-\text{CH}_3$ $\text{H}_3\text{C}-\overset{\overset{\displaystyle \text{CH}_3}{|}}{\text{CH}}-\text{CH}{=}\text{CH}-\text{CH}_3$ en

E en *Z*

$\text{H}_3\text{C}-\overset{\overset{\displaystyle \text{CH}_3}{|}}{\text{CH}}-\text{CH}_2-\text{CH}{=}\text{CH}_2$

6) a $\text{H}_2\text{C}{=}\text{CH}-\text{CH}_2-\text{CH}_2-\text{CH}_3$ + HCl $\rightleftarrows$ $\text{H}_3\text{C}-\overset{\oplus}{\text{CH}}-\text{CH}_2-\text{CH}_2-\text{CH}_3$ + $\overset{\ominus}{\text{Cl}}$

1

Additie van een proton vindt uitsluitend plaats op C-1 en niet op C-2, omdat in het eerste geval het stabielere secundaire carbokation 1 gevormd wordt. Dit carbokation is reactief en zal met het aanwezige nucleofiel $\overset{\ominus}{\text{Cl}}$ reageren tot een halogeen alkaan.

$\text{H}_3\text{C}-\overset{\oplus}{\text{CH}}-\text{CH}_2-\text{CH}_2-\text{CH}_3$ + $\overset{\ominus}{\text{Cl}}$ $\longrightarrow$ $\text{H}_3\text{C}-\overset{\overset{\displaystyle \text{Cl}}{|}}{\text{CH}}-\text{CH}_2-\text{CH}_2-\text{CH}_3$

b $\text{H}_2\text{C}{=}\text{CH}-\text{CH}_2-\text{CH}_2-\text{CH}_3$ + $\text{H}_3\overset{\oplus}{\text{O}}$ $\rightleftarrows$ $\text{H}_3\text{C}-\overset{\oplus}{\text{CH}}-\text{CH}_2-\text{CH}_2-\text{CH}_3$ + H_2O

Ook hier wordt uiteraard het secundaire carbokation gevormd, dat liefst zo snel mogelijk met een nucleofiel verder reageert. In verdund H_2SO_4 is water als oplosmiddel in grote overmaat aanwezig en water zal als nucleofiel veruit de voorkeur hebben boven $\text{HSO}_4{}^{\ominus}$ en $\text{SO}_4{}^{\ominus}$ die in veel geringere concentratie voorkomen, en bovendien erg slechte nucleofielen zijn vanwege de delocalisatie van de vrije elektronenparen.

$\text{H}_3\text{C}-\overset{\oplus}{\text{CH}}-\text{CH}_2-\text{CH}_2-\text{CH}_3$ + H_2O $\rightleftarrows$ $\text{H}_3\text{C}-\overset{\overset{\displaystyle \overset{\oplus}{\text{O}}\text{H}_2}{|}}{\text{CH}}-\text{CH}_2-\text{CH}_2-\text{CH}_3$ $\rightleftarrows$ $\text{H}_3\text{C}-\overset{\overset{\displaystyle \text{OH}}{|}}{\text{CH}}-\text{CH}_2-\text{CH}_2-\text{CH}_3$ + $\overset{\oplus}{\text{H}}$

7) $(\text{CH}_3)_3\text{C}-\text{CH}{=}\text{CH}_2$ + $\text{H}_3\overset{\oplus}{\text{O}}$ $\rightleftarrows$ $(\text{CH}_3)_3\text{C}-\overset{\oplus}{\text{CH}}-\text{CH}_3$ + H_2O

Additie van een proton aan een dubbele binding zal altijd zodanig gebeuren dat het stabielste carbokation ontstaat. In dit geval wordt een secundair carbokation gevormd. Een carbokation is reactief en kan als volgt verder reageren:

a Zo snel mogelijk een nucleofiel (elektronenpaar) opzoeken. Water is in verdund H_2SO_4 het nucleofiel dat in overmaat aanwezig is. Dit wint het als nucleofiel veruit van $\text{HSO}_4{}^{\ominus}$ of $\text{SO}_4{}^{2\ominus}$. Deze deeltjes zijn in de eerste plaats in veel geringere concentratie aanwezig, maar hebben daarnaast bovendien erg slechte nucleofiele eigenschappen omdat de vrije elektronenparen van deze deeltjes sterk gedelocaliseerd (mesomeer gestabiliseerd) zijn.(zie ook de vorige vraag).

De nucleofiele reactie die het secundaire carbokation kan ondergaan, is dus:

$$(CH_3)_3C-\overset{\oplus}{C}H-CH_3 + H_2O \underset{\longleftarrow}{\longrightarrow} (CH_3)_3C-\overset{\overset{\oplus}{O}H_2}{C}H-CH_3 \underset{\longleftarrow}{\longrightarrow} (CH_3)_3C-\overset{OH}{C}H-CH_3 + \overset{\oplus}{H}$$

b Wanneer het secundaire carbokation niet direct door een nucleofiel "afgevangen" wordt, kan het ook intern naar stabilisatie zoeken. In dit geval is door een $CH_3^{\ominus}$ -groep verhuizing overgang naar een stabieler tertiair carbokation mogelijk:

$$H_3C-\overset{\overset{CH_3}{|}}{\underset{\underset{CH_3}{|}}{C}}-\overset{\oplus}{C}H-CH_3 \longrightarrow H_3C-\overset{\overset{CH_3}{|}}{\underset{\underset{CH_3}{|}}{\overset{\oplus}{C}}}-CH-CH_3$$

sec. C$\overset{\oplus}{}$ -ion   *tert.* C$\overset{\oplus}{}$ -ion

Ook het tertiaire carbokation is nog reactief en zal verder reageren tot een stabieler produkt. H_2O zal ook nu weer als nucleofiel optreden:

$$H_3C-\overset{\overset{\oplus}{C}}{\underset{\underset{CH_3}{|}}{}}-\overset{\overset{CH_3}{|}}{C}H-CH_3 + H_2O \underset{\longleftarrow}{\longrightarrow} H_3C-\overset{\overset{\overset{\oplus}{H_2O}}{|}}{C}-\overset{\overset{CH_3}{|}}{C}H-CH_3 \underset{\longleftarrow}{\longrightarrow} H_3C-\overset{\overset{OH}{|}}{C}-\overset{\overset{CH_3}{|}}{C}H-CH_3 + \overset{\oplus}{H}$$

8) $$H_3C-\overset{}{\underset{\underset{CH_3}{|}}{C}}=CH_2 + \overset{\oplus}{H} \underset{\longleftarrow}{\longrightarrow} H_3C-\overset{\oplus}{\underset{\underset{CH_3}{|}}{C}}-CH_3$$

Het tert. carbokation wil verder reageren. Het kan $H^{\oplus}$ afstaan, maar dan ontstaat weer de uitgangsstof (evenwichtsreactie). In geconcentreerd H_2SO_4 is geen goed nucleofiel aanwezig. Het carbokation kan nu aanvallen op het elektronenpaar van de π-binding van (overmaat) niet-gereageerde uitgangsstof. (Anders geformuleerd: het elektronenpaar van de π-binding valt aan op het carbokation, omdat we altijd de beweging van de elektronen wordt beschreven.)

$$H_3C-\overset{\oplus}{\underset{\underset{CH_3}{|}}{C}}-CH_3 + H_2C=\overset{}{\underset{\underset{CH_3}{|}}{C}}-CH_3 \longrightarrow H_3C-\overset{\overset{CH_3}{|}}{\underset{\underset{CH_3}{|}}{C}}-CH_2-\overset{\oplus}{C}-CH_3 \text{ en niet } H_3C-\overset{\overset{CH_3}{|}}{\underset{\underset{CH_3}{|}}{C}}-\overset{\overset{CH_3}{|}}{\underset{\underset{CH_2\oplus}{|}}{C}}-CH_3$$

dimerisatie

Het nieuwe carbokation is nog steeds reactief en wil zich nog steeds stabilisateren. Aangezien een goed nucleofiel blijft ontbreken resten er twee mogelijkheden:

a opnieuw reactie met de uitgangsstof, enz → polymerisatie

b stabilisatie door afsplitsen van $H^{\oplus}$, dit heeft de voorkeur wanneer er veel sterische hinder is in (lees: veel substituenten zitten aan) het carbokation en het alkeen.

Wanneer bij de vorming van alkenen uit carbokationen meerdere produkten gevormd kunnen worden, dan is er voorkeur voor de vorming van het meest gesubstitueerde alkeen. Hieronder wordt verstaan het alkeen dat rond de dubbele binding de meeste groepen heeft, die anders zijn dan waterstof.

Dus bij $R_1=R_2=R_3=R_4=H$ (etheen) zijn alle groepen waterstof en dit is relatief het minst stabiele alkeen. Naarmate meer H atomen zijn vervangen door andere groepen, neemt de relatieve stabiliteit van het alkeen toe. Dit houdt in dat dan bij de vorming van een alkeen uit een carbokation in verhouding steeds meer energie gewonnen wordt als het alkeen meer gesubstitueerd is.

9)

In eerste instantie wordt een broommolecuul in de nabijheid van een elektronenrijke dubbele binding zodanig gepolariseerd in $\overset{\delta\oplus}{Br}\text{—}\overset{\delta\ominus}{Br}$ dat er een elektronentekort op het broomatoom ontstaat dat het dichtst in de nabijheid van de dubbele binding ligt. Bij overlap van de orbitalen van de π-binding met die van $Br^{\oplus}$ wordt $Br^{\ominus}$ afgesplitst en ontstaat het bromonium-ion (reactief). Om het elektronentekort in het bromoniumion op te heffen, kan een nucleofiel (hier $Br^{\ominus}$) aanvallen aan de kant die het minst afgeschermd is.

Het mechanisme verloopt dus volgens een anti-additie.

10) $H_2C{=}CH_2$ + Br_2 $\longrightarrow$ + $Br^{\ominus}$

In eerste instantie wordt het reactieve bromonium-ion gevormd. Elk deeltje dat een elektronenpaar kan leveren (nucleofiel is), kan nu in principe aanvallen op het reactieve bromonium-ion. Wanneer $Br^{\ominus}$ als nucleofiel optreedt, hebben we te maken met het normale geval van broom-additie.

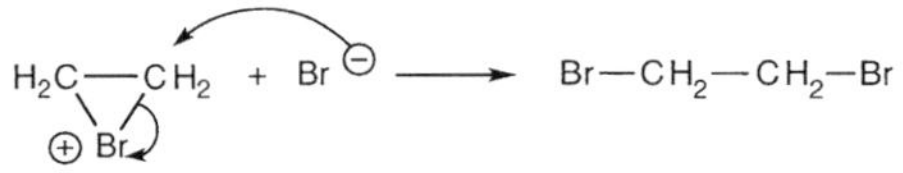

$$H_2C\text{---}CH_2 \;+\; Br^{\ominus} \longrightarrow Br\text{---}CH_2\text{---}CH_2\text{---}Br$$

In methanol als oplosmiddel kan echter ook CH_3OH als nucleofiel optreden.

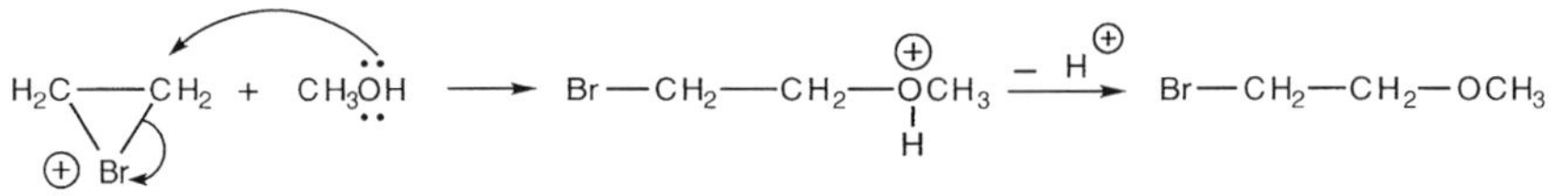

$$H_2C\text{---}CH_2 \;+\; CH_3\overset{..}{\underset{..}{O}}H \longrightarrow Br\text{---}CH_2\text{---}CH_2\text{---}\overset{\oplus}{\underset{H}{O}}CH_3 \xrightarrow{-\,H^{\oplus}} Br\text{---}CH_2\text{---}CH_2\text{---}OCH_3$$

11) a

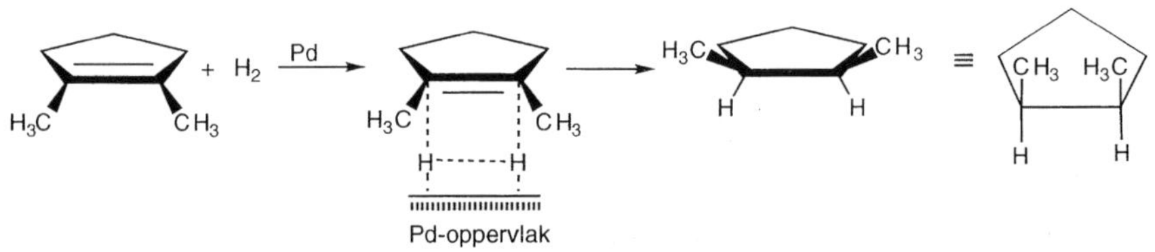

Beide waterstofatomen worden vanaf dezelfde kant geaddeerd aan de dubbele binding, er treedt *syn-* additie op.

b

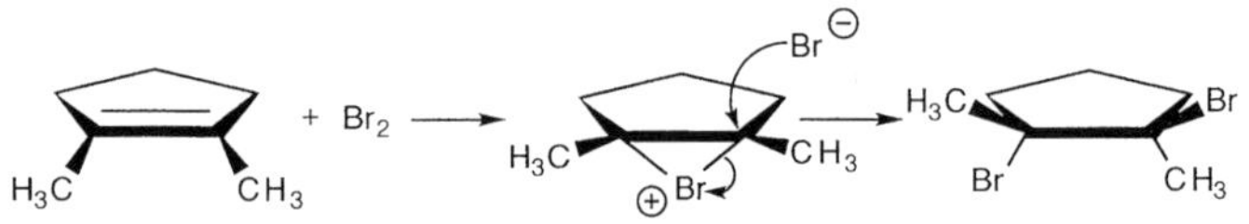

$Br^{\ominus}$ moet van de andere kant naderen om geen sterische hindering te ondervinden, dus er treedt *anti-*additie op.

c

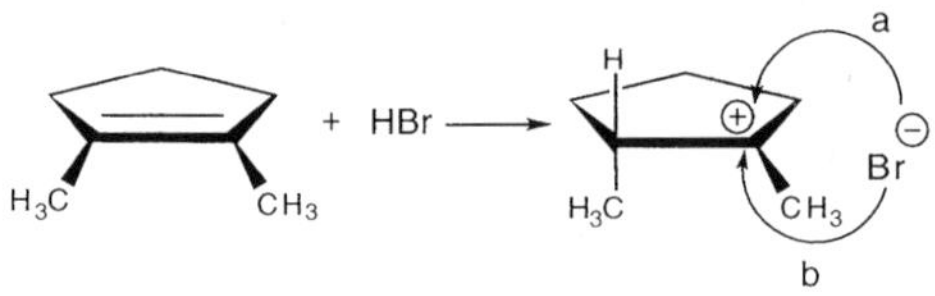

Additie van een proton ($H^{\oplus}$), aan een dubbele binding geeft een carbokation als intermediair en geen π–complex zoals bij de additie van $Br^{\ominus}$. Aanval van $Br^{\ominus}$ kan nu van beide kanten plaatsvinden op het vlakke tertiair carbokation en er worden hier dus twee producten gevormd.

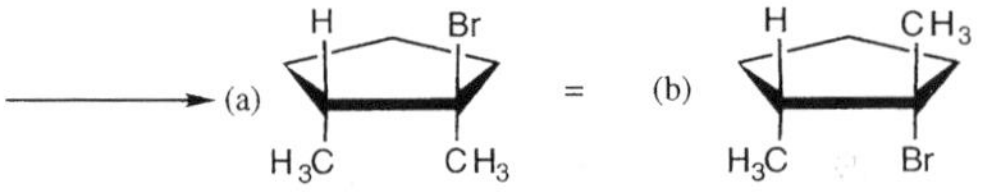

cis   *trans*

12) a

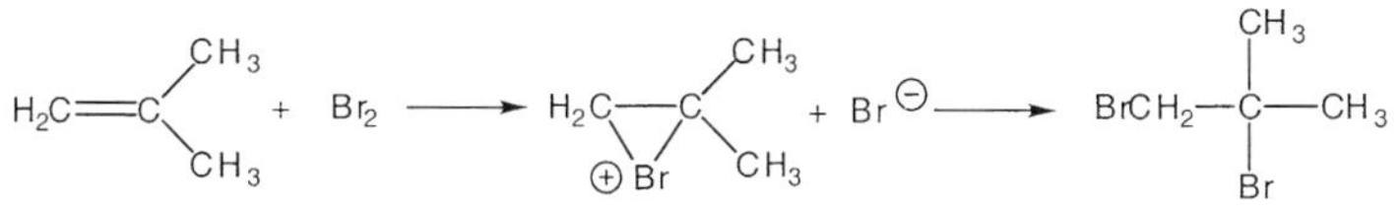

Hoewel dit aan het reactieprodukt niet te zien is (vanwege de vrije draaibaarheid rond enkele bindingen), verloopt het mechanisme, via een bromoniumion, volgens een anti-additieproces.

b

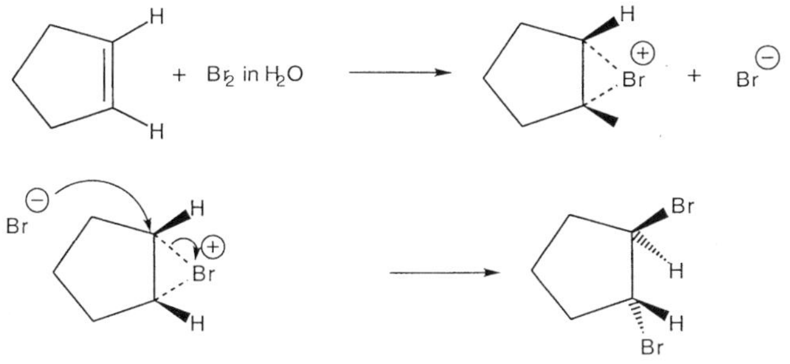

trans-1,2-dibroomcyclopentaan

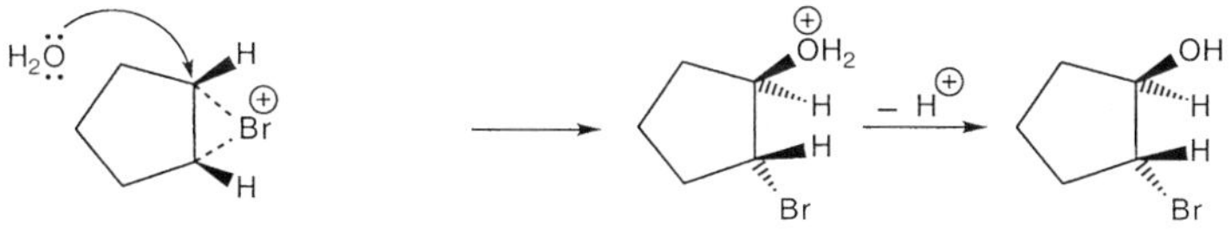

trans-2-broomcyclopentanol

Bij deze opgave zien we dus twee anti-additieprodukten verschijnen. De tweede stap in het bromoniumion-mechanisme is een aanval van het nucleofiel op het broomoniumion. Meestal is dat bij een broomadditie het broomanion, dat tijdens de reactie ontstaat, maar in principe kan *elk* aanwezig nucleofiel met het bromoniumion reageren. Water is hier als oplosmiddel én nucleofiel alom aanwezig en zal dus zeker ook met het bromoniumion reageren.

13) Bij reacties van alkenen met zuren wordt in eerste instantie de dubbele binding geprotoneerd waarbij *uitsluitend* het meest stabiele carbokation gevormd wordt (mesomeer gestabiliseerd > tert. $C^{\oplus}$ > sec. $C^{\oplus}$ > prim. $C^{\oplus}$). In dit geval vindt protonering dus eenduidig plaats op C-1 waardoor een secundair carbokation op C-2 ontstaat.

Speciaal bij secundaire carbokationen (dus niet in een mesomeer gestabiliseerd $C^{\oplus}$ of tert. $C^{\oplus}$) kan door verhuizing van een naburige alkylgroep, fenylgroep of waterstofatoom een stabieler carbokation gevormd worden afhankelijk van het feit of een secundair carbokation al of niet snel een nucleofiel ontmoet om mee te reageren, heeft het dus korter of langer de tijd om intramoleculair om te leggen naar een stabieler carbokation.

Naast het "normale" additieprodukt uit het secundaire carbokation zullen, afhankelijk van de reactieomstandigheden meer of minder van het omgelegde additieprodukt kunnen verwachten.

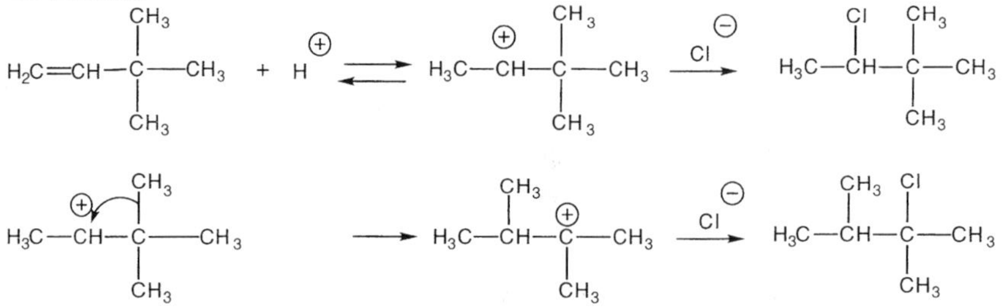

14) De stabiliteit van carbokationen neemt af in de volgorde waarin ze gestabiliseerd zijn: mesomeer > *tert.* $C^{\oplus}$ > *sec.* $C^{\oplus}$ > *prim.* $C^{\oplus}$.

Primaire carbokationen en $CH_3^{\oplus}$ hebben een dermate hoge energie omdat ze niet worden gestabiliseerd, dat zij onder normale reactie omstandigheden niet gevormd worden.

a

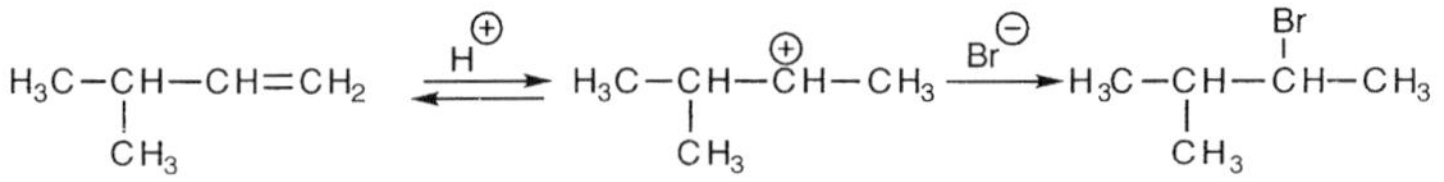

Ook mogelijk is de omlegging van het secundaire carbokation naar een tertiair carbokation d.m.v. een $H^{\ominus}$-verhuizing:

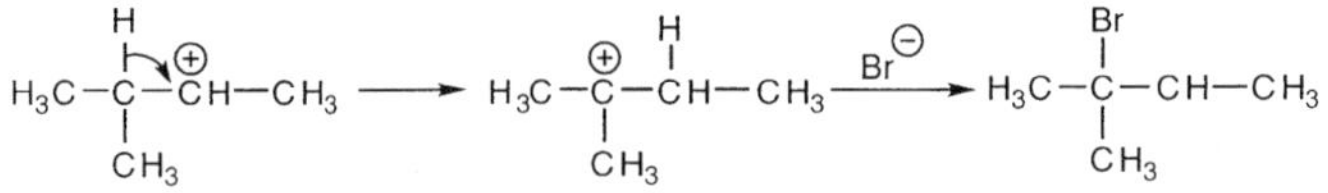

Let vooral bij secundaire carbokationen op deze mogelijkheid (primaire carbokationen worden niet gevormd en een tertiair carbokation heeft weinig baat bij een omlegging).

b

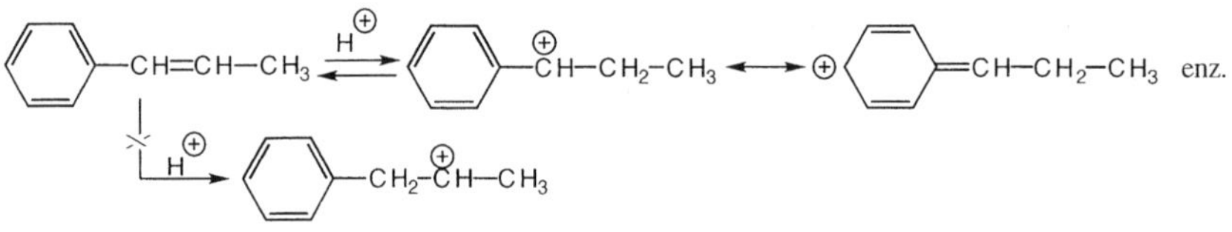

niet mesomeer gestabiliseerd

De vorming van het mesomeer gestabiliseerde carbokation heeft sterk de voorkeur boven de vorming van het niet door mesomeer gestabiliseerde secundaire carbokation dat zou ontstaan bij protonadditie op het andere koolstofatoom. $Br^{\ominus}$ additie vindt plaats op het koolstofatoom in de alkylketen en niet aan de benzeenring omdat bij additie aan de benzeenring de aromaticiteit van de benzeenring *blijvend* wordt opgeofferd.

$$\text{C}_6\text{H}_5-\overset{\oplus}{\text{C}}\text{H}-\text{CH}_2-\text{CH}_3 \xrightarrow{\text{Br}^{\ominus}} \text{C}_6\text{H}_5-\overset{\text{Br}}{\underset{}{\text{C}}}\text{H}-\text{CH}_2-\text{CH}_3$$

c $$H_3C-CH{=}C-\overset{..}{\underset{..}{O}}CH_3 \;\underset{}{\overset{H^{\oplus}}{\rightleftharpoons}}\; H_3C-CH_2-\overset{\oplus}{C}-\overset{..}{\underset{..}{O}}CH_3 \;\longleftrightarrow\; H_3C-CH_2-C{=}\overset{\oplus}{\overset{..}{O}}CH_3$$
(met CH₃ groepen onder)

Het carbokation zal op het koolstofatoom ontstaan *naast* zuurstof, omdat zuurstof vrije elektronenparen heeft om het elektronentekort op koolstof op te vullen. Met name de vrije elektronenparen van zuurstof en stikstof kunnen deze rol goed vervullen.

In de rechter grensstructuur is zuurstof weliswaar positief geladen (ongunstig voor een elektronegatief atoom), maar daar staat tegenover dat alle atomen de edelgasconfiguratie hebben (8 elektronen in de buitenste schil). Dit laatste effect is belangrijk.

Reactie met $Br^{\ominus}$ vindt uitsluitend plaats op het koolstofatoom. Immers het positief geladen zuurstofatoom kan geen elektronenpaar van $Br^{\ominus}$ opnemen, het zou dan 10 electronen in de buitenste schil krijgen.

d $$\overset{④}{H_2}\text{C}{=}\overset{③}{\text{C}}\text{H}-\overset{②}{\text{C}}{=}\overset{①}{\text{C}}\text{H}_2$$

mesomere stabilisatie!!

Protonadditie vindt in ieder geval zodanig plaats dat er een mesomeer gestabiliseerd carbokation ontstaat; dus het proton addeert op positie 1 of 4. Positie 1 heeft een lichte voorkeur boven positie 4 omdat bij additie positie 1 een mesomeer gestabiliseerd tertiair $C^{\oplus}$ ion ontstaat en in het andere geval een mesomeer gestabiliseerd secundair $C^{\oplus}$ ion. Dit verschil zal tot uitdrukking komen in de verhoudingen van de reactieprodukten. Alle in de mesomere structuren getekende carbokationen dragen dus een deel van de positieve lading en kunnen met $Br^{\ominus}$ reageren tot de volgende produkten:

15)

a

$$H_2C=CH-\underset{\underset{CH_3}{|}}{\overset{\overset{CH_3}{|}}{C}}-CH_3 \;\rightleftharpoons\; H_3C-\overset{\oplus}{C}H-\underset{\underset{CH_3}{|}}{\overset{\overset{CH_3}{|}}{C}}-CH_3 \qquad sec.\; \overset{\oplus}{C}\;ion$$

b Het secundaire carbokation kan omleggen naar een stabieler tertiair carbokation door een methylgroep verhuizing. (N.B. Het bindingselectronenpaar verhuist mee).

Het tertiaire $c^{\oplus}$ ion kan een proton afsplitsen, waarbij een alkeen gevormd wordt. Alkeenvorming kan op twee manieren plaatsvinden. In dit soort reacties wordt het meest gesubstitueerde alkeen het meest gevormd.

hoofdproduct

c Onder invloed van zuur zal ook hier eerst een secundair carbokation ontstaan dat eventueel om kan leggen naar een stabieler *tert.* $c^{\oplus}$ ion. Water kan als nucleofiel reageren met een carbokation. Dit kan gebeuren met zowel het niet omgelegde secundaire carbokation als met het omgelegde tertiaire carbokation:

16) Acetyleen is een zwak zuur ($pK_a \approx 25$), terwijl de pK_a van methanol≈ 16 is. Er zal dus met het methoxide-anion geen proton van het acetyleen worden geabstraheerd. Hiervoor zal een sterkere base zal moeten worden gebruikt. Vaak wordt hiervoor het sterk basische anion $NH_2^{\ominus}$ gebruikt ($pK_a \approx 34$).

17) De eerste stap is de additie van een proton op een koolstof van het acetyleen waarbij I ontstaat. Dit zeer reactieve carbokation reageert direct door met het halogeenanion ($Cl^{\ominus}$) tot II.

$$HC\equiv CH \xrightarrow{+H^{\oplus}} \overset{\oplus}{H}C=CH_2 \xrightarrow{+Cl^{\ominus}} H\underset{\underset{Cl}{|}}{C}=CH_2$$

I   II

Reactie van molecuul II met een volgend proton zal een nieuw carbokation opleveren. Er kunnen theoretisch twee carbokationen ontstaan, n.l. a en b.

$$\underset{\text{Cl}}{\overset{\text{Cl}}{HC}}\!\!=\!\!CH_2 \xrightarrow{\ +\ H^{\oplus}\ } \underset{\oplus}{\overset{\text{Cl}}{HC}}\!\!-\!\!CH_3 \ + \ H_2\overset{\text{Cl}}{\underset{\oplus}{C}}\!\!-\!\!CH_2$$

a   b

Deze structuren moeten op hun stabiliteit beoordeeld worden. Sructuur b is niet gestabiliseerd door mesomerie, wel is er inductief enig effect van de negatieve chloor van het naastliggend koolstofatoom. Structuur a daarentegen heeft een mesomere stabilisatie (zie grensstructuur) en dit effect is overheersend.

$$\underset{\oplus}{\overset{:\overset{..}{\underset{..}{Cl}}:}{HC}}\!\!-\!\!CH_3 \quad \longleftrightarrow \quad \overset{:\overset{..}{Cl}\,\oplus}{\underset{}{HC}}\!\!-\!\!CH_3$$

c

Structuur a zal daarom verder reageren tot 1,1-dichloorethaan.

18) Schrijf bij een dergelijke meerkeuzevraag de reactie eerst volledig uit. De keuze-mogelijkheden geven ons de volgende aanwijzingen die nagegaan moeten worden:

A: De reactie verloopt waarschijnlijk via een carbokationmechanisme.

B: Het koolstofskelet kan omleggen.

C: Er ontstaat een alkohol of een ester van zwavelzuur (dit laatste is niet het geval in *verdund* zwavelzuur, zoals in deze opgave). Het sulfaat- of bisulfaat-ion is een slecht nucleofiel en het betere nucleofiel water is alom aanwezig omdat het tevens oplosmiddel voor de reactie is.

D: Er kan eventueel een alkeen gevormd worden.

Omdat de producten a, b, c, en d ontstaan, zijn de juiste antwoorden: 1.2; 2.1; 3.1 en 4.0. De producten e en f kunnen in principe ook gevormd worden, maar die worden in deze vraag niet als antwoord aangeboden.

19) Ook deze opgave kan het beste eerst volledig worden uitgeschreven.

$$CH_3-C(CH_3)=CH-CH_3 \;+\; H^{\oplus} \longrightarrow H_3C-\overset{CH_3}{\underset{\oplus}{C}}-CH_2-CH_3$$

2-methyl-2-buteen

Het meest stabiele carbokation wordt gevormd.

Gegeven is dat er dimerisatie optreedt. Dus de π-binding van een tweede molecuul reageert met het carbocation. Uiteraard wordt bij deze reactie ook weer het meest stabiele tertiaire carbokation gevormd.

$$H_3C-\overset{\oplus CH_3}{C}=CH_2-CH_3 \quad\longrightarrow\quad H_3C-\overset{CH_3}{C}-CH_2-CH_3$$
$$H_3C-C\equiv CH-CH_3 \qquad\qquad H_3C-\underset{\oplus}{C}-CH-CH_3$$

Dit tertiaire carbokation kan op twee manieren een proton afsplitsen. Het meest gesubstitueerde alkeen wordt het meest gevormd.

$$H_3C-\overset{CH_3}{C}-CH_2-CH_3 \quad + \quad H_3C-\overset{CH_3}{C}-CH_2-CH_3$$
$$H_3C-\overset{CH_3}{C}=C-CH_3 \qquad\qquad H_2C=\overset{CH_3}{C}-CH-CH_3$$

hoofdproduct   nevenproduct

Wanneer we deze structuurformule "wat netter" opschrijven, zien we dat structuren b en a de juiste zijn. Dus antwoord 1.4 is goed. Antwoord 1.1 en in mindere mate 1.0 verdienen ook nog wat punten.

20) Ook bij deze opgave is het onmogelijk tot het juiste antwoord te komen zonder de reacties eerst volledig uit te schrijven.

We beginnen met de structuurformule van de uitgangsstof nauwkeurig op te schrijven. Hierbij kan het nuttig zijn rekening te houden met de wijze waarop in de antwoorden de substituenten in de structuurformules getekend zijn.

We zien dat deze voornamelijk aan de voorkant van de vijfring geplaatst zijn, dus we tekenen de uitgangsstof als volgt:

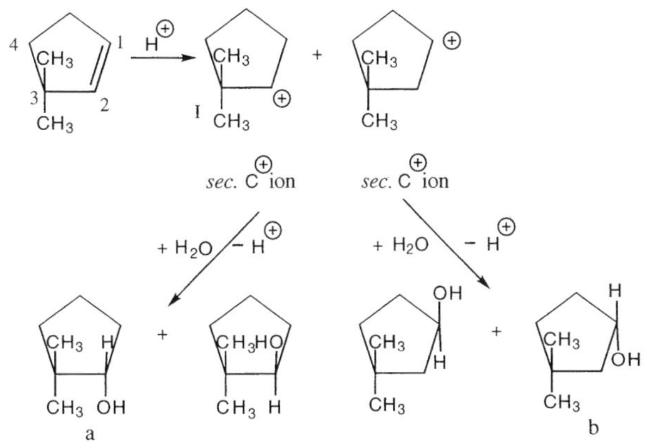

Dus de structuren a en b zijn de produkten die, recht toe, recht aan geredeneerd, worden gevormd. Bekijken we nu de antwoorden dan zien we dat er in de andere produkten een methylgroep verhuizing is opgetreden. Mochten we er dus niet eerder aan hebben gedacht, dat secundaire carbokationen omleggingen kunnen geven naar stabielere tertiaire carbokationen, dan moet dit ons toch op het goede spoor zetten:

Structuur I kan namelijk door een methylgroepverhuizing een stabieler terttiair carbokation geven en water kan als nucleofiel van beide kanten aanvallen op dit tertiaire carbokation.

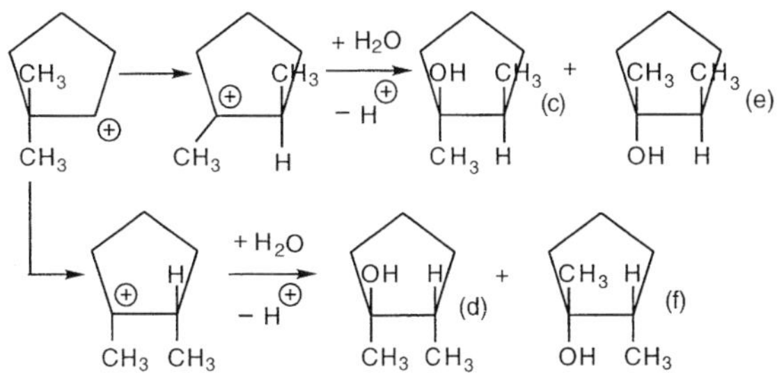

Structuren (c) en (d) zijn ook als antwoordmogelijkheid gegeven, dus het goede antwoord is 1.9: n.l. a + b + c + d.

De structuren (e) en (f) zijn spiegelbeeld isomeren van (d) resp. (c). Deze zijn niet als antwoord aangegeven en kunnen buiten beschouwing blijven.

De vraagstelling sluit namelijk geen extra produkten uit.

21) a Voor het oplossen van dit vraagstuk moeten de gegeven reacties uitgeschreven worden:

1.0 $H_3C-C=C-CH_3$ (CH$_3$, CH$_3$) $\xrightarrow{H^{\oplus}}$ $H_3C-\overset{H}{C}-\overset{\oplus}{C}-CH_3$ (CH$_3$ CH$_3$) $\equiv$ I

1.1 $H_2C=C-\overset{CH_3}{\underset{CH_3}{C}}-CH_3$ (H) $\xrightarrow{H^{\oplus}}$ $H_3C-\overset{\oplus}{C}-\overset{CH_3}{\underset{CH_3}{C}}-CH_3$ (H) $\longrightarrow$ $H_3C-\overset{CH_3}{\underset{H}{C}}-\overset{\oplus}{C}-CH_3$ (CH$_3$) $\equiv$ I

sec-carbokation, kan mogelijk
omleggen naar tert- carbokation
door methylgroepverhuizing

1.2

$H_3C-\overset{OH}{\underset{H}{C}}-\overset{CH_3}{\underset{CH_3}{C}}-CH_3$ $\xrightarrow{H^{\oplus}}$ $H_3C-\overset{\oplus OH_2}{\underset{H}{C}}-\overset{CH_3}{\underset{CH_3}{C}}-CH_3$ $\xrightarrow{-H_2O}$ $H_3C-\overset{\oplus}{\underset{H}{C}}-\overset{CH_3}{\underset{CH_3}{C}}-CH_3$ $\longrightarrow$ $H_3C-\overset{CH_3}{\underset{H}{C}}-\overset{\oplus}{C}-CH_3$ (CH$_3$) $\equiv$ I

Alle drie reacties leiden dus tot I; 1.4 is dus het goede antwoord.

b In deze opgave zijn bij de antwoorden een aantal dimeren vermeld. We moeten daarom rekening houden met dimerisatie. Geconcentreerd H_2SO_4 bevat geen goed nucleofiel, dus dimerisatie is ook het meest waarschijnlijk.

$\overset{H_3C}{\underset{H_3C}{}}C=CH_2$ $\longrightarrow$ $\overset{H_3C}{\underset{H_3C}{}}\overset{\oplus}{C}-CH_3$ het meest stabiele (tert) carbokation wordt gevormd!

$H_3C-\overset{CH_3}{\underset{CH_3}{C}}\oplus + H_2C=C\overset{CH_3}{\underset{CH_3}{}}$ $\longrightarrow$ $H_3C-\overset{CH_3}{\underset{CH_3}{C}}-CH_2-\overset{\oplus}{C}\overset{CH_3}{\underset{CH_3}{}}$

opnieuw een tert. carbokation!

Dit carbokation kan vervolgens $H^{\ominus}$ afsplitsen (additie van $HSO_4{}^{\ominus}$ staat ook niet bij de antwoorden). Dit kan op twee manieren gebeuren. Het meest stabiele alkeen wordt het meest gevormd.

$\xrightarrow{-H^{\oplus}}$ $H_3C-\overset{CH_3}{\underset{CH_3}{C}}-CH=C\overset{CH_3}{\underset{CH_3}{}}$ + $H_3C-\overset{CH_3}{\underset{CH_3}{C}}-CH_2-C\overset{CH_3}{\underset{CH_2}{}}$

hoofdproduct (f)   nevenproduct (e)

Beide produkten zijn gegeven, dus 2.2 is het goede antwoord.

c Additie van HBr aan een alkeen verloopt via een intermediair carbokation. In dit geval moet nog nagegaan worden op welke plaats het carbokation het beste kan ontstaan.

In beide gevallen ontstaat na additie van H$^{\oplus}$ een secundair carbokation. Echter in geval (2) treedt *mesomere stabilisatie* op door de vrije elektronenparen op het naburige zuurstof. Dit is niet mogelijk in geval (1).

mesomere stabilisatie

De protonering die leidt tot carbokation (2) heeft dus de voorkeur boven (1). Carbokation 2 is vlak en aanval van Br$^{\ominus}$ kan dus zowel van de bovenkant van de ring als van de onderkant plaats vinden. Dit leidt tot de twee produkten a en b.

3.4 is dan het goede antwoord.

6 Diënen en polymeren

1) Geef de structuurformules van de volgende verbindingen.
   a 1,4-dimethylalleen
   b (Z)-4-broom-3-ethyl-1,3-hexadiëen
   c 1-methyl-1,3-cyclohexadiëen

2) Bij additie van 1 mol broom aan 1 mol 1,3-butadiëen ontstaat naast 3,4-dibroom-1-buteen
   ook 1,4-dibroom-2-buteen.
   Verklaar dit.

3) In welke van de volgende onverzadigde verbindingen is er sprake van mesomerie?
   Licht uw antwoord toe.

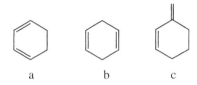

   a   b   c

4) In de Diels-Alder reactie van een diëen met een alkeen ontstaat een zesring.
   Welk product ontstaat bij reactie van cyclohexeen met 1,3-butadiëen?

5) De snelheid van de Diels-Alder reactie is afhankelijk van de structuur van het alkeen.
   Gegeven de onderstaande alkenen:

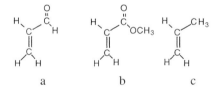

   a   b   c

   A Welke producten ontstaan in de reactie met 1,3-butadiëen?
   B Zet bovenstaande alkenen in de volgorde van snelheid waarmee ze met het diëen
     reageren (de snelst reagerende vooraan).

6)   Welk product wordt gevormd bij de reactie van één van de onderstaande verbindingen met
     1 mol HBr?

In elke serie steeds één structuur kiezen.

serie A

$H_2C=CH-CH_2-\underset{\underset{CH_3}{|}}{C}=CH_2 \xrightarrow{HBr}$

$\underset{\underset{CH_3}{|}}{H_2\overset{\overset{Br}{|}}{C}-CH_2-CH_2-C}=CH_2$

0

$H_3C-\underset{\underset{Br}{|}}{CH}-CH_2-\underset{\underset{CH_3}{|}}{C}=CH_2$

1

$H_2C=CH-\underset{\underset{CH_3}{|}}{\overset{\overset{Br}{|}}{C}H}-C=CH_2$

2

$H_2C=CH-CH_2-\underset{\underset{CH_3}{|}}{\overset{\overset{Br}{|}}{C}}-CH_3$

3

$H_2C=CH-CH_2-\underset{\underset{CH_3}{|}}{\overset{\overset{H}{|}}{C}}-CH_2Br$

4

$H_2C=CH-CH_2-\underset{\underset{CH_2Br}{|}}{C}=CH_2$

5

serie B

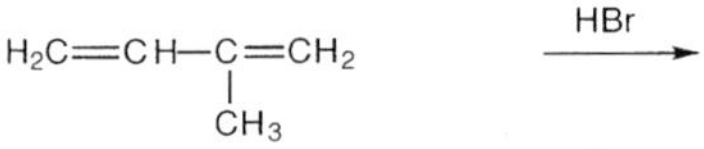

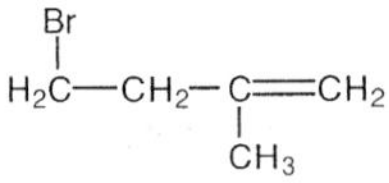

$H_2C=CH-\underset{\underset{CH_3}{|}}{C}=CH_2 \xrightarrow{HBr}$

$\underset{\underset{CH_3}{|}}{H_2\overset{\overset{Br}{|}}{C}-CH_2-C}=CH_2$

0

$H_2C=CH-\underset{\underset{CH_3}{|}}{\overset{\overset{H}{|}}{C}}-CH_2Br$

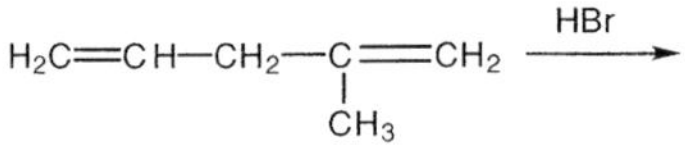

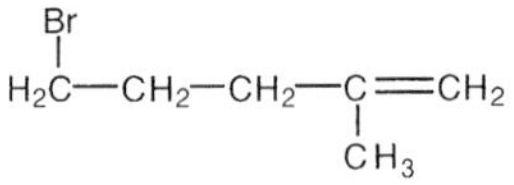

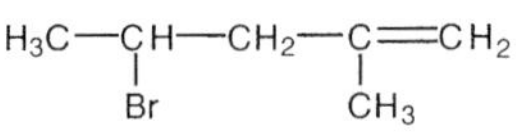

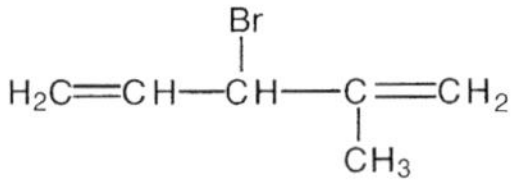

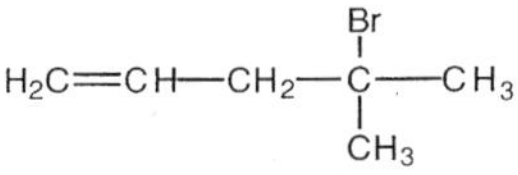

1

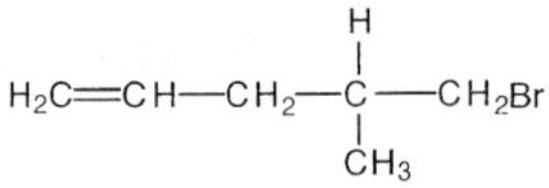

$H_2C=CH-\underset{\underset{CH_3}{|}}{\overset{\overset{Br}{|}}{C}}-CH_3$

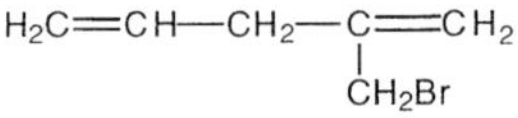

2

$\underset{\underset{CH_3}{|}}{H_2\overset{\overset{Br}{|}}{C}-CH=C}-CH_3$

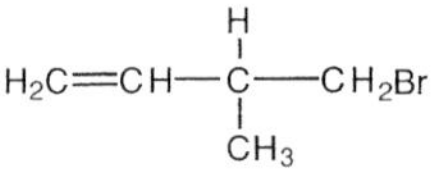

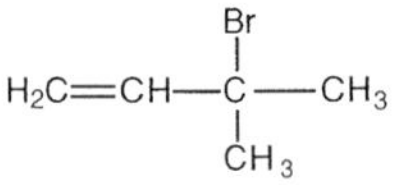

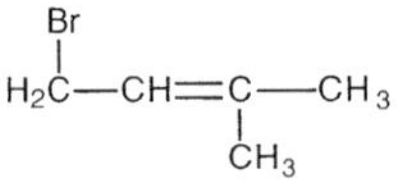

3

6   Antwoorden

1) a

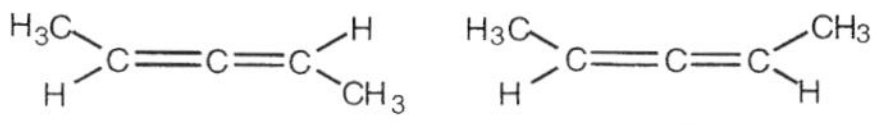

$$H_3C \diagdown C = C = C \diagup H \diagdown CH_3 \qquad H_3C \diagdown C = C = C \diagup CH_3 \diagup H$$

a   b

Er zijn twee isomeren te tekenen. Ze zijn verschillend en niet met elkaar in dekking te brengen. Ga dit na.

b

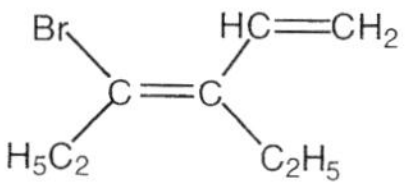

$$Br \diagdown C = C \diagup HC = CH_2 \qquad H_5C_2 \diagup \diagdown C_2H_5$$

c

(cyclohexadieen met CH_3 substituent)

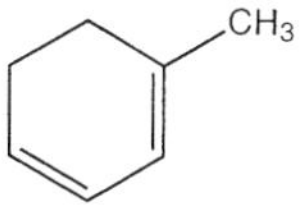

De telling van het cyclohexadiëen begint bij de methylsubstituent aan de ring.

2) Bij additie van broom kan het intermediair carbokation I of het carbokation II.ontstaan:

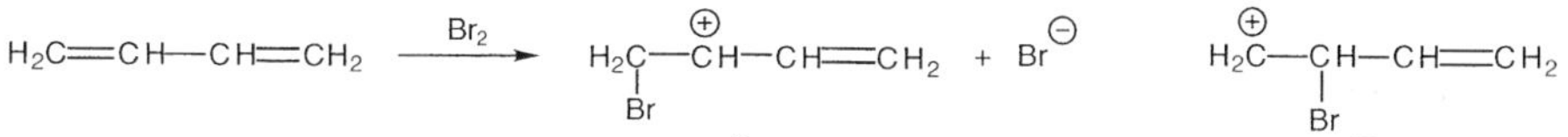

$$H_2C = CH - CH = CH_2 \xrightarrow{Br_2} H_2\overset{\oplus}{C} - CH - CH = CH_2 + \overset{\ominus}{Br} \qquad H_2\overset{\oplus}{C} - CH - CH = CH_2$$
$$\qquad\qquad\qquad Br \qquad\qquad\qquad\qquad\qquad Br$$
$$\qquad\qquad\qquad\qquad I \qquad\qquad\qquad\qquad\qquad\qquad II$$

Het carbokation I is mesomeer gestabiliseerd (zie hieronder I-a en I-b).

De twee andere mogelijkheden zijn c en d. Dit zijn echter dezelfde structuren als I-a en I-b.

Ga dit na! Het carbokation II is niet mesomeer gestabiliseerd en zal niet ontstaan.

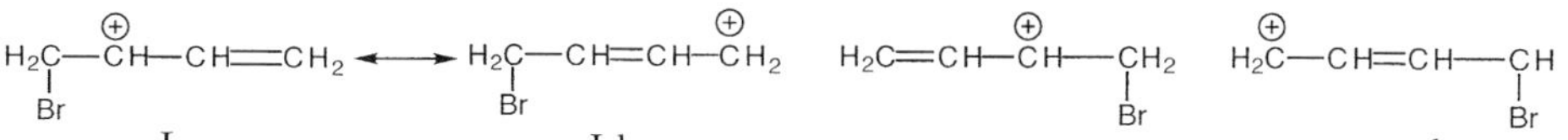

$$H_2\overset{\oplus}{C} - CH - CH = CH_2 \longleftrightarrow H_2C - CH = CH - \overset{\oplus}{C}H_2 \qquad H_2C = CH - \overset{\oplus}{C}H - CH_2 \qquad H_2C - CH = CH - \overset{\oplus}{C}H$$
$$Br \qquad\qquad\qquad\qquad Br \qquad\qquad\qquad\qquad\qquad\qquad Br \qquad\qquad\qquad Br$$
$$\quad I\text{-}a \qquad\qquad\qquad\qquad I\text{-}b \qquad\qquad\qquad\qquad\quad c \qquad\qquad\qquad\qquad d$$

Als de mesomere structuren I-a en I-b verder reageren met het $Br^{\ominus}$ ontstaan er twee producten :

3,4-dibroom-1-buteen $H_2C - CH - CH = CH_2$ en 1,4-dibroom-2-buteen $H_2C - CH = CH - CH_2$
$\qquad\qquad\qquad\qquad\qquad\quad Br \quad Br \qquad\qquad\qquad\qquad\qquad\qquad\qquad\qquad Br \qquad\qquad Br$

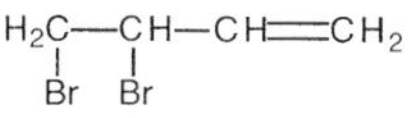

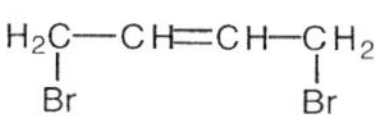

3) Bij mesomerie moet in alle grensstructuren de plaats van de atomen gelijk blijven. Alleen de plaats van de electronen in de grensstructuren mogen verschillen.

Bij de structuren a en c kan met de electronen worden geschoven. Bij b kan er hoogstens een electronenpaar op een van de koolstoffen van de dubbele binding komen, maar dit is energetisch zeer ongunstig en treedt niet op.

bij a

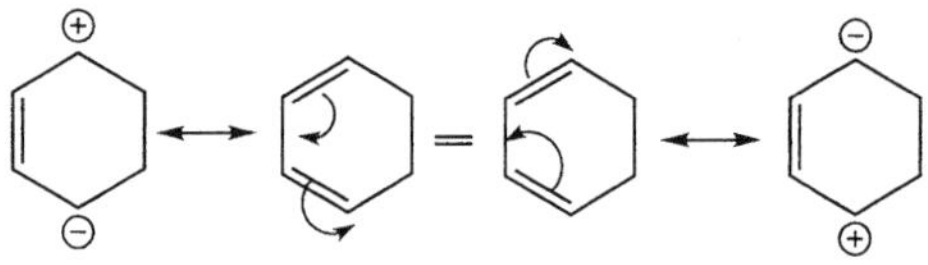

bij c

bij b

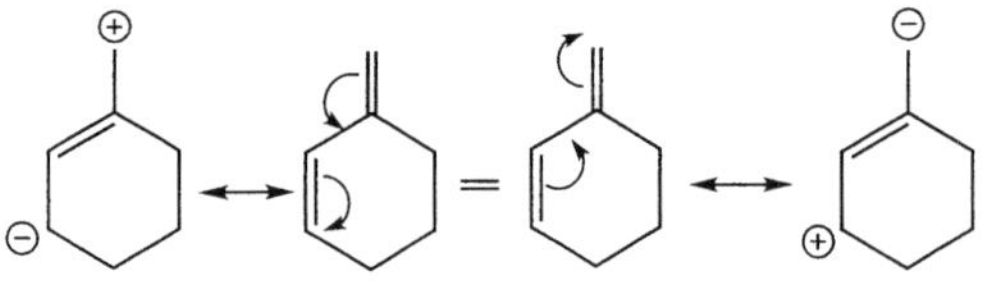

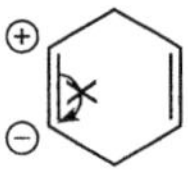

Let op! De geladen mesomere structuren van a zijn identiek! De geladen mesomere structuren van c zijn echter verschillend en zullen bij de volgreactie verschillende producten opleveren.

4)

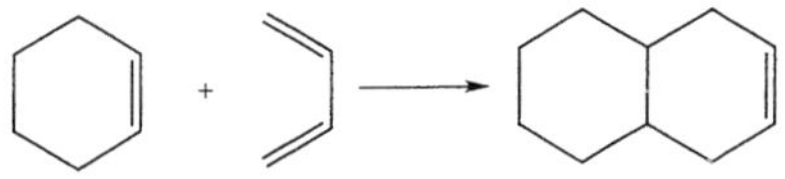

5)   A De stoffen reageren op de in de vorige vraag aangegeven wijze, zodat de onderstaande producten ontstaan:

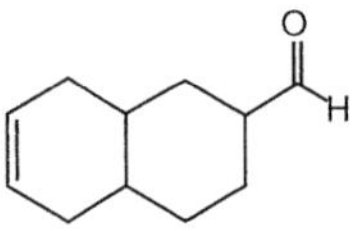

ad a 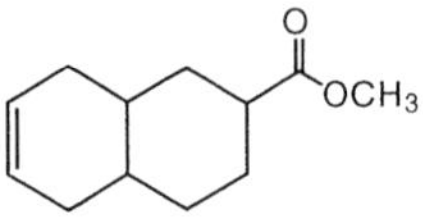   ad b 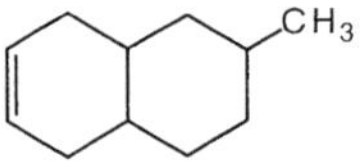   ad c

B De snelheid van de reactie hangt af van de activiteit van het alkeen. Electronenzuigende groepen maken π–binding electronenarmer en dus gevoeliger voor interactie met het electronenrijkere diëen.

Hoe sterker de groep electronen naar zich toe "zuigt", hoe sneller de reactie. De methylgroep is een electronenstuwende groep en de andere twee groepen door de electronegatieve zuurstof electronenzuigend. De estergroep bevat twee zuurstofatomen en zal dus meer electronenzuigend zijn dan de aldehydegroep.

De volgorde wordt dan: b > a > c (zie boek par.6.3).

6) serie A

Er moet worden nagegaan welke intermediairen kunnen ontstaan na reactie met $H^{\oplus}$.
Dit kunnen zijn:

$$\overset{\oplus}{H_2C}-CH_2-CH_2-\underset{\underset{CH_3}{|}}{C}=CH_2 \qquad H_3C-\overset{\oplus}{CH}-CH_2-\underset{\underset{CH_3}{|}}{C}=CH_2$$

$$\qquad\qquad a \qquad\qquad\qquad\qquad\qquad b$$

$$H_2C=CH-CH_2-\overset{\oplus}{\underset{\underset{CH_3}{|}}{C}}-CH_3 \qquad H_2C=CH-CH_2-\underset{\underset{CH_3}{|}}{CH}-\overset{\oplus}{C}H_2$$

$$\qquad\qquad c \qquad\qquad\qquad\qquad\qquad d$$

Bij geen van de structuren is er stabilisatie door mesomerie. We zullen vervolgens moeten kijken naar het meest stabiele carbokation. Dit is structuur c, want dit is de enige structuur met een stabiel tertiair carbokation. Reactie van hiervan met $Br^{\ominus}$ geeft structuur I. Antwoord 1.3 is dus goed.

$$H_2C=CH-CH_2-\underset{\underset{CH_3}{|}}{\overset{\overset{Br}{|}}{C}}-CH_3$$

$$\qquad I$$

serie B

Het proton $H^{\oplus}$ reageert met het diëen waarbij de onderstaande intermediairen kunnen ontstaan.

$$\overset{\oplus}{H_2C}-CH_2-\underset{\underset{CH_3}{|}}{C}=CH_2 \quad H_3C-\overset{\oplus}{CH}-\underset{\underset{CH_3}{|}}{C}=CH_2 \quad H_2C=CH-\overset{\oplus}{\underset{\underset{CH_3}{|}}{C}}-CH_3 \quad H_2C=CH-\underset{\underset{CH_3}{|}}{C}-\overset{\oplus}{C}H_2$$

$$\qquad a \qquad\qquad\qquad b \qquad\qquad\qquad c \qquad\qquad\qquad d$$

Alleen de structuren b en c zijn gestabiliseerd door mesomerie (het allylcarbokation is hierin te herkennen). In structuur c is er bovendien nog een tertiair carbokation aanwezig, zodat 2.2 het hoofdproduct zal zijn.

7 Terpenen en steroïden

1)

I $\longrightarrow$ II

a Nerolpyrofosfaat (I) wordt in de natuur omgezet in een aantal cyclische terpenen. De vorming van deze cyclische terpenen kan verklaard worden met behulp van de reacties van een intermediair optredend carbokation II. Geef de structuur van II.

b Geef de structuur van het terpeen III dat gevormd wordt door reactie van II met water.

c Geef de structuur van een terpeen IV dat gevormd wordt door proton-afsplitsing uit II.

d Geef de structuur van een terpeen V dat gevormd wordt door een intramoleculaire additie in II, gevolgd door protonafsplitsing.

2) De biosynthese van α- en ß-pineen, uitgaande van isopentenylpyrofosfaat, verloopt via een aantal intermediairen of tussenprodukten.

Welke van onderstaande structuurformules spelen een rol in de biosynthese van α- en ß-pineen?

α-pineen   ß-pineen

serie a

```
                                                    beide     geen van beide
        0                   1                   2           3
```

serie b

```
                                                    beide     geen van beide
        0                   1                   2           3
```

serie c

3.

beide   geen van beide

0   1   2   3

serie d

4.

beide   geen van beide

0   1   2   3

3) Molecuul I is een gedeelte van het in galvloeistof voorkomende cholzuur.
    Alle C-atomen zijn verder verzadigd met waterstofatomen.

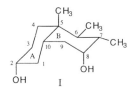

a Welke substituent zit in een axiale positie aan ring A?

1.

   0: de methylgroep op C_5 2: beide substituenten

   1: de hydroxygroep op C_2 3: geen van deze substituenten

b De hydroxygroep op C_8 heeft 1,3-diaxiale interactie met waterstofatoom op:

2.

   0: geen van de C-atomen   3: C_8

   1: C_6 4: C_9

   2: C_7 5: C_{10}

c Van de aan ring B geplaatste methyl- en hydroxy-groepen staan er:

3.

   0: 0 axiaal en 4 equatoriaal   3: 3 axiaal en 1 equatoriaal

   1: 1 axiaal en 3 equatoriaal   4: 4 axiaal en 0 equatoriaal

   2: 2 axiaal en 2 equatoriaal

7 Antwoorden

1)

a

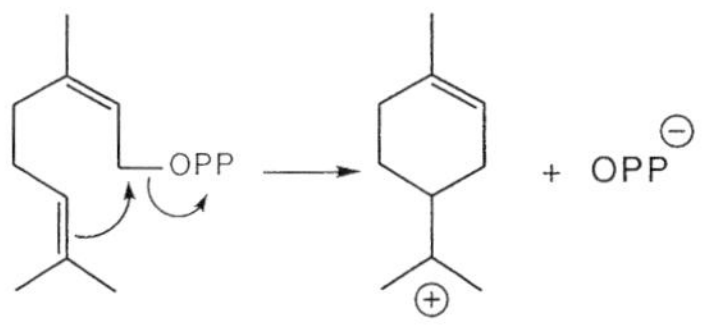

II

b

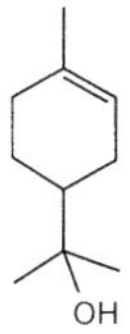

III

c

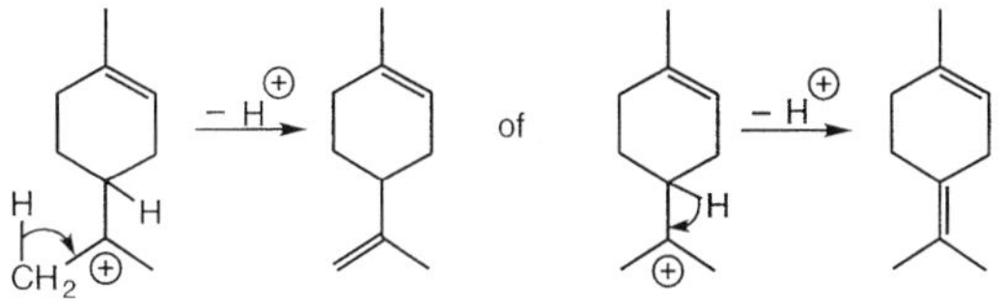

IV-A IV-B

d Bij de intramoleculaire additie valt de elektronenrijke π-binding van het deeltje aan op het carbokation. Dit lijkt op het eerste gezicht misschien een reactie over erg grote afstand, maar dat is gezichtsbedrog. Een ruimtelijke structuur van II is o.m. de volgende bootvorm. In deze structuur zit de π-binding dicht bij het carbokation in de zijstaart.

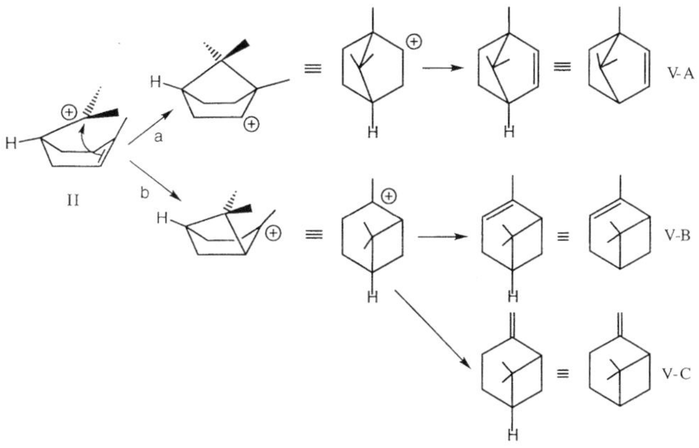

Dit carbokation kan op twee manieren reageren:

- route a geeft een niet gespannen cyclisch systeem met een secundair carbokation,
- route b geeft een gespannen ringsysteem, maar een stabieler tertiair carbokation.

  N.B.: C-H bindingen worden in deze structuren doorgaans niet getekend, maar is voor één binding wel gegeven als "houvast" bij het volgen van de veranderingen in de structuren.

2) Isopentenylpyrofosfaat (IPP) is de bouwstof voor terpenen. Steeds wordt een eenheid van vijf koolstofatomen (isopreeneenheid) gebruikt die aan een andere eenheid gekoppeld wordt via een zgn. kopstaart binding.
Tip: Voor het beantwoorden van deze vraag kan de hele biosynthese van α –en β–pineen het beste eerst uitgeschreven worden.

IPP

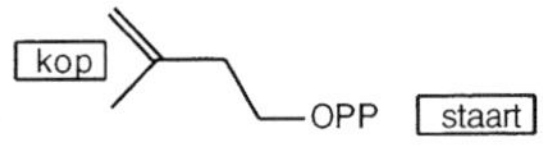

Een gedeelte van het IPP isomeriseert eerst tot het wat stabielere dimethylallylpyrofosfaat via additie van een proton aan de dubbele binding, gevolgd door de afsplitsing van een ander proton, dat daarna OPP $^{\ominus}$ kan afsplitsen, waarbij een mesomeer gestabiliseerd carbokation gevormd wordt (1.1).

1.1

kop staart dimethylallylpyrofosfaat kop staart

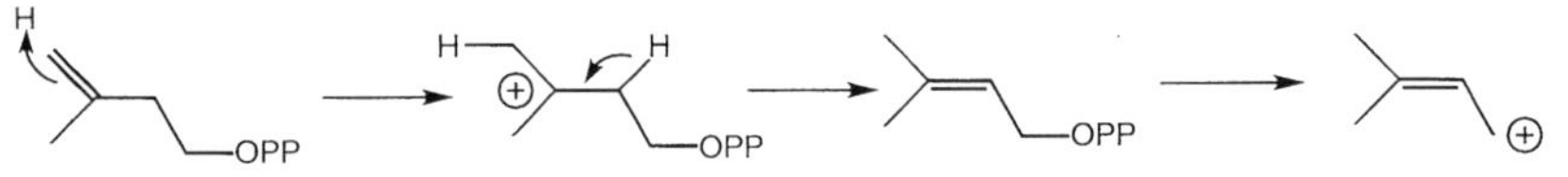

Het carbokation aan de staart van het koolstofskelet koppelt met de kop van IPP als volgt:

2.0 *trans*-geranylpyrofosfaat

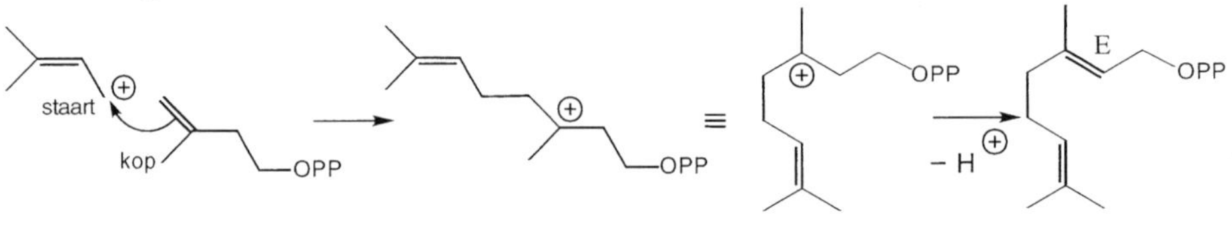

Het gevormde carbokation (2.0) splitst H$^{\oplus}$ af waarbij als eerste produkt het geranylpyrofosfaat (*E*-conformatie) ontstaat. Dit produkt ondergaat enzymatisch een *E,Z*-isomerisatie waarbij het nerylpyrofosfaat (*Z*-conformatie) ontstaat. Dit nerylpyrofosfaat is een sleutelintermediair in de biosynthese van veel terpenen. Ringsluiting geeft het carbocation 3.0.

nerylpyrofosfaat 3.0

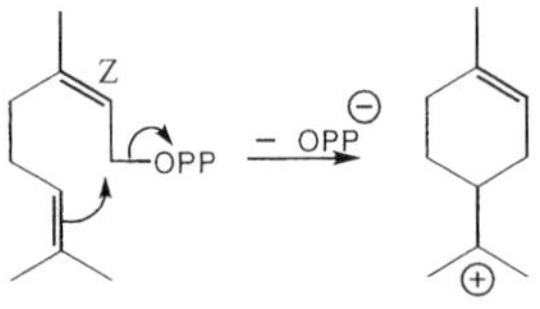

Dit carbokation kan op verschillende manieren verder reageren. Bij de reactie tot α- en β-pineen reageert de π-binding intramoleculair met het carbokation. De π-binding lijkt nogal ver verwijderd te zitten, maar dat blijkt niet zo te zijn als we de zesring in de bootvorm tekenen.

4.0   α-pineen   β-pineen

Afsplitsing van een proton uit de gevormde bicyclische carbokation geeft daarna α-pineen en β-pineen.

De juiste antwoorden zijn dus: 1.1, 2.0, 3.0 en 4.0.

De structuur 3.1 kan wel ontstaan door een $H^{\oplus}$ verhuizing maar speelt in de gevraagde reactie geen rol.

3) We moeten ons realiseren dat ring A en ring B een hoek van 90° met elkaar maken. De beide substituenten aan C2 en C5 liggen in het vlak van ring A en zijn derhalve equatoriale substituenten. Dus 1.3 is juist.

Axiale substituenten kunnen 1,3 diaxiale interactie ondergaan met naburige axiale substituenten. Voorwaarde daarvoor is een 1,3 positie ten opzichte van elkaar. De nummering 1,3 slaat niet zozeer op de nomenclatuurnummering dan wel op de relatieve positie van deze axiale substituenten ten opzichte van elkaar aan de ring. De hydroxygroep op C8 heeft 1,3 diaxiale interactie met het axiale waterstofatoom op C6 (niet getekend). Dus 2.1 is juist.

In ring B zitten twee methylgroepen equatoriaal en een methylgroep en een hydroxygroep axiaal, zoals de tekening laat zien (3.2 is het juiste antwoord).

8   Stereochemie

1) Geef een definitie van de volgende begrippen:

   a enantiomeer   b configuratie   c chiraal koolstofatoom.

2) Welke van de volgende verbindingen kunnen optisch actief zijn?

   Schrijf van deze verbindingen een willekeurige ruimtelijke structuur op en teken hiervan daarna de projectieformule. Benoem de configuratie (R of S).

   a $H_3C-CH_2-\overset{\overset{\displaystyle CH_3}{|}}{C}H-CH_2-CH_2-Br$ d $CHBrClF$

   b $H_2C=CH-\overset{\overset{\displaystyle H}{|}}{\underset{\underset{\displaystyle OH}{|}}{C}}-CH=CH_2$ —CH_3

   c $H_2C-\overset{\overset{}{}}{\underset{\underset{\displaystyle Br}{|}}{C}}H-\underset{\underset{\displaystyle Br}{|}}{C}H-\underset{\underset{\displaystyle OH}{|}}{C}H-CH=CH_2$

3) Schrijf de projectieformules op voor de volgende verbindingen:

   (S)-2-chloorbutaan

   (R)-3-hydroxy-3-methyl-1-penteen.

4) Wat is de specifieke rotatie van L-asparaginezuur $H-\overset{}{\underset{\underset{\displaystyle CH_2COOH}{|}}{C}}H-COOH$

   als een 2,0 Molair oplossing in een buis van 10 cm een draaiing geeft van + 6,5°.

5) Bij het meten van een oplossing van een optisch actieve stof moet men de analysator van de polarimeter 100° naar links draaien. Dit komt echter overeen met een draaiing van 260° naar rechts. Hoe kan men te weten komen of de gemeten α inderdaad -100° is of dat deze α juist +260° is?

6) Geef alle chirale koolstofatomen in cholesterol met een * aan.

   Hoeveel stereoisomeren zijn er mogelijk?

   cholesterol

7) Geef de stereochemische formules zoals hieronder is weergegeven van alle stereoisomeren van menthol.
Welke stereoisomeren zijn enantiomeren van elkaar en welke zijn diastereomeren.
Een van de stereoisomeren van menthol is:

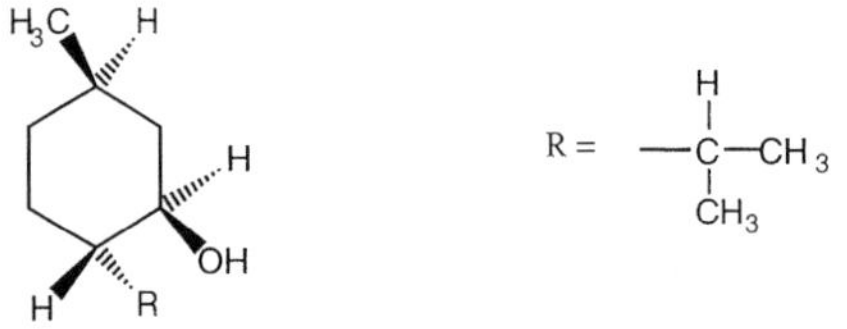

8) Geef stereochemische formules voor alle stereoisomeren van 2-methyl-1,3-dibroomcyclopentaan.
Geef aan welke verbindingen enantiomeren en diastereomeren van elkaar zijn en welke de meso-verbindingen zijn.

9) a Geef het mechanisme van de vorming van terpinoleen (III) uitgaande van nerylpyrofosfaat (I). Geef de structuur van het intermediair II en geef met pijlen in I en II het mechanisme van de reactie weer.

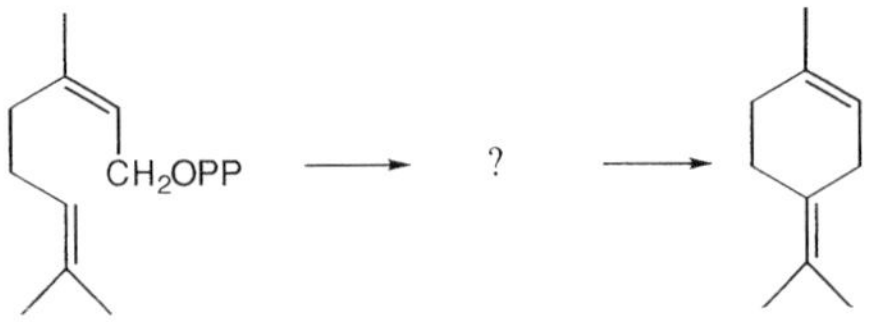

b Hoeveel stereoisomeren zijn er mogelijk in de onder a genoemde verbindingen I, II en III?

10) a Teken de structuurformule van 3-R-1-ethyl-2,3-dimethylcyclopenteen (I) door de methylgroep en het waterstofatoom op de juiste wijze in formule I te plaatsen.

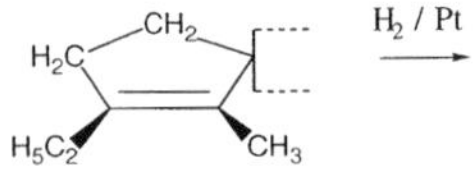

b Het onder a bedoelde cyclopenteen I wordt katalytisch gereduceerd.

Geef de structuurformules van de gevormde reactieprodukten en geef aan welke configuraties de chirale koolstofatomen daarin hebben (aangeven met R of S).

11) Het bekende narcoticum cocaïne heeft de volgende structuur:

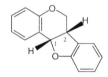

De configuratie van de genummerde koolstofatomen 1, 2 en 3 is achtereenvolgens:

| 1. |

    0: *RRR*   2: *RSR*   4: *SRR*   6: *SSR*

    1: *RRS*   3: *RSS*   5: *SRS*   7: *SSS*

12) a De configuratie van de chirale koolstofatomen in het volgend natuurprodukt is:

| 1. |

    0: 1*R*, 2*S*   1: 1*R*, 2*R*   2: 1*S*, 2*S*   3: 1*S*, 2*R*

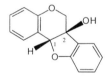

   b De configuratie van de chirale koolstofatomen in het volgende

      natuurprodukt is:

| 2. |

    0: 1*R*, 2*S*   1: 1*R*, 2*R*   2: 1*S*, 2*S*   3: 1*S*, 2*R*

13) a Hoeveel stereoisomeren bestaan er van heroïne?

| 1. |

heroïne

U hebt de keuze uit de onderstaande antwoordmogelijkheden:

    0: 2   3: 8   6: 24   9: 64

    1: 4   4: 12   7: 32

    2: 6   5: 16   8: 48

b De configuratie aan c_2 en c_7 is:

2.

0: $c_2 = R$ en $c_7 = R$ 2: $c_2 = S$ en $c_7 = S$

1: $c_2 = R$ en $c_7 = S$ 3: $c_2 = S$ en $c_7 = R$

8   Antwoorden

1) a Enantiomeer: één van de twee spiegelbeeldisomeren van een chiraal molecuul.

 b Configuratie: de rangschikking van de groepen rond een koolstofatoom.

 c Chiraal koolstofatoom: koolstofatoom met vier verschillende groepen.

2) a Eén van de twee mogelijke structuren is:

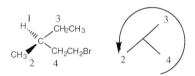

S-configuratie

Voor de benoeming van de *R,S* configuratie geldt:

 1 Groep nummeren 4,3,2,1 in volgorde van afnemend atoomnummer van het atoom dat direct aan het chirale koolstofatoom is gebonden. Als die atomen gelijk zijn dan dient men te kijken naar het volgende atoom in de keten, net zo ver tot er een verschil optreedt.

 2 De groep met het laagste nummer naar achteren plaatsen.

 3 Indien de volgorde 4,3,2 rechtsom draait (met de klok mee), dan *R*.

  Indien de volgorde 4,3,2 linksom draait, dan *S*.

  Dus $4 = CH_2CH_2Br$ atoomnummer volgorde: C-C-Br = 6 - 6 - 35

   $3 = CH_2CH_3$ atoomnummer volgorde: C-C-H = 6 - 6 - 1

   $2 = CH_3$ atoomnummer volgorde: C-H = 6 - 1

   $1 = H$ atoomnummer H = 1.

 Om de projectieformule van deze verbinding op te kunnen schrijven, moet:

 1 Koolstofketen verticaal plaatsen met dat koolstofatoom bovenaan, dat volgens de normale nomenclatuur het nummer 1 krijgt. De weergave van de structuurformule zoals die bovenaan deze pagina staat, moet daarvoor gedraaid worden naar de situatie zoals hieronder is weergegeven. Let erop dat bij deze bewerking niet per ongeluk twee groepen worden omgewisseld want dan tekent u het andere enantiomeer.

 2 Horizontale bindingen moeten naar voren wijzen.

$$
\begin{array}{cc}
\overset{2\quad 1}{CH_2CH_2Br} & CH_2CH_2Br \\
H_3C\!-\!\!\!\underset{3}{\equiv}\!\!\!-H & \;\equiv\; & H_3C\!-\!\!-H \\
\underset{4\quad 5}{CH_2CH_3} & CH_2CH_3
\end{array}
$$

 b $H_2C{=}CH-\overset{\displaystyle H}{\underset{\displaystyle OH}{C}}-CH{=}CH_2$ Het molecuul is symmetrisch; niet optisch actief.

c

Deze verbinding bevat twee chirale koolstofatomen.

De beide configuraties rond beide atomen worden benoemd:

④ : Br atoomnummer 35   ② : C-C atoomnummers 6 en 6

③ : C-Br atoomnummers 6 en 35   ③ : C-Br atoomnummers 6 en 35

② : C-O atoomnummers 6 en 8   ④ : atoommnummer 35

Om de projectieformule te tekenen moeten we het molecuul zo neerzetten dat de onverzadigde groep (analoog aan de aldehydegroep van het threose) boven staat en de horizontale bindingen naar voren wijzen:

d

     R

e

Dit molecuul heeft geen chiraal koolstofatoom en het is dus niet optisch actief.
Het molecuul heeft een vlak van symmetrie.

3)

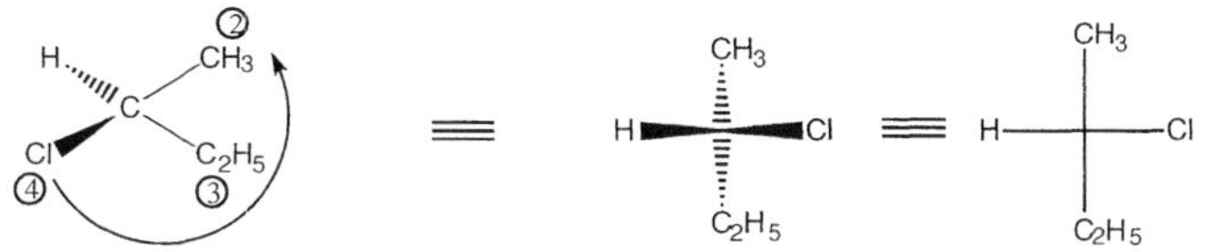

4) $[\alpha]_D^{20} = \dfrac{\alpha}{c \cdot l}$ c in gr/ml en l in dm

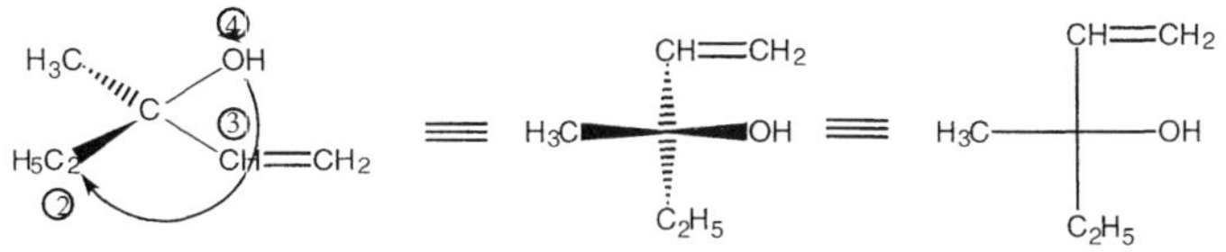

2,0 Molair L-asparaginezuur = 266 gram/l. = 0,266 gram/ml l = 1 dm en $\alpha = +6.5°$

5) Door de concentratie van de optisch actieve stof 2x te verdunnen. Bij een linksdraaiende stof zal de analysator nu 50° naar links gedraaid moeten worden; bij een rechtsdraaiende stof 130° naar rechts.

6)

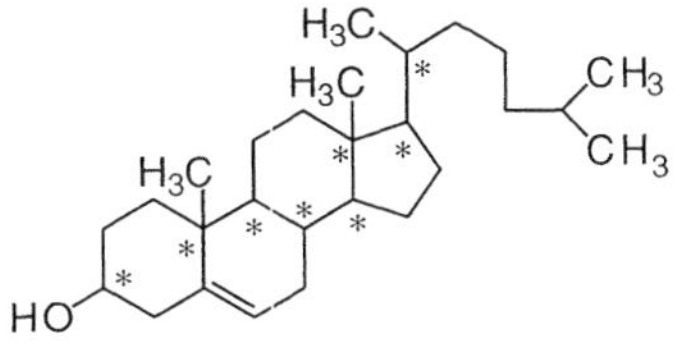

cholesterol

In totaal zijn acht chirale koolstofatomen, dus zijn er $2^8 = 256$ stereoisomeren mogelijk.
In de natuur komt echter maar één stereoisomeer van cholesterol voor!

7)

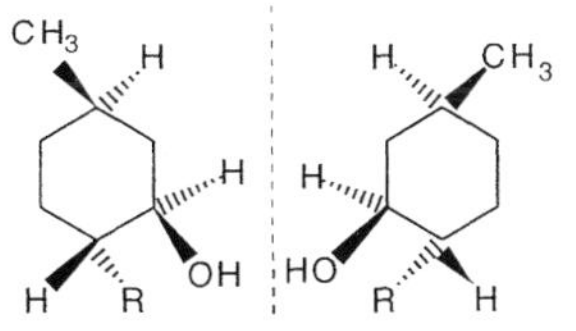

enantiomeren 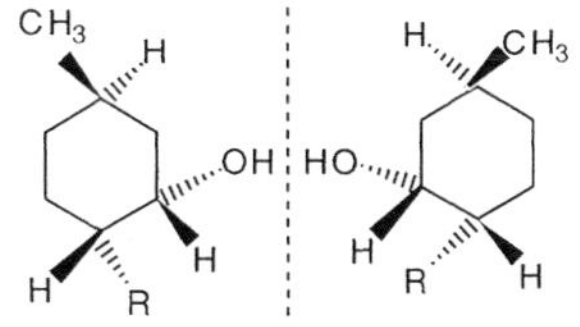   enantiomeren

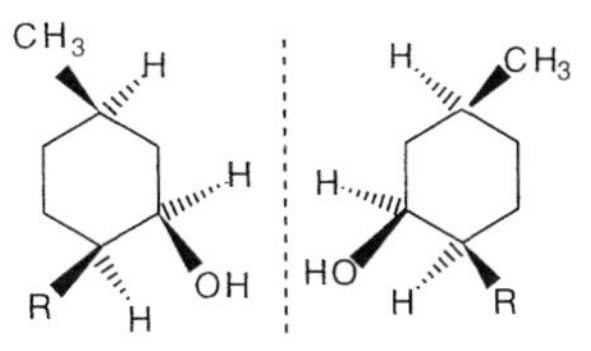

enantiomeren 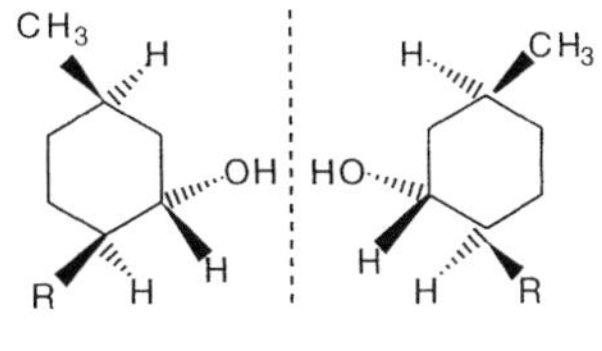   enantiomeren

Alle verbindingen zijn diastereomeren van elkaar, voor zover ze geen enantiomeren zijn.

Let goed op! Je kunt nog meer isomeren tekenen waarbij de methylgroep naar achteren staat (zie structuur I), maar dat is dan altijd terug te voeren op één van de hierboven getekende structuren. Controleer dit.

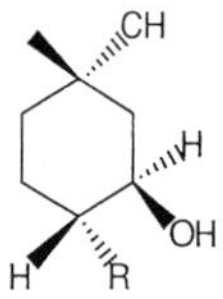

I

8)

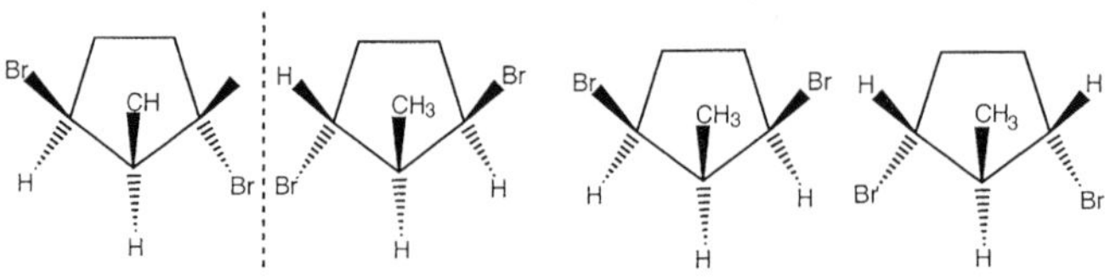

I	II	III	IV
		meso	meso

Van I en II zijn structuurformules te tekenen met de methyl naar beneden, maar dit zijn weer dezelfde structuren. Probeer dit uit!

De verbindingen I en II zijn elkaars spiegelbeeld, dus enantioneren.

Verbindingen I en III (IV) en II en III (IV) zijn diastereomeren van elkaar.

In de verbinding III en IV is een vlak van symmetrie aan te brengen, deze verbindingen zijn dus mesoverbindingen.

9) a

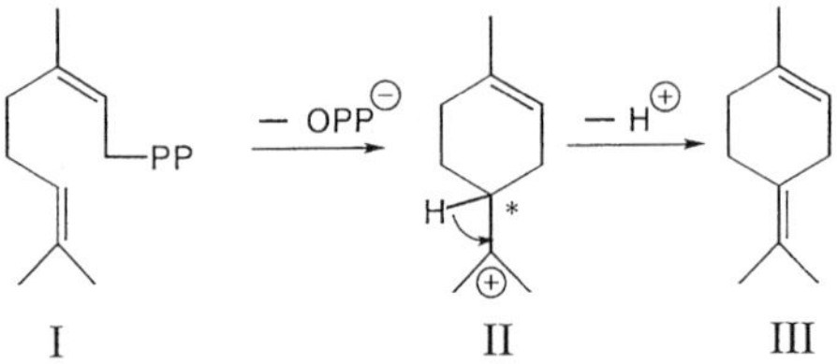

I	II	III

b I: geen chirale C-atomen, wel *E-Z* isomerie mogelijk

II: 2 enantiomeren mogelijk

III: geen stereoisomerie

10) a en b

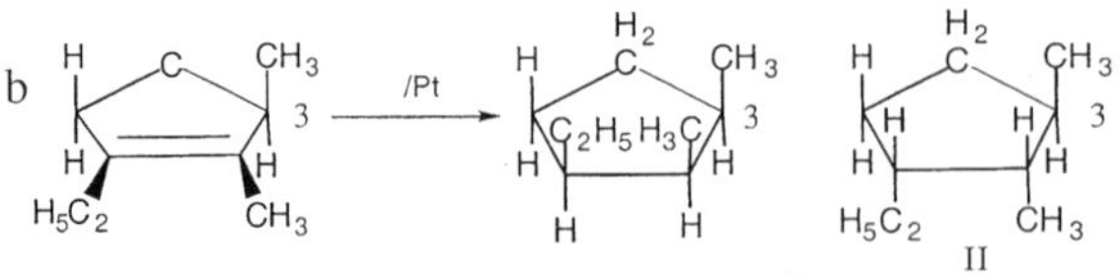

Bij de reductie kunnen de waterstofatomen van onderen (tot I) resp. van boven (tot II) worden geaddeerd. De configuratie aan C3 verandert niet.

11) Bij koolstofatoom 1 wijst de substituent met het laagste atoomnummer (H) naar voren. Het gemakkelijkst is het dit zo te laten en bij de benoeming *R* of *S* de uitkomst om te draaien.

cocaine

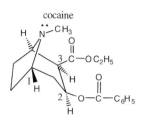

Voor koolstofatomen 1 geldt:

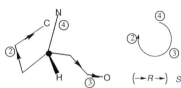

Voor koolstofatoom 2 geldt:

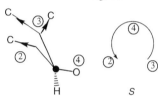

Voor koolstofatoom 3 geldt:

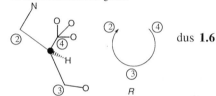

dus **1.6**

12) Ook bij deze opgave kan men de H-atomen het beste naar voren laten staan en de benoeming omdraaien.

a Voor C1:   Voor C2:

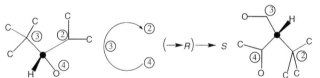

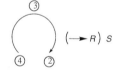

Het juiste antwoord is: 1.2

b Voor C1:   Voor C2:

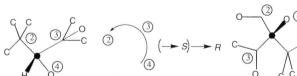

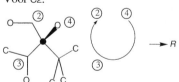

Het juiste antwoord is: 2.2.

  Let op! Bij onderdeel b. bij C2 is de lichtste groep geen H-atoom maar een koolstofketenrest.

13) a Heroïne heeft chirale koolstofatomen op de plaatsen 1, 2, 5, 6 en 7; dus 5 chirale
koolstofatomen maken $2^5 = 32$ stereoisomeren mogelijk (= 1.7).

b Voor C2:   Voor C7:

9 Halogeenalkanen — Nucleofiele substitutie en eliminatie

1) Geef de structuur van de volgende verbindingen.

   a 1-broom-3-ethylbutaan

   b 3,3-dichloor-2-methylpentaan

   c (Z)-2-broom-3-chloor-3-penteen

2) Rangschik de volgende chloriden naar afnemende reactiviteit als ze via een S_N1 mechanisme reageren.

3) Rangschik de volgende pentylbromides op volgorde van afnemende reactiviteit als ze via een S_N2 mechanisme reageren.

4) Welke invloed heeft het oplosmiddel op een S_N1 en een S_N2 reactie?

5) Verklaar waarom een S_N2 reactie met 2-methyl-2-chloorbutaan moeilijker verloopt dan met 2-methyl-1-chloorbutaan.

6) Geef het mechanisme van de reactie van:

   a (R)-3-broom-3-methyl-1- penteen met $CN^{\ominus}$ in H_2O

   b ethylchloride met $I^{\ominus}$ in H_2O

   Wat gebeurt er met de snelheid van de respectievelijke reacties als de concentraties van de reagerende stoffen verdubbeld worden?

7) Als we verbinding A behandelen met een goed nucleofiel zoals $I^{\ominus}$ of met een sterke base zoals $H_3CO^{\ominus}$ treedt geen reactie op. Geef hiervoor een verklaring.

8) Een fraai experiment dat het mechanisme van een S_N2 reactie ondersteunt, werd in 1935 gepubliceerd. In dit experiment laat men optisch actief 2-joodoctaan een tijd staan in een aceton oplossing met NaI^{131} (radioactief jodide). Nu blijkt dat het alkyljodide zijn optische activiteit verliest en dat radioactief joodatoom in de plaats komt van het gewone joodatoom.

De snelheid waarmee deze beide verschijnselen zich voltrekken, hangt zowel van [RI] als van $[I^{\ominus}]$ af, maar de racemisatie verloopt precies tweemaal zo snel als de isotoopuitwisseling.

Laat zien hoe deze resultaten overeenstemmen met het thans algemeen aanvaarde S_N2-mechanisme.

9) $H_3C-CH=CH-CH_2-Cl$ (I) reageert onder bepaalde reactieomstandigheden met KOH. De reactiesnelheid is zowel afhankelijk van de concentratie $[OH^{\ominus}]$ als van [RCl] in het reactiemengsel. Er wordt slechts één reactieprodukt verkregen.

Wanneer men I alleen met water laat reageren, wordt een mengsel van twee reactieprodukten verkregen.

Hoe valt dit te verklaren?

10) Wanneer we de volgende paren stoffen vergelijken in een bimoleculaire reactie met een base (nucleofiel), dan is er altijd een competitie tussen eliminatie en substitutie.

Welke van de twee paren verbindingen zal eerder eliminatieprodukten geven?

a CH_3CH_2Br of

b   of

c   of

d   of

11) Geef de reactievergelijkingen van de meest waarschijnlijke nevenreacties die optreden als we *n*-butylbromide willen omzetten in:

a $H_3C\text{-}CH_2\text{-}CH_2\text{-}CH_2OH$ door reactie met verdund NaOH

b $H_3C\text{-}CH_2\text{-}CH_2\text{-}CH_2\text{-}O\text{-}CH_3$ door reactie met $H_3CO^{\ominus}\ Na^{\oplus}$

c $H_2C{=}CH\text{-}CH_2\text{-}CH_3$ door reactie met KOH in ethanol

d $H_3C\text{-}CH_2\text{-}CH_2\text{-}CH2\text{-}CN$ door reactie met NaCN in H_2O

12) De reactie van een alkylhalogenide (RX) met een nucleofiel (Nu$^\ominus$) in een ethanol/water mengsel kan zowel via een S_N1 als via een S_N2 mechanisme verlopen.

$$R{-}X \ + \ Nu^{\ominus} \ \xrightarrow{\ H_2O\,/\,C_2H_5OH\ } \ R{-}Nu \ + \ X^{\ominus}$$

Kruis aan welke van de onderstaande verschijnselen bij *één of beide* mechanismen kunnen voorkomen.

	S_N1	S_N2
a. inversie van configuratie		
b. tweede orde reactie		
c. eventueel omleggingsreactie		
d. tert. halogeenalkanen reageren sneller dan primaire		
e. racemisatie		
f. verdubbeling van [RX] geeft snellere produktvorming		
g. H$_2$C=CHCH$_2$Cl reageert sneller dan H$_3$CCH$_2$CH$_2$Cl		

	S_N1	S_N2
h. verdubbeling van [Nu$^\ominus$] heeft geen effect		
i. verhoging van het percentage water in het oplosmiddelmengsel geeft een snellere reactie		
j. naarmate Nu$^\ominus$ een beter nucleofiel is, gaat de reactie sneller		
k. naarmate X een beter vertrekkende groep is, gaat de reactie sneller		
l. E1 eliminatie kan als neven reactie optreden		
m. E2 eliminatie kan als neven reactie optreden		

13) a Voltooi de volgende reactievergelijkingen (geen mechanisme).

b Zet een kruisje in het desbetreffende vakje als één van de volgende uitspraken van toepassing is op onder a genoemde reacties.

N.B.: Meerdere kruisjes of in het geheel geen kruisje per uitspraak is mogelijk.

reactie	I	II	III
1. deze reactie verloopt vrijwel uitsluitend volgens een E2-mechanisme			
2. deze reactie verloopt vrijwel uitsluitend volgens een S_N2-mechanisme			
3. deze reactie kan zowel verlopen via een S_N2 als via een E2-mechanisme			
4. deze reactie is een typisch voorbeeld van een S_N1-reactie			
5. als we uitgaan van optisch actieve uitgangsstoffen dan zal de optische activiteit tijdens de reactie verloren gaan			
6. verdubbeling van de concentratie nucleofiel (base) zal geen invloed op de reactiesnelheid hebben			
7. de reactie verloopt bi-moleculair			
8. de vorming van een carbokation is de snelheidsbepalende stap in deze reactie			
9. als we het oplosmiddel meer polair maken zal de reactie snelheid sterk toenemen			
10.de reactie zal gepaard gaan met omleggingen			

14) De snelheid waarmee een neerslag van NaCl verschijnt wanneer we alkylchloride behandelen met een oplossing van NaI in aceton is een maat voor de gevoeligheid voor S_N2-substitutie. Wanneer we de volgende vijf verbindingen testen, hoe zal dan de volgorde in gevoeligheid t.o.v. NaI in aceton zijn?

Zet de onderstaande verbindingen in de juiste volgorde van reactiviteit, te beginnen met de snelst reagerende verbinding.

15) Geef aan welke van de volgende reactiemechanismen een rol hebben gespeeld in de reacties a t/m g.

U hebt daarbij steeds de keuze uit de volgende mogelijkheden:

0: alleen S_N1	3: alleen E2	6: S_N2 + E2	9: S_N1 + S_N2 + E1 + E2
1: alleen S_N2	4: S_N1 + S_N2	7: E1 + E2	
2: alleen E1	5: S_N1 + E1	8: S_N1 + E1 + E2	

a

1.

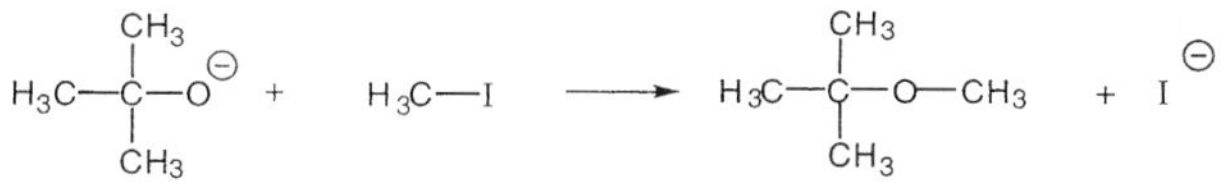

b

2.

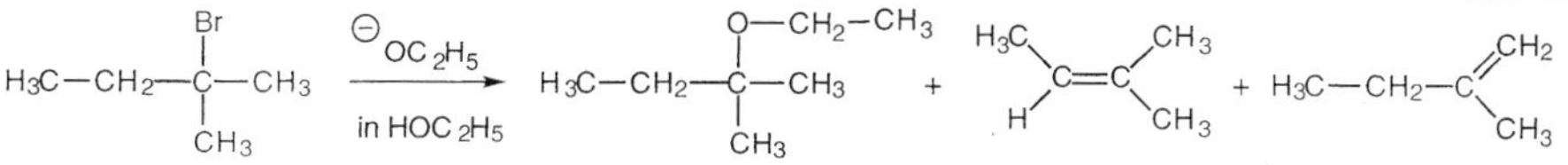

c

3.

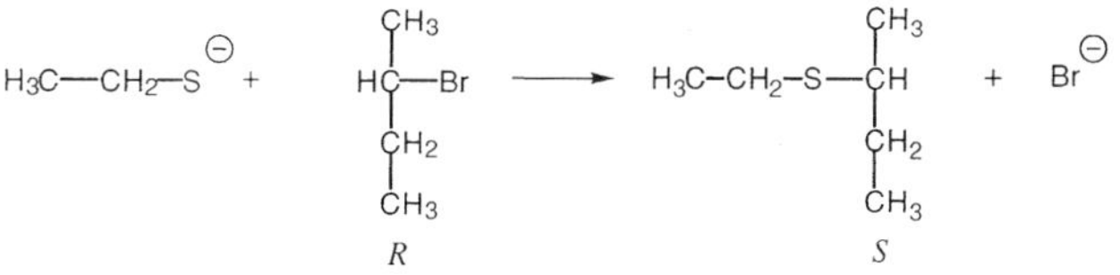

d

4.

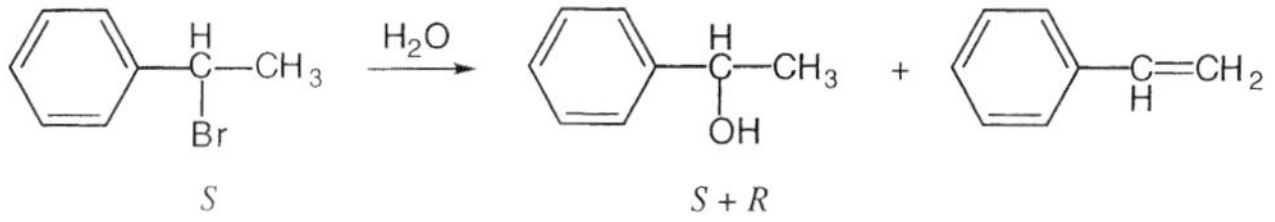

e

5.

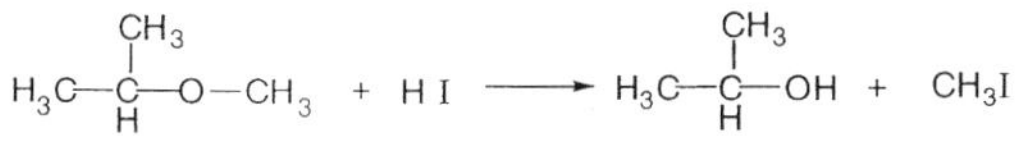

f

6.

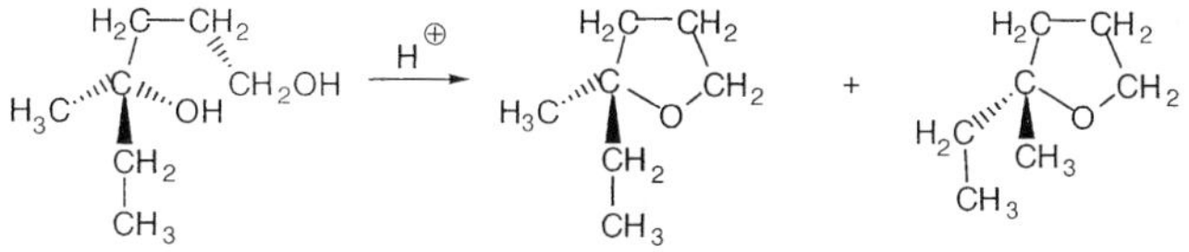

g

7.

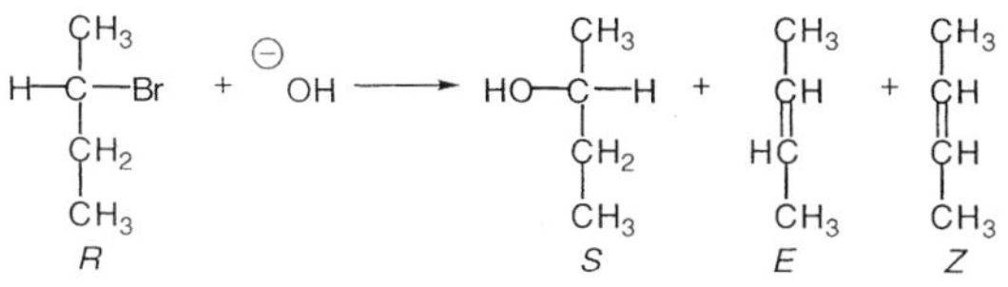

16) U hebt bij elk onderdeel steeds de keuze uit de volgende energiediagrammen:

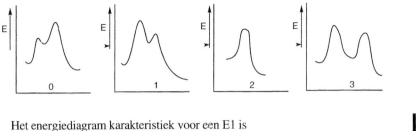

Het energiediagram karakteristiek voor een E1 is   1.

Het energiediagram karakteristiek voor een S_N1 is   2.

Het energiediagram karakteristiek voor een E2 is   3.

Het energiediagram karakteristiek voor een S_N2 is   4.

17) Welke van de volgende verbindingen kunnen gemakkelijk een nucleofiele substitutie ondergaan met één equivalent OH⊖ zonder belangrijk nevenreacties?

U hebt de keuze uit de volgende mogelijkheden:

0: geen van de verbindingen	2: alleen b	4: a + b	6: b + c
1: alleen a	3: alleen c	5: a + c	7: a+ b + c

serie I   1.

$H_3C-O-SO_2-$⬡$-CH_3$ H_3C-NH_2 ⬡$-\underset{\underset{CH_3}{|}}{\overset{\overset{CH_3}{|}}{C}}-OH$

a   b   c

serie II   2.

$H_3C-O-CH_3$ $H_2C=C\overset{Cl}{\underset{H}{\diagup}}$ $H_2C=C\overset{CH_2Cl}{\underset{H}{\diagup}}$

a   b   c

serie III   3.

$H_3C-\underset{\underset{CH_3}{|}}{\overset{\overset{CH_3}{|}}{C}}-CH_2Cl$

a   b   c

18) Gegeven zijn de volgende halogeenverbindingen:

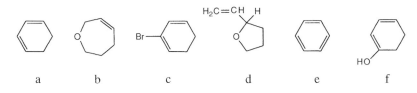

$$
\begin{array}{ccc}
& CH_3 & \\
& | & \\
H_3C-C-CH=CH\text{-}Br & \\
& | & \\
& CH_3 &
\end{array}
$$

a   b   c

d   e   f

A Welk(e) van deze halogeenverbindingen reageert (reageren) vlot met

AgNO$_3$ in methanol via een S$_N$1 reactie?   `1.`

B Welk(e) van deze halogeenverbindingen reageert (reageren) vlot met NaI

in aceton via een S$_N$2 reactie?   `2.`

U hebt bij beide vragen de keuze uit de volgende antwoordmogelijkheden:

0: a	3: d	6: a + b	9: c + f
1: b	4: e	7: b + e	
2: c	5: f	8: d + e	

19) Als 1-broom-6-hydroxy-2-hexeen (I) wordt behandeld met zilvernitraat in

ethanol dan worden twee cyclische produkten gevormd. Welke zijn dit?   `1.`

AgNO$_3$/ethanol $\longrightarrow$ 2 cyclische produkten

a   b   c   d   e   f

U hebt de keuze uit de onderstaande antwoordmogelijkheden:

0: a + b	3: b + d	6: c + f
1: a + c	4: b + f	7: d + f
2: a + f	5: c + e	8: e + f

20) Gegeven zijn de volgende verbindingen:

serie A

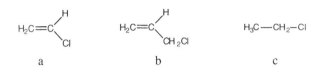

    a   b   c

serie B

    a   b   c

U hebt de keuze uit de volgende antwoordmogelijkheden bij de onderstaande onderdelen:

0: geen verschil   3: $a > c > b$ 6: $c > b > a$

1: $a > b > c$ 4: $b > a > c$

2: $b > c > a$ 5: $c > a > b$

Onderdeel 1:

Welke reactiviteitsvolgorde (naar afnemende reactiesnelheid) verwacht u bij elke serie voor NaI in aceton als reagens:

serie A | 1. |

serie B | 2. |

Onderdeel 2:

Welke reactiviteitsvolgorde (naar afnemende reactiesnelheid) verwacht u bij elke serie voor $AgNO_3$ in ethanol-water als reagens:

serie A | 3. |

serie B | 4. |

21)

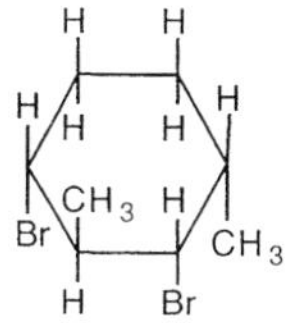

I

Een E2-eliminatie van één mol HBr uit verbinding I geeft:

1.

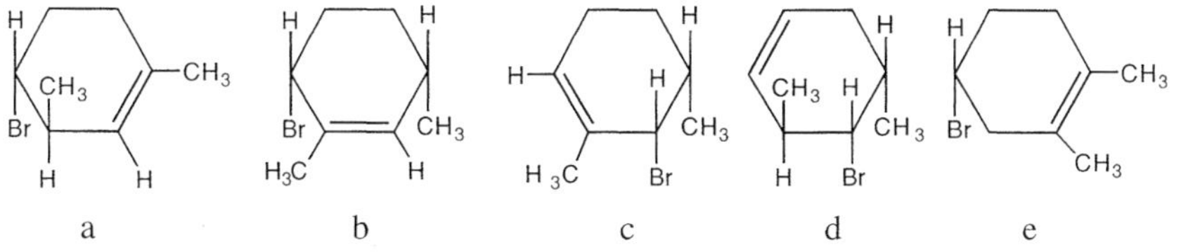

a   b   c   d   e

U heeft de keuze uit de volgende combinatiemogelijkheden:

0: a + b	2: a + d	4: b + c	6: b + e	8: c + e
1: a + c	3: a + e	5: b + d	7: c + d	9: d + e

9 Antwoorden

1)

a $H_3C-CH_2-\overset{\overset{\displaystyle H}{|}}{\underset{\underset{\displaystyle CH_3}{|}}{\underset{|}{C}}}-CH_2-Br$

b $H_3C-CH_2-\overset{\overset{\displaystyle Cl}{|}}{\underset{\underset{\displaystyle Cl}{|}}{C}}-\overset{\overset{\displaystyle CH_3}{|}}{CH}-CH_3$

c $\underset{H_3C}{\overset{H}{}}C=C\underset{Cl}{\overset{\overset{\displaystyle Br}{|}}{CH-CH_3}}$

2) De reactiviteit van een substraat t.o.v. een S_N1 substitutie is afhankelijk van het gemak waarmee een carbokation gevormd kan worden. Dit is afhankelijk van de aard van de vertrekkende groep, het oplosmiddel en de stabilisatie van het carbokation binnen het molecuul zelf. Hoe beter een carbokation kan worden gestabiliseerd, des te gemakkelijker zal het gevormd worden. De belangrijkste stabilisatie vindt plaats als er mesomerie (resonantie) kan optreden van het carbokation met een elektronenpaar. Daarnaast stabiliseren ook alkylgroepen die direct aan het positieve koolstofatoom zitten omdat deze alkylgroepen electronenstuwend zijn. De S_N1 reactiviteit neemt dus af van

$H_2C=CH-\underset{\underset{Cl}{|}}{CH}-CH=CH_2 >$ [benzene]$-\underset{\underset{Cl}{|}}{CH}-CH_3 >$ $H_3C-\underset{\underset{Cl}{|}}{\overset{\overset{CH_3}{|}}{C}}-CH_3 >$

1   2   3

$H_3C-\underset{\underset{Cl}{|}}{CH}-C_2H_5$ > $H_3C(CH_2)_4-Cl$ > $H_2C=CH-Cl$

4   5   6

Bij de eerste twee structuren in deze reeks kan gemakkelijk een carbokation gevormd worden, omdat dit gestabiliseerd kan worden door mesomerie:

structuur 1

$H_2C=CH-\overset{\oplus}{CH}-CH=CH_2 \longleftrightarrow H_2\overset{\oplus}{C}-CH=CH-CH=CH_2 \longleftrightarrow H_2C=CH-CH=CH-\overset{\oplus}{CH}_2$

1a   1b   1c

structuur 2

[benzene]$-\overset{\oplus}{CH}-CH_3 \longleftrightarrow$ [benzene]$=CH-CH_3 \longleftrightarrow$ [benzene]$=CH-CH_3 \longleftrightarrow$ [benzene]$=CH-CH_3$

2a   2b   2c   2d

Waarom zal structuur 1 gemakkelijker een carbokation vormen dan structuur 2? Om deze vraag te beantwoorden, moeten we de situatie bekijken vóór en ná $Cl^{\ominus}$ afsplitsing. Structuur 1 is vóór $Cl^{\ominus}$ afsplitsing geen geconjugeerde verbinding; de dubbele bindingen zijn gescheiden door een sp^3-gehybridiseerd koolstofatoom en er is dus geen mesomerie mogelijk.

Na afsplitsing van $Cl^{\ominus}$ verandert het sp^3-C-atoom echter in een sp^2-gehybridiseerd carbokation en is er uitgebreide mesomerie mogelijk, zoals de structuren 1a-1c laten zien. Voor verbinding 2 is de situatie anders. In de fenylring is wel een uitgebreide mesomerie mogelijk tussen de drie π-bindingen. Een fenylring wordt dan ook gestabiliseerd door een grote mesomere energie (36 kcal/mol). Na afsplitsen van $Cl^{\ominus}$ zal het ontstane carbokation gedeeltelijk π-elektronen onttrekken aan de fenylring (zie 2a-2d). Het carbokation wordt dus wel gestabiliseerd, maar dit gaat gedeeltelijk ten koste van de mesomerie energie in het ringsysteem. Schematisch kunnen we dit als volgt weergeven:

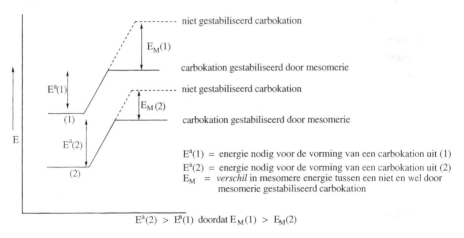

$E^a(2) > E^a(1)$ doordat $E_M(1) > E_M(2)$

De volgorde van de structuren 3, 4 en 5 wordt bepaald door het afnemende aantal alkylgroepen dat het te vormen carbokation stabiliseert. Structuur (6) vormt het minst graag een carbokation omdat de $\oplus$-lading hier komt te zitten *op* en niet *naast* een koolstofatoom dat een dubbele binding verzorgt. Hier is dus geen mogelijkheid tot stabilisatie door mesomerie, integendeel de $\oplus$-lading zit hier in

een sp^2 orbitaal die loodrecht staat op de 2p orbitaal en daar dus geen zijdelingse overlap mee kan hebben. Bovendien zit een $\oplus$-lading in een sp^2 dichter bij de positieve kern van koolstof dan een $\oplus$-lading in een p-orbitaal (waarin carbokationen meestal voorkomen).

3) De reactiviteit van een substraat t.o.v. een S_N2 reactie is sterk afhankelijk van de aard van het nucleofiel en de vertrekkende groep en van de mate van sterische hindering rond het koolstofatoom waar het nucleofiel moet aanvallen. Daarnaast is ook de wijze waarop de overgangstoestand gestabiliseerd kan worden van belang.

De dubbele binding in H_5C_2-CH=CH-CH_2Br is in staat de overgangstoestand te stabiliseren. Het koolstofatoom waarop het nucleofiel moet aanvallen, is niet te veel gehinderd. Voor de andere verbindingen geldt dat de hoeveelheid en grootte van de groepen aan het koolstofatoom dat de nucleofiele substitutie moet ondergaan, bepalend is voor de reactiviteitsvolgorde.

De S_N2-reactiviteit neemt daarom af van:

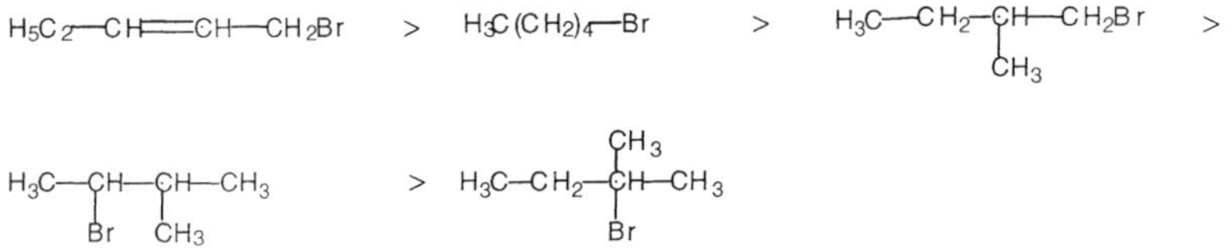

H_5C_2—CH═CH—CH_2Br   > H_3C(CH_2)$_4$—Br   > H_3C—CH_2—CH—CH_2Br   >
$\quad$ (onder laatste: CH$_3$)

H_3C—CH—CH—CH_3 > H_3C—CH_2—CH—CH_3
$\quad$ (Br CH$_3$ onder) $\quad$ (CH$_3$ boven, Br onder)

4) Oplosmiddelen welke goed een ⊕-lading kunnen solvateren, bevorderen een S_N1 reactie. In het algemeen zijn polaire oplosmiddelen als water, ethanol, en azijnzuur gunstig voor een S_N1 reactie. Minder polaire oplosmiddelen bevorderen een S_N2 reactie.

5) 2-Methyl-1-chloorbutaan zal minder sterische hindering geven bij nucleofiele aanval dan 2-methyl-2-chloorbutaan. Doordat het chlooratoom in 2-methyl-2-chloorbutaan aan een tertiair koolstofatoom zit, zal deze verbinding gemakkelijk een S_N1 substitutie geven.

6)

a   [reactieschema]
het carbokation is vlak en gestabiliseerd door mesomerie

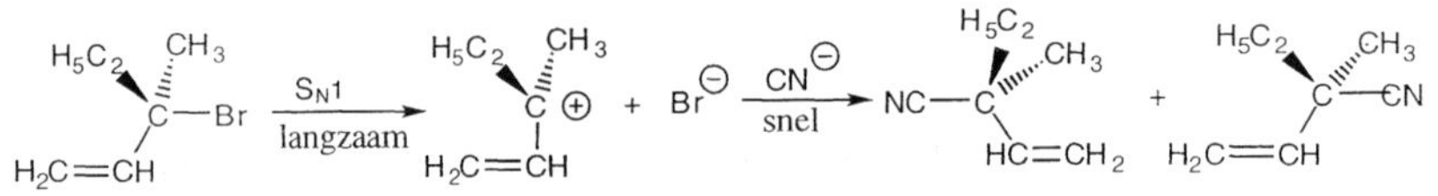

$CN^\ominus$ kan aan beide kanten aanvallen, daardoor ontstaat evenveel R als S: dus racemisatie

Als de concentratie van het halogeenalkaan 2x zo groot wordt, gaat de reactie die via een S_N2 mechanisme verloopt, 2x zo snel. Verdubbelen van [$CN^\ominus$] heeft hier geen invloed op de reactiesnelheid, omdat deze reactie via een S_N1 mechanisme verloopt en $CN^\ominus$ niet in de snelheidsbepalende (= langzame) stap een rol speelt: $v = k$ [RBr]

b   [reactieschema]

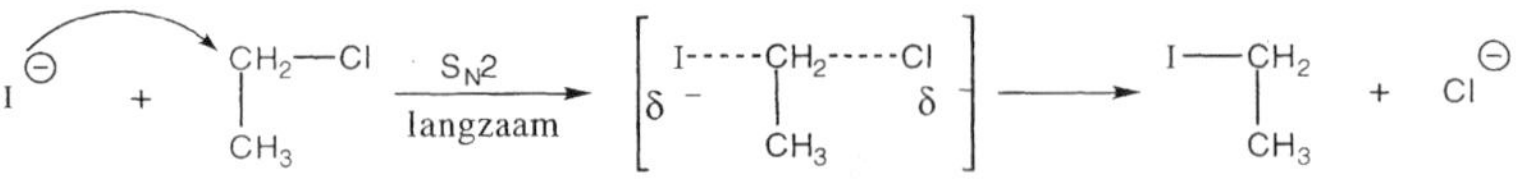

Bij verdubbelen van de concentraties ethylchloride en $I^\ominus$ gaat de reactie 2 x 2 = 4 x zo snel. Beide stoffen spelen een rol in de snelheidsbepalende stap: $v = k$ [C_2H_5Cl][$I^\ominus$].

7) Verbinding A heeft een starre configuratie rond het koolstofatoom dat het Cl-atoom bevat. Deze configuratie kan niet vlak worden waardoor vorming van een carbokation (vlak!) niet mogelijk is en een S_N1 reactie dus niet zal optreden. Een S_N2 reactie kan eveneens niet optreden omdat geen inversie van configuratie mogelijk is. Bovendien kan een nucleofiel moeilijk van de achterkant naderen.

Eliminaties zijn eveneens uitgesloten omdat de vorming van een alkeen sp^2-hybridisatie vereist (sp^2 gehybridiseerde koolstofatomen zijn vlak en daarom is sp^2-hybridisatie bij een koolstofatoom dat niet vlak kan worden uitgesloten).

8) Het thans algemeen aanvaarde mechanisme voor deze S_N2-substitutie is: ($I^{135} = I^*$).

$$^*I^{\ominus} + \underset{R_3}{\overset{R_1}{\underset{\displaystyle R_2}{}}}C{-}I \;\rightleftharpoons\; \left[\, ^*I{-}{-}{-}\underset{\delta^-}{\overset{R_1}{\underset{R_3\;\;R_2}{C}}}{-}{-}{-}I^{\delta^-} \,\right] \;\rightleftharpoons\; ^*I{-}\underset{R_2}{\overset{R_1}{C}}{\cdots}R_3 + I^{\ominus}$$

De reactie verloopt bimoleculair en er treedt inversie van configuratie op.

Aangezien gewoon jodide en radioactief jodide geen verschil vertonen in chemische reactiviteit kunnen we voor dit speciale geval evenwichtspijlen schrijven; $I^{*\ominus}$ is immers een even goed nucleofiel als $I^{\ominus}$ en ook kunnen $^*I^{\ominus}$ en $I^{\ominus}$ beide even goed als vertrekkende groep optreden.

Hoe komt het nu dat het racemisatie proces zich tweemaal zo snel voltrekt als de isotoopuitwisseling? Om dit in te zien moeten we bedenken dat een racemisch mengsel evenveel moleculen bevat met de R-configuratie als met de S-configuratie.

Verder weten we dat de draaiing α van een optisch actieve stof evenredig is met concentratie van deze optisch actieve stof: $\alpha = [\alpha]_{20} \cdot c \cdot 1$.

Uiteraard wordt hier met de concentratie bedoeld: de concentratie van één enantiomeer dat alleen in de oplossing aanwezig is. Zijn beide enantiomeren in oplossing aanwezig dan wordt de draaiiing alleen bepaald door de overmaat die van een van de enantiomeren aanwezig is. Een positieve rotatie van het ene enantiomeer zal immers opgeheven worden door de negatieve rotatie van een gelijke hoeveelheid van het andere enantiomeer zodat alleen de concentratie van de overmaat bepalend is voor de gevonden rotatie.

Kijken we nu naar de reactie van 2-joodoctaan met jodide ionen dan zien we dat bij reactie van elk molecuul met de R-configuratie *twee* moleculen onttrokken worden aan de bijdrage tot de optische rotatie: één molecuul gaat van $R \longrightarrow S$ en één molecuul met de R-conf. wordt gebruikt om de tegengestelde draaiing van de S-conf. te "neutraliseren".

Daardoor zal de optisch rotatie dus tweemaal sneller afnemen dan de reactie in werkelijkheid verloopt. De hoeveelheid radioactief 2-joodoctaan is tijdens de reactie te meten zodat de mate van omzetting is te bepalen.

9) De reactie van KOH met H_3C-CH=CH-CH_2Cl verloopt via een S_N2-mechanisme. Doordat aanval van OH$^\ominus$ en afsplitsing van Cl$^\ominus$ gelijktijdig aan hetzelfde C-atoom verlopen, is slechts op één plaats substitutie mogelijk:

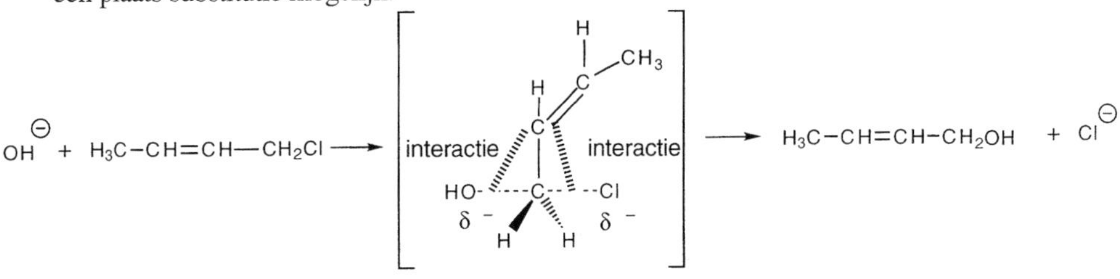

Water is een veel slechter nucleofiel dan OH$^\ominus$, dus een eventuele S_N2-reactie verloopt véél langzamer. Spontane afsplitsing van Cl$^\ominus$ en vorming van een carbokation krijgt nu een kans. De reactie verloopt dan via een S_N1-mechanisme. Het water kan nu op twee plaatsen in het mesomeer gestabiliseerd carbokation aanvallen en er worden daarom twee producten verkregen.

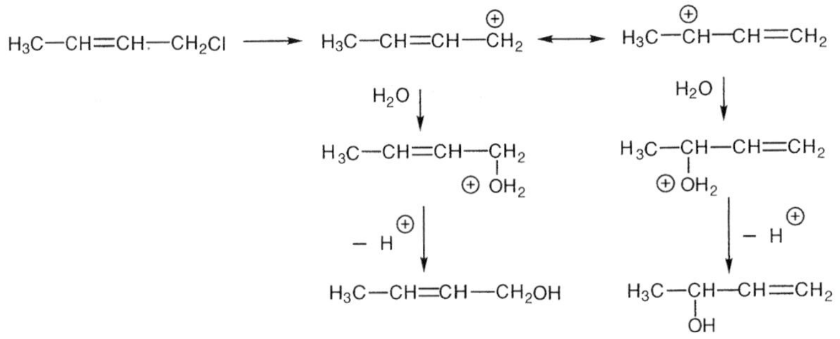

10) Eliminatie produkten zijn te verwachten als we een sterke base gebruiken. Ook de structuur van het halogeenalkaan is van invloed op het al of niet verkrijgen van eliminatie naast substitutie.

Hierbij spelen de volgende criteria een rol:

1 Sterische effecten (voornamelijk belangrijk voor E2 vs S_N2)

- als door sterische hindering het koolstofatoom dat een nucleofiele substitutie moet ondergaan moeilijk bereikbaar is, zullen eliminatieprodukten vaker aanwezig zijn, vooral als het β–H atoom dat bij eliminatie moet worden afgesplitst, goed toegankelijk is.

- is daarentegen het β-H-atoom, dat bij eliminatie moet worden afgesplitst, moeilijk toegankelijk dan zal eliminatie juist minder optreden.

2   Elektronische effecten (zowel belangrijk voor E2 vs S_N2 als voor E1 vs S_N1)

-als door een eliminatiereactie de nieuwe dubbele binding mee kan doen in een geconjugeerd systeem is de kans op eliminatie groter.

-alkenen, $\overset{R_1}{\underset{R_2}{}}C{=}C\overset{R_3}{\underset{R_4}{}}$ waarbij R_1, R_2, R_3 en R_4 alkylgroepen zijn, worden liever gevormd dan alkenen waarbij R_1, R_2 R_3 en R_4 H-atomen zijn.

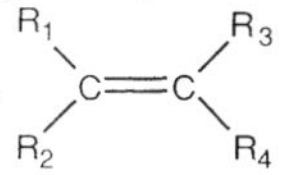

a   ⬡—CH_2–CH_2–Br zal eerder eliminatie geven dan H_3CCH_2Br,

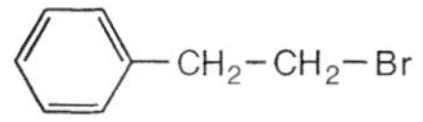

omdat bij vorming van een alkeen uit

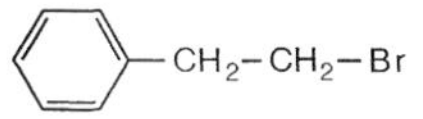

⬡—CH_2–CH_2–Br de mesomerie vergroot wordt (verg. ⬡—$CH{=}CH_2$ en

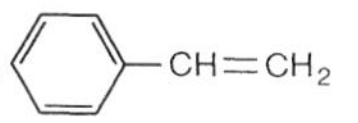

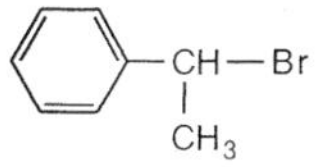

$H_2C{=}CH_2$)

b   ⬡—$\underset{CH_3}{\overset{|}{CH}}$—Br zal eerder eliminatie geven in een bimoleculaire reactie dan

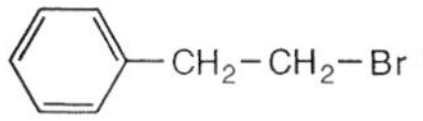

⬡—CH_2–CH_2–Br want het β–H-atoom is beter toegankelijk en het koolstofatoom

dat een eventuele nucleofiele substitutie moet ondergaan is meer afgeschermd.

c $H_3C{-}\underset{CH_3}{\overset{CH_3}{\overset{|}{\underset{|}{C}}}}{-}Br$ geeft eerder eliminatie dan $\overset{H_3C}{\underset{H_3C}{}}HC{-}CH_2Br$ om dezelfde redenen als bij b

d $H_3C{-}CH_2{-}\underset{}{\overset{CH_3}{\overset{|}{CH}}}{-}CH_2Br$ geeft eerder eliminatie omdat het ß-H-atoom beter toegankelijk is

11) De belangrijkste *nevenreacties* zijn:

a $H_3C{-}CH_2{-}CH_2{-}CH_2{-}Br + OH^{\ominus} \xrightarrow{\text{E2}} H_3C{-}CH_2{-}CH{=}CH_2 + H_2O + Br^{\ominus}$

b $H_3C{-}CH_2{-}CH_2{-}CH_2{-}Br + CH_3O^{\ominus} \xrightarrow{\text{E2}} H_3C{-}CH_2{-}CH{=}CH_2 + CH_3OH + Br^{\ominus}$

c $H_3C{-}CH_2{-}CH_2{-}CH_2{-}Br + OH^{\ominus} + C_2H_5OH \xrightarrow{S_N2}$

$H_3C{-}CH_2{-}CH_2{-}CH_2{-}OC_2H_5 + H_3C{-}CH_2{-}CH_2{-}CH_2{-}OH + Br^{\ominus}$

d $H_3C{-}CH_2{-}CH_2{-}CH_2{-}Br + {}^{\ominus}CN \xrightarrow{\text{E2}} H_3C{-}CH_2{-}CH{=}CH_2 + Br^{\ominus} + HCN$

12) De kruisjes moeten staan bij:

S_N1: c, d, e,f ,g ,h, i ,k ,l , m S_N2: a, b, f, g, j, k, m.

Verklaring:

S_N1 verloopt via een carbokationmechanisme. Met name bij secundaire carbokationen kunnen omleggingen optreden als er kan worden overgegaan naar een stabieler tertiair carbokation (c). Tertiaire carbokationen zijn stabieler dan secundaire en primaire en worden dus ook gemakkelijker en sneller gevormd (d). Een carbokation is vlak en kan zowel van de bovenkant als van de onderkant even gemakkelijk door een nucleofiel benaderd worden; er treedt dus racemisatie op (e). De reactiesnelheid van een S_N1 reactie is alleen afhankelijk van de concentratie van het halogeen-alkaan (f) en niet van de concentratie van het nucleofiel (h). Door mesomerie gestabiliseerde carbokationen zijn stabieler dan primaire en worden dus gemakkelijker gevormd (g).

Een polairder oplosmiddel stabiliseert carbokationen en dus ook de vorming ervan; verhoging van het percentage water in het oplosmiddelmengsel geeft dus een snellere reactie (i).

Als X een betere vertrekkende groep is, splitst deze gemakkelijker af en wordt een carbokation sneller gevormd (k).

Carbokationen kunnen een β-proton afstaan en een alkeen vormen (l).

Een E2 eliminatie verloopt volgens een volkomen ander mechanisme en is niet in alle gevallen uit te sluiten (m).

S_N2 verloopt via een aanval van een nucleofiel onder gelijktijdig afsplitsen van de vertrekkende groep. Hierbij treedt omklappen van de configuratie op (a) en in de overgangstoestand zijn twee deeltjes betrokken (b), namelijk het nucleofiel en het halogeenalkaan. De concentraties en eigenschappen van beide deeltjes zijn dus van invloed op de reactiesnelheid (f, j en k). Een π-binding naast het koolstofatoom waar de nucleofiele substitutie optreedt, stabiliseert de overgangstoestand door π-interactie. Daardoor wordt de activeringsenergie lager en gaat de reactie sneller (g).

E2 eliminatie kan optreden als het nucleofiel tevens basische eigenschappen heeft en er een β-H atoom aanwezig is (m).

13) Deze drie reacties zijn standaardvoorbeelden van reacties die resp. volgens een S_N1, S_N2 en E2 mechanisme verlopen.

II $CN^{\ominus}$ + H_3C—C—Br $\xrightarrow{S_N2}$ NC—C—CH_3 (met C_2H_5 en H)

goed nucleofiel   inversie

III H_3C—C—$O^{\ominus}$ + H_3C—C—Br $\xrightarrow{E2}$ H_3C—C—OH + $H_2C=C$ + $Br^{\ominus}$

sterke base   veel β-H atomen
slecht nucleofiel   tertiair bromide
door sterische
hindering

De kruisjes voor reactie I moeten staan bij: 4, 5 (carbokation is vlak), 6, 8 (vorming carbokation is snelheidsbepalend), 9 (polair oplosmiddel stabiliseert een carbokation, dus ook de vorming ervan).

De kruisjes voor reactie II moeten staan bij: 2 (3 niet, omdat $CN^{\ominus}$ een veel beter nucleofiel is dan base) en 7 (S_N2 is een bimoleculair proces). 9 Niet, want een polairder oplosmiddel stabiliseert het negatief geladen nucleofiel $CN^{\ominus}$ dat daardoor minder neiging heeft aan te vallen.

De kruisjes voor reactie III moeten staan bij: 1 (3 niet, want $(CH_3)_3C\text{-}O^{\ominus}$ is een sterke base maar een zeer slecht nucleofiel door de sterische hindering van de *tert*-butylgroep),
5 is bij deze reactie niet aan de orde (geen optisch actieve uitgangsstof in dit geval), maar kan in andere gevallen wel juist zijn als het chirale koolstofatoom deel uit gaat maken van een dubbele binding en daardoor zijn chiraliteit verliest (een dubbele binding is immers vlak, dus heeft altijd een spiegelvlak in het vlak van tekening, 7 (base en halogeen alkaan nemen beide deel aan de snelheidsbepalende stap). 9 niet, want ook hier geldt dat een meer polair oplosmiddel de base beter solvateert (hydrateert) en dus stabieler maakt waardoor deze minder reactief wordt.

14) De gevoeligheid van een halogeenalkaan voor een S_N2 substitutie hangt nauw samen met de toegankelijkheid van het nucleofiel tot het aan te vallen koolstofatoom.
Hoe meer H-atomen dit koolstofatoom draagt, hoe minder sterische hindering zal optreden.
De volgorde is dus in afnemende reactiviteit voor S_N2-substitutie(R ≠ H en ongelijk aan $C=C$)
Dus:

H_3C—Cl > RCH_2—Cl > R_1—C(R_2)(H)—Cl > R_1—C(R_2)(R_3)—Cl

Extra versnellend op een S_N2 (en S_N1) substitutie werkt de aanwezigheid van een π-binding *naast (niet aan)* het koolstofatoom dat aangevallen moet worden. Dit omdat dan de overgangstoestand (I) van de reactie gestabiliseerd wordt door π-interactie.

Dit brengt een verlaging van de activeringsenergie met zich mee en daardoor een versnelling van de reactie.

Dit moeten we niet verwarren met een dubbele binding *aan* het koolstofatoom dat aangevallen moet worden. Dit soort halogeenalkanen reageert namelijk helemaal *niet* in een S_N2-reactie. Het nucleofiel wordt namelijk afgestoten door de elektronenrijke dubbele binding.

De goede volgorde is dus: $2 > 3 > 4 > 1 > 5$

15) Bij deze opgave gaat het erom aan de hand van uitgangsstoffen én produkten het mechanisme te achterhalen. Elke reactie moet daarvoor nauwkeurig bekeken worden. Hierbij kijken we in eerste instantie naar het reactieprodukt.

   a Deze reactie geeft aan dat er een nucleofiele substitutie is opgetreden: $I^\ominus$ is vervangen door $(CH_3)C\text{-}O^\ominus$. Aangezien de uitgangsstof geen carbokation kan vormen $(CH_3^\oplus$ is te hoog energetisch), kan een S_N1 reactie uitgesloten worden: dus S_N2 (1.1).

   b In deze reactie zien we substitutie- en eliminatieprodukten ontstaan. Dus S_N en E. Verloopt de reactie monomoleculair (S_N1, E1) of bimoleculair (S_N2, E2)?

   De reactieprodukten geven geen uitsluitsel omdat er geen optisch actieve verbindingen in het spel zijn. We moeten dus afgaan op de structuur van de uitgangsstof en de reactie omstandigheden. Het halogeenalkaan is tertiair en dit wijst duidelijk in de richting van carbokationvorming, dus een monomoleculair proces is mogelijk als het oplosmiddel tenminste redelijk polair is.

   Dit is het geval: ethanol kan een carbokation voldoende stabiliseren dus S_N1 en E1 kunnen optreden! Voor S_N2 is een goed nucleofiel nodig ($C_2H_5O^\ominus$ voldoet hieraan) en een goed toegankelijk koolstofatoom (het halogeenalkaan voldoet hier *niet* aan).

   Dus S_N2 is niet erg waarschijnlijk. Voor E2 speelt sterische hindering nooit een grote rol, maar wel is het nodig dat er β-H atomen in het halogeenalkaan zijn (die zijn er volop) én dat er een sterke base aanwezig is ($C_2H_5O^\ominus$ is een sterke base). Dus ook E2.

   Het beste antwoord is dan S_N1 + E1 + E2 (2.8), het antwoord S_N1 + E1 (2.5) heeft hier ook punten gekregen.

c Hier heeft een nucleofiele substitutie plaats gevonden. Uit het produkt blijkt dat inversie van configuratie is opgetreden dus S_N2 (3.1).

d Hier is substitutie en eliminatie opgetreden. De substitutie geeft racemisatie, dus S_N1 treedt op. De aanwezigheid van carbokationen en eliminatieprodukten wijst uit dat er ook E1 is opgetreden. S_N2 en E2 zijn minder waarschijnlijk omdat water als polair oplosmiddel juist het carbokation proces (S_N1, E1) sterk bevoordeelt en water slechts een matig nucleofiel en base is. Het antwoord is dus 4.5.

e Bij deze reactie is een nucleofiele substitutie opgetreden. Is het nu een S_N1 of een S_N2? Als eerste stap wordt de etherzuurstof van de uitgangsstof geprotoneerd om een vertrekkende groep te maken. De ether kan in principe aan twee kanten gesplitst worden. We zien dat de -O-CH_3 binding verbroken is. Dit kan nooit via een carbokation-mechanisme zijn gebeurd, want het $CH_3^{\oplus}$ dat moet ontstaan is energetisch veel te ongunstig.

   $I^{\ominus}$ (goed nucleofiel) is dus via een S_N2 proces aangevallen op de weinig gehinderde CH_3 groep, waarbij 2-propanol als vertrekkende groep is opgetreden (5.1). Er treedt ook geen beetje S_N1 op, want dan zou de etherverbinding juist aan het andere koolstofatoom splitsen, omdat er dan een secundair carbokation (CH_3-$CH^{\oplus}$-CH_3) gevormd zou worden . Hiervan is in de produkten echter niets terug te vinden.

f Het chirale C-atoom is geracemiseerd. Dus is op dit koolstofatoom een vlak carbokation ontstaan, na protonering van de OH-groep en afsplitsing van water (tertiair carbokation). De OH-groep van de CH_2OH-groep valt van beide kanten aan op dit vlakke carbokation (bedenk dat vrije draaibaarheid rond enkele C-C bindingen goed mogelijk is).
   De OH-groep van de CH_2OH-groep splitst niet af (primair carbokation is niet te vormen): dus is het antwoord 6.0.

g Er ontstaat uit R- een S-produkt. Dit duidt op inversie van configuratie, dus S_N2. Daarnaast ontstaat ook eliminatieprodukt. Dit kan niet volgens het E1 mechanisme-(carbokation), want dan zou ook S_N1 opgetreden moeten zijn met racemisatie. Dus E2.
   De Z- en de E-verbinding ontstaan door abstractie van verschillende H-atomen van de CH_2-groep. Het juiste antwoord is dan 7.6.

16) De juiste antwoorden zijn 1.1; 2.1; 3.2 en 4.2.

In een unimoleculair proces S_N1 en E1 is de snelheidsbepalende stap de vorming van het carbokation. Voor de eerste stap moet dus de hoogste energie opgebracht worden, hierdoor valt 0 af en 2 valt af, omdat daar sprake is van een éénstapsproces.

De keuze tussen 1 en 3 moet in het voordeel van 1 uitvallen want in 3 is het intermediair energetisch bijna net zo stabiel als de uitgangsstof. We weten dat carbokationen energierijke deeltjes zijn, dus 1. Voor een S_N2 en E2 proces verloopt de reactie in één stap, dus alleen energiediagram 2 komt in aanmerking.

17) Het is hier van belang de vraag goed te lezen!

Gevraagd wordt een nucleofiele substitutie met $OH^\ominus$ (dus S_N1 of S_N2) zonder belangrijke nevenreacties (E1 of E2).

$OH^\ominus$ staat bekend als een goed nucleofiel, maar is ook een goede base.

Dus als nevenreacties (= eliminatie reacties) kunnen optreden, zal het ook gebeuren.

We onderzoeken elke verbinding vooral op twee criteria:

a Kan een nucleofiele substitutie optreden? Het nucleofiel $OH^\ominus$ is aanwezig dus de vraag luidt voor de meeste gevallen eigenlijk: bevat de verbinding een vertrekkende groep?

Zo nee —▶ verder onderzoek niet noodzakelijk, de verbinding is afgevallen.

Zo ja —▶ b. Daarnaast is de sterische hinder nog van belang.

b Kan eliminatie optreden? De base $OH^\ominus$ is aanwezig; de vertrekkende groep ook blijkens de screening onder a. De vraag hier luidt dus: bevat de verbinding β-H atomen? En zo ja, zijn deze antiparallel (trans) ten opzichte van de vertrekkende groep te oriënteren.

Zo ja —▶ verbinding niet geschikt want nevenreacties treden op.

Bekijken we nu de afzonderlijke verbindingen:

serie I:

a Bevat een goede vertrekkende groep I, geen β-H atomen, dus geschikt.

I

b Bevat geen vertrekkende groep. $NH_2^\ominus$ vertrekt niet, NH_3 trouwens ook niet).

c Bevat geen vertrekkende groep ($OH^\ominus$ vertrekt niet, H_2O wel).

Dus goede antwoord is 1.1.

serie II:

a Bevat geen vertrekkende groep ($OCH_3^\ominus$ vertrekt niet, CH_3OH wel als het nucleofiel goed is gebonden).

b Een halogeenatoom *direct* gebonden aan een dubbele binding reageert niet.

c Deze verbinding bevat Cl in allylpositie. Het $Cl^\ominus$ kan gemakkelijk vertrekken want er ontstaat een door mesomerie gestabiliseerd carbokation (S_N1) of bij een S_N2 proces stabiliseert de π-binding de overgangstoestand. Eliminaties treden niet op want β-H atomen aan een dubbele binding zijn moeilijk abstraheerbaar. Dus geschikt. Het goede antwoord is 2.3.

serie III:

a   De verbinding bevat een vertrekkende groep. Deze verbinding is echter een speciaal geval, evenals de volgende. Het chlooratoom bevindt zich in een neopentylpositie, d.w.z. het koolstofatoom, dat door een nucleofiel aangevallen moet worden bevat de grote *tert-* butylgroep. Deze groep geeft zoveel sterische hindering dat een nucleofiele aanval niet mogelijk is (geen S_N2). Vorming van een carbokation kan niet, omdat het chlooratoom aan een primair koolstofatoom zit (geen S_N1). Dus deze verbinding is niet geschikt.

b   In deze verbinding is het chlooratoom verbonden aan een bruggehoofd koolstofatoom. De configuratie rond dit koolstofatoom is star, d.w.z. het kan niet vlak worden (C$^{\oplus}$- ion bij S_N1) of omklappen (S_N2). Dus deze verbinding is niet geschikt.

c   Deze verbinding bevat een chlooratoom in een allylpositie. De verbinding heeft dezelfde eigenschappen als verbinding c uit serie II; alleen het molecuul is wat groter.
Dus wel substitutie en geen eliminatie.
Het juiste antwoord voor deze serie is 3.3.

18) A   Voor een S_N1 reactie is nodig dat een relatief stabiel carbokation gevormd kan worden. De volgorde in stabiliteit van carbokationen is:

mesomerie gestabiliseerd $\overset{\oplus}{C}$ > tert-$\overset{\oplus}{C}$ > sec-$\overset{\oplus}{C}$ > prim-$\overset{\oplus}{C}$ > $\overset{\oplus}{CH_3}$ > $\overset{\oplus}{C}$=C-

Bekijken we de afzonderlijke verbindingen dan komen we tot de volgende conclusies:

a   niet; $-\underset{H}{C}=\overset{\oplus}{\underset{H}{C}}-$ is zeer ongunstig.

b   wel; er ontstaat een door mesomerie gestabiliseerd carbokation.

c   niet; primair carbokation te ongunstig.

d   deze situatie is niet direct duidelijk, een secundair carbokation kan wel ontstaan, maar niet vlot.

e   wel; door mesomerie gestabiliseerd carbokation.

f   niet; primair carbokation.

Dus b + e (1.7) is het goede antwoord. Mochten we nog enige aarzeling hebben ten aanzien van d dan wordt deze vraag opgelost, omdat het antwoord b + d + e niet aangeboden wordt.

B Voor een S_N2 reactie moet het aan te vallen koolstofatoom goed toegankelijk zijn. Dus de reactiviteit ten opzichte van een S_N2 reactie is CH_3-X > prim > sec > tert.

Een π-binding in de allylpositie stabiliseert de overgangstoestand, halogeenalkanen met het structuurkenmerk $\diagdown$C$=$C$-$C$-$Cl reageren derhalve ook vlot in S_N2 reacties. Dit moeten we niet verwarren met verbindingen met halogeenatomen direct aan de dubbele binding $\diagdown$C$=$C$\diagdown_{Cl}$, die helemaal niet reageren.

Bekijken we de afzonderlijke verbindingen dan komen we tot de volgende conclusies:

a   *niet*; halogeenatoom aan een dubbele binding reageert niet.

b   deze situatie is niet direct duidelijk, een tertiair halogeenalkaan reageert nauwelijks via S_N2, de dubbele binding in de allylpositie katalyseert wel.

c   *wel*; primair halogeenalkaan.

d   *niet*; het halogeenatoom zit in een neopentylpositie, d.w.z. de naburige *tert*-butylgroep verhindert een nucleofiele aanval.

e   deze verbinding zal zeker niet zo vlot reageren via een S_N2 mechanisme; zie bij d, de dubbele binding zit in de allylpositie dus zal wel katalyserend werken.

f   *niet*; zie d. De neopentylpositie is hier misschien iets minder duidelijk, maar we moeten ons realiseren dat een sterisch sterk hinderende groep aan het aan te vallen koolstofatoom niet altijd een *tert*-butylgroep hoeft te zijn, maar ook een nog grotere groep. De dubbele binding in deze groep heeft geen katalytische invloed, want deze zit niet in de allylpositie, maar een koolstofatoom verder.

Het antwoord is daarom c, met misschien voor ons als twijfelgevallen b en e.

Combinaties als b + c, c + e en b + c + e zijn niet gegeven.

Dus 2.2 is het enige juiste antwoord.

19) Zilvernitraat in ethanol is een reagens dat S_N1 reacties bevordert. De reactie verloopt dus via een carbokationmechanisme.

In dit geval is de uitgangsstof een hydroxy-halogeenalkeen met het halogeenatoom in de allylpositie. Er ontstaat bij afsplitsen van Br$^\ominus$ dus een door mesomerie gestabiliseerd carbokation.

Een vrij elektronenpaar op het zuurstofatoom van de hydroxygroep kan aanvallen op de positieve plaatsen in het koolstofskelet.

Dit leidt tot de gegeven twee produkten b + d (1.3).

20) Bij deze opgave wordt naar de reactiviteit voor S_N2 en S_N1 reactie gevraagd.

NaI in aceton is een typisch S_N2 reagens ($I^{\ominus}$ is goed nucleofiel, aceton is niet polair genoeg om carbokationen te stabiliseren).

Onderdeel 1.

serie A: b > c > a (1.2).

b is een benzylchloride: —CH$_2$Cl en ook H$_2$C=CH—CH$_2$Cl (uit serie B) heeft

een dubbele binding in de allylpositie. Een dergelijke π-binding stabiliseert de overgangstoestand in een S_N2 reactie. Dus de activeringsenergie voor een dergelijk proces wordt kleiner waardoor de reactie sneller verloopt.

extra stabilisatie
door π–interactie

Ook voor verbinding C van serie A gaat dit verhaal op. Deze verbinding reageert iets langzamer dan b, omdat een secundair koolstofatoom meer gehinderd is dan een primair koolstofatoom. Bij verbinding a zit de dubbele binding een positie verder weg en kan daardoor de gunstige π-interactie niet geven.

serie B: b > c >> a (2.2).

De reden dat b het snelst reageert, is hiervoor vermeld. Verbinding a reageert helemaal niet want het chlooratoom zit direct aan het koolstofatoom met de dubbele binding vast (vinylchloride). Nadering van een elektronenrijk nucleofiel tot een sp^2-gehybridiseerd koolstofatoom in bezit van een elektronenrijke π-orbitaal is energetisch zeer ongunstig.

Verbinding c reageert wel: een primair halogeenalkaan reageert vlot met een goed nucleofiel. $AgNO_3$ in ethanol is een typisch S_N1 reagens. Ethanol is polair genoeg om carbokationen te stabiliseren, $Ag^\oplus$ geeft onmiddelijk een neerslag met het afsplitsende chloride-ion ("geen weg terug") en $NO_3^\ominus$ is een zeer slecht nucleofiel De ($\ominus$-lading is door mesomerie gestabiliseerd, en heeft dus weinig neiging om aan te vallen).

We moeten in beide series de halogeenalkanen dus beoordelen op hun vermogen om carbokationen te vormen.

Onderdeel 2.

serie A: c > b > a (3.6).

Een door mesomerie gestabiliseerd carbokation is het gunstigst (c en b). Verbinding c is bovendien secundair, terwijl verbinding b primair is: c > b.

serie B: b > c > a (4.2).

Verbinding b is door mesomerie gestabiliseerd. Verbinding c zal zeker niet goed reageren (primair carbokation is erg ongunstig), maar a geeft absoluut geen carbokation. Een $\oplus$-lading *aan* een dubbele binding is nl. buitengewoon ongunstig, omdat de lading in een sp^2-gehybridiseerd orbitaal zit (dichter bij de kern dan in een sp^3-gehybridiseerde orbitaal vanwege het grotere s-karakter van een sp^2 orbitaal (= twee p orbitalen gemengd met één s).

21) In een eliminatiereactie moeten het te abstraheren β-H atoom en het vertrekkende Br-atoom in één vlak aan weerskanten van de tussenliggende enkele binding liggen (antiperiplanair). Dit betekent dat het β-H atoom en het Br atoom aan tegenovergestelde kanten van de ring moeten zitten.

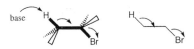

antiperiplanaire oriëntatie

Antiparallel eliminatie is mogelijk bij de H-atomen die in de structuur **vet** getekend zijn (1.2):

10 Alcoholen en thiolen

1) Geef de structuren van de volgende verbindingen.

    a 3-penteen-2-ol

    b 2-methyl-3-penteen-2-thiol

2) Synthetiseer de volgende alkenen door dehydratatie van alcoholen.

a 2-methylpropeen	c 1,3-pentadiëen	e 1-fenyletheen
b 2,3-dimethyl-2-buteen	d 1-methylcyclohexeen	f 1,4-pentadiëen

3) 2,2,5-trimethyl-3-hexanol laat men reageren met HBr.

Welke produkten verwacht u en volgens welk mechanisme worden deze gevormd?

Beantwoord de vraag ook voor de reactie van 2,5,5-trimethyl-3-hexanol en 2,5,5-trimethyl-2-hexanol met HBr.

4) De snelheid van de reactie van ethanol met geconcentreerd zwavelzuur tot etheen (bij 180°C) blijkt afhankelijk te zijn van de zwavelzuurconcentratie. Wat is de invloed van de zwavelzuurconcentratie op de reactiesnelheid?

Geef een verklaring.

5 1-Buteen-3-ol geeft bij reactie met HBr niet alleen $H_3C-\overset{\overset{\displaystyle Br}{|}}{C}H-CH=CH_2$ maar ook

$H_3C-CH=CH-CH_2Br$

Hoe verklaart u dit?

6) Bij *tert*-butanol wordt natrium gevoegd. Nadat alle natrium gereageerd heeft, wordt methyljodide toegevoegd. Hierdoor wordt een produkt verkregen met de formule $C_5H_{12}O$.

In een tweede experiment wordt natrium toegevoegd aan methanol. Als er daarna *tert*-butyljodide wordt toegevoegd, ontwijkt er een gas. In het reactiemengsel blijft methanol als enige organische stof achter.

    a Geef de reactievergelijkingen voor alle reacties,

    b Welk type reactie wordt in beide experimenten uitgevoerd?

    c Waarom verloopt de reactie in de beide experimenten verschillend?

7) Geef aan (geen mechanisme) hoe ethanol zal reageren met:

    a CrO_3 b Na   c HX (X - halogeen)   d H_2SO_4

8) 1-propanol en 1-propaanthiol koken bij resp. 97°C en 67°C. Het molgewicht van 1-propaanthiol is 76 en dat van 1-propanol 60. Verklaar waarom het zwavelderivaat lager kookt, terwijl dit molecuul het hoogste molgewicht heeft.

9) Men brengt ethylalcohol resp. ethaanthiol in een 5M oplossing van NaOH in water.
Hoe zullen beide stoffen zich in dit milieu gedragen?

10) Gegeven zijn de volgende reacties:

a H_3C-CH_2-I + $CH_3S^{\ominus}$ $\longrightarrow$

b [benzeenring]$-\overset{\overset{\displaystyle CH_3}{|}}{\underset{\underset{\displaystyle H}{|}}{C}}-\overset{\overset{\displaystyle H}{}}{C}=CH_2$ + $H_3O^{\oplus}$ $\longrightarrow$

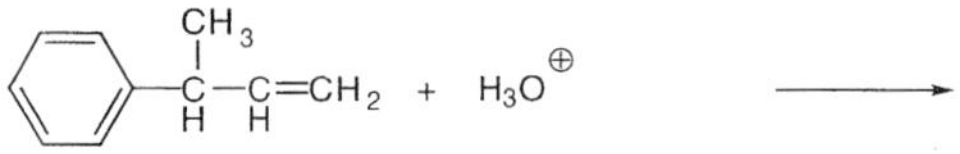

c [benzeenring]$-\overset{\overset{\displaystyle H}{|}}{\underset{\underset{\displaystyle Cl}{|}}{C}}-CH_3$ + $(CH_3)_3C-O^{\ominus}$ $\overset{(CH_3)_3COH}{\longrightarrow}$

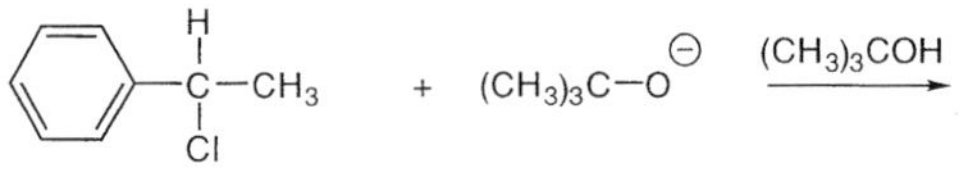

Geef steeds aan welke van de volgende beweringen van toepassing zijn op deze reacties.

1.	Bij deze reactie treedt eliminatie op.
2.	Bij deze reactie treedt een carbokation als intermediair op.
3.	Bij deze reactie kan een omlegging optreden.
4.	Bij deze reactie kan het reactiemengsel na afloop van de reactie optisch actief zijn.

U hebt daarbij de keuze uit de volgende antwoordmogelijkheden:

0: geen van de reacties   4: a + b
1: alleen reactie a   5: a + c
2: alleen reactie b   6: b + c
3: alleen reactie c   7: a + b + c

10 Antwoorden

1) a $H_3C-CH-CH=CH-CH_3$
      |
      OH

   De uitgang van een alkaan (b.v.pentaan) is -anol als er een -OH groep aan vast zit.

   Hier is sprake van een penteen. Omdat de hydroxyl-groep de nomenclatuur bepaalt, is

   de plaats ervan bepalend voor de nummering. Dus 3-penteen-2-ol en niet 2-penteen-4-ol

   b $H_3C-CH_2-CH=CH-\overset{\overset{\displaystyle CH_3}{|}}{\underset{\underset{\displaystyle CH_3}{|}}{C}}-SH$

2)

   a $H_3C-\overset{\overset{\displaystyle CH_3}{|}}{\underset{\underset{\displaystyle CH_3}{|}}{C}}-OH + H^{\oplus} \xrightarrow{E1} H_2C=C\overset{\diagup CH_3}{\diagdown CH_3} + H_3O^{\oplus}$

   Dit gaat véél gemakkelijker dan de vorming van het alkeen uit $HOCH_2-CH\overset{\diagup CH_3}{\diagdown CH_3}$ aangezien

   de dehydratatie dan via een primair carbokation zou moeten verlopen.

   b $H_3C-\overset{\overset{\displaystyle CH_3}{|}}{\underset{\underset{\displaystyle H}{|}}{C}}-\overset{\overset{\displaystyle CH_3}{|}}{\underset{\underset{\displaystyle OH}{|}}{C}}-CH_3 + H^{\oplus} \xrightarrow{E1} \overset{H_3C}{\underset{H_3C}{}}C=C\overset{CH_3}{\underset{CH_3}{}} + H_3O^{\oplus}$

   c $H_3C-\overset{\overset{\displaystyle OH}{|}}{\underset{\underset{\displaystyle H}{|}}{C}}-\overset{\overset{\displaystyle H}{|}}{\underset{\underset{\displaystyle H}{|}}{C}}-\overset{\overset{\displaystyle OH}{|}}{\underset{\underset{\displaystyle H}{|}}{C}}-CH_3 + 2 H^{\oplus} \longrightarrow H_3C-CH=CH-CH=CH_2 + 2 H_3O^{\oplus}$

   Ook andere alcoholen kunnen in principe het gewenste produkt opleveren, hoewel
   ongewenste zijreacties gemakkelijk kunnen optreden.

   d (cyclohexaan met CH3 en OH) $+ H^{\oplus} \longrightarrow$ (cyclohexeen met CH3) $-CH_3 + H_3O^{\oplus}$

   Een tertiaire alcohol is gemakkelijker te dehydrateren dan een secundaire of primaire
   Het meest stabiele alkeen (= het meest gesubstitueerde alkeen) wordt gevormd.

   e (fenyl)$-\overset{}{\underset{\underset{\displaystyle OH}{|}}{CH}}-CH_3 + H^{\oplus} \longrightarrow$ (fenyl)$-CH=CH_2 + H_3O^{\oplus}$

   Hier wordt het intermediaire carbokation gestabiliseerd door mesomerie met de

   fenylring. Zouden we uitgaan van (fenyl)$-CH_2-CH_2OH$ dan zou de dehydratatie veel moeilijker verlopen, omdat het intermediaire carbokation dan primair moet zijn en niet door mesomerie gestabiliseerd kan worden.

f $HOCH_2-CH_2-CH_2-CH_2-CH_2OH + 2\ H^{\oplus} \xrightarrow{E2} H_2C=CH_2-CH_2-CH=CH_2 + 2\ H_2O$

Hoewel de reactie slecht zal verlopen, zijn we wel gedwongen uit te gaan van een primaire alcohol. Bij dehydratatie van andere alcoholen zal vooral een geconjugeerd alkeen ontstaan b.v.

$$H_3C-\underset{\underset{OH}{|}}{CH}-CH_2-CH_2-CH_2OH \xrightarrow{+H^{\oplus}} H_3C-CH=CH-CH=CH_2 \text{ (meest stabiele produkt)}$$

3) Voor 2,2,5-trimethyl-3-hexanol:

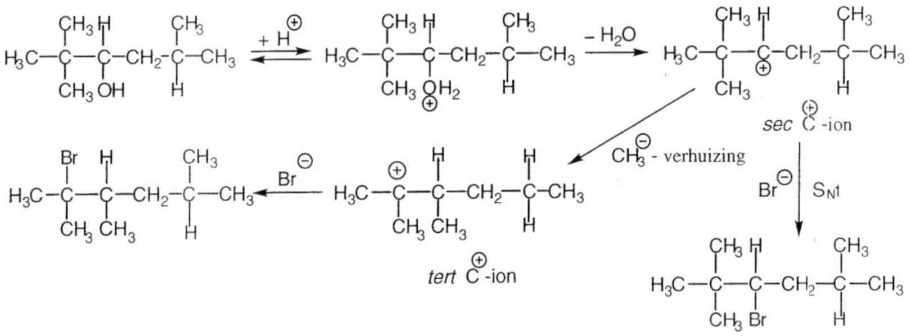

Voor 2,5,5-trimethyl-3-hexanol:

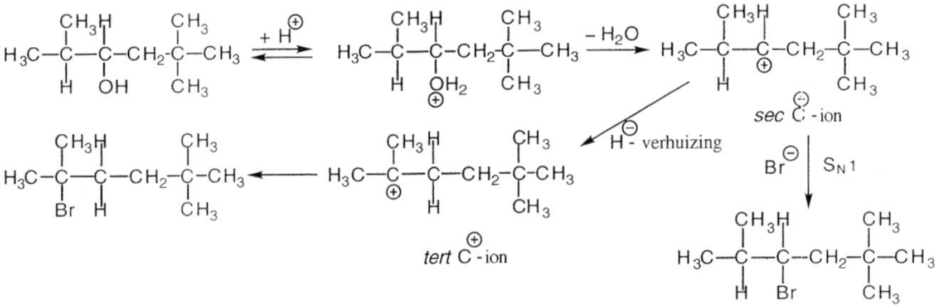

Het *2,5,5-trimethyl-2-hexanol* geeft met $H^{\oplus}$ direct het tertiaire carbokation, dat ook onstaat na de omlegging van 2,5,5-trimethyl-3-hexanol, en dat reageert met $Br^{\ominus}$ tot 2,5,5-trimethyl-2-broomhexaan.

4) Zwavelzuur is nodig om de hydroxygroep van ethanol te protoneren en eventueel een zwavelzure ester te vormen. Zowel de geprotoneerde alcohol als de zwavelzure ester kunnen etheen opleveren. Hiervoor is het nodig dat niet-geprotoneerd ethanol als base optreedt (E2-mechanisme). Er is dus ergens een optimum in de zwavelzuurconcentratie. Bij een te lage H_2SO_4 concentratie wordt te weinig geprotoneerde alcohol of zwavelzuur

ester gevormd, een te hoge concentratie H_2SO_4 geeft te weinig niet-geprotoneerde alcohol.

$$C_2H_5OH + H_2SO_4 \xrightarrow{180°} C_2H_5\overset{..}{\overset{..}{O}}H + H-\overset{H}{\underset{H}{\overset{|}{\underset{|}{C}}}}-CH_2-\overset{\oplus}{O}H_2 \xrightarrow{E2} C_2H_5\overset{\oplus}{O}H_2 + H_2C=CH_2$$

of

$$C_2H_5\overset{..}{\overset{..}{O}}H + H-\overset{H}{\underset{H}{\overset{|}{\underset{|}{C}}}}-CH_2-O-\overset{\overset{OH}{|}}{\underset{\underset{O}{\parallel}}{S}}=O \xrightarrow{E2} C_2H_5\overset{\oplus}{O}H_2 + H_2C=CH_2 + HSO_4^{\ominus}$$

Bij hogere concentraties aan zwavelzuur zal er minder *niet*-geprotoneerde alcohol aanwezig zijn, waardoor de reactie trager gaat lopen.

5) $$H_3C-\overset{\overset{|}{\underset{OH}{CH}}}{CH}-CH=CH_2 + H^{\oplus} \rightleftharpoons H_3C-\overset{\overset{|}{\underset{\oplus OH_2}{CH}}}{CH}-CH=CH_2 \xrightarrow{-H_2O} H_3C-\overset{\oplus}{CH}-CH=CH_2$$

$$\longrightarrow H_3C-\overset{\overset{|}{\underset{Br}{CH}}}{CH}-CH=CH_2 + H_3C-CH=CH-CH_2Br \qquad H_3C-CH=CH-\overset{\oplus}{CH_2}$$

Omdat het gevormde carbokation allylisch is, ontstaat ook het mesomere kation. Hierdoor ontstaan er twee verschillende verbindingen na reactie met $Br^{\ominus}$

6) a en b.

Eerste experiment:

$$H_3C-\overset{\overset{CH_3}{|}}{\underset{\underset{CH_3}{|}}{C}}-OH + Na \longrightarrow H_3C-\overset{\overset{CH_3}{|}}{\underset{\underset{CH_3}{|}}{C}}-O^{\ominus}\ Na^{\oplus} + 1/2\ H_2 \uparrow$$

$$H_3C-\overset{\overset{CH_3}{|}}{\underset{\underset{CH_3}{|}}{C}}-O^{\ominus} + CH_3I \xrightarrow{S_N2} H_3C-\overset{\overset{CH_3}{|}}{\underset{\underset{CH_3}{|}}{C}}-OCH_3 + I^{\ominus}$$

Tweede experiment:

$$CH_3OH + Na \longrightarrow CH_3O^{\ominus}\ Na^{\oplus} + 1/2\ H_2 \uparrow$$

$$CH_3O^{\ominus} + H_3C-\overset{\overset{CH_3}{|}}{\underset{\underset{CH_3}{|}}{C}}-I \xrightarrow{E2} CH_3OH + H_2C=C\overset{\diagup CH_3}{\diagdown CH_3} \uparrow + I^{\ominus}$$

c We krijgen in het tweede experiment eerder een E2 dan een S_N2 reactie omdat het C-atoom in *tert* -butyljodide teveel sterisch gehinderd is om een nucleofiele substitutie te ondergaan. Eliminatie gaat gemakkelijker omdat dan alleen maar een β-proton van een van de sterisch ongehinderde —CH_3 groepen geabstraheerd hoeft te worden. In het eerste experiment ondervindt een nucleofiele substitutie niet al te veel sterische hindering omdat het nucleofiel op een ongehinderde methylgroep aan te vallen. Er is bovendien geen eliminatie mogelijk als nevenreactie.

7) H_3C-CH_2-OH $\xrightarrow{CrO_3}$ $H_3C-CH=O$ (ethanal en azijnzuur)

$\xrightarrow{Na}$ $H_3C-CH_2-O^{\ominus}$ $Na^{\oplus}$(natriumethanolaat)

$\xrightarrow{HX}$ H_3C-CH_2-X (halogeenalkaan)

$\xrightarrow{H_2SO_4}$ $\xrightarrow{0°}$ $H_3C-CH_2-OSO_3H$

$\xrightarrow{130°}$ $H_3C-CH_2-O-CH_2-CH_3$

$\xrightarrow{180°}$ $H_2C=CH_2$

8)   Van de drie belangrijke krachten die moleculen onderling op elkaar uitoefenen (Van der Waals-krachten, dipoolinteracties en waterstofbrugvorming) zijn de waterstofbruggen energetisch het belangrijkst. Ook is het molecuulgewicht van belang. Een hogere molecuulgewicht geeft een hoger kookpunt. De waterstofbrugvorming in alcoholen leveren een energiewinst op van 20 kJ/mol en bij de thio-analoga slechts 7 kJ/mol. Bij het koken moeten deze bruggen worden afgebroken. Dit kost bij de thioverbindingen de minste energie en dit levert t.o.v. de alcoholen een dusdanige winst in kookpunt op dat het hogere molecuulgewicht van de thiolen wordt gecompenseerd.

9)   We moeten kijken naar de pKa- waarden van de verbindingen. Deze is voor de -SH groep ≈10 en voor de -OH groep ≈16. Alleen het proton van het thiol zal dan worden geabstraheerd omdat de -SH groep een een sterker zuur is dan water (pKa=15,7), dit in tegenstelling tot de OH-groep van alcohol.

10) Bij deze opgave zijn een aantal reacties gegeven die we ieder voor zich zeer nauwkeurig moeten beoordelen.
Begin met het nauwkeurig afmaken van de reactievergelijkingen. Bekijk daarna de vragen bij 1 t/m 4 en bekijk opnieuw de reactievergelijkingen, nu met het oog op de mogelijkheid dat iets dat in de vragen bij 1 t/m 4 verwerkt zit over het hoofd gezien is (eliminatie? carbokationen? omleggingen? optische activiteit?)
Verbeter of vul de reactievergelijkingen zonodig aan. Daarna worden de vragen 1 t/m 4 definitief gemaakt.

a

H_3C-CH_2-I + $H_3C-S^{\ominus}$ $\xrightarrow{S_N2}$ $H_3C-CH_2-S-CH_3$ + $I^{\ominus}$
goede vertrekkende   goed nucleofiel
groep   slechte base

b

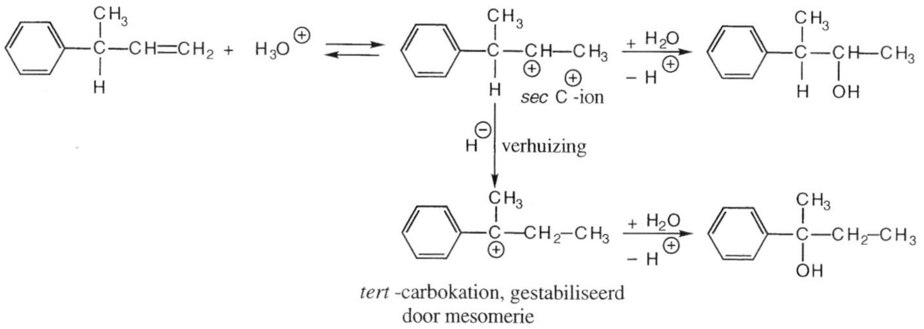

$$\text{C}_6\text{H}_5\underset{\underset{\text{H}}{|}}{\overset{\overset{\text{CH}_3}{|}}{\text{C}}}-\text{CH}=\text{CH}_2 + \text{H}_3\text{O}^{\oplus} \;\rightleftharpoons\; \text{C}_6\text{H}_5\underset{\underset{\text{H}}{|}}{\overset{\overset{\text{CH}_3}{|}}{\text{C}}}-\overset{\oplus}{\text{C}}\text{H}-\text{CH}_3 \;\xrightarrow[-\;\text{H}^{\oplus}]{+\;\text{H}_2\text{O}}\; \text{C}_6\text{H}_5\underset{\underset{\text{H}}{|}}{\overset{\overset{\text{CH}_3}{|}}{\text{C}}}-\underset{\underset{\text{OH}}{|}}{\text{C}}\text{H}-\text{CH}_3$$

sec C -ion

$\text{H}^{\ominus}$ | verhuizing

$$\text{C}_6\text{H}_5\overset{\overset{\text{CH}_3}{|}}{\underset{\oplus}{\text{C}}}-\text{CH}_2-\text{CH}_3 \;\xrightarrow[-\;\text{H}^{\oplus}]{+\;\text{H}_2\text{O}}\; \text{C}_6\text{H}_5\underset{\underset{\text{OH}}{|}}{\overset{\overset{\text{CH}_3}{|}}{\text{C}}}-\text{CH}_2-\text{CH}_3$$

tert -carbokation, gestabiliseerd
door mesomerie

c

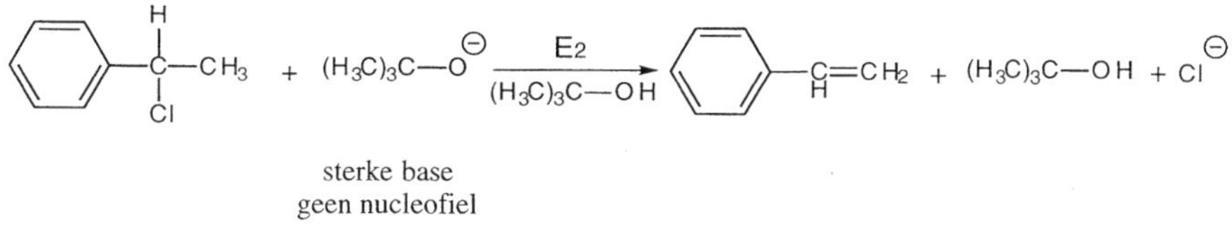

$$\text{C}_6\text{H}_5\underset{\underset{\text{Cl}}{|}}{\overset{\overset{\text{H}}{|}}{\text{C}}}-\text{CH}_3 \;+\; (\text{H}_3\text{C})_3\text{C}-\text{O}^{\ominus} \;\xrightarrow[(\text{H}_3\text{C})_3\text{C}-\text{OH}]{\text{E2}}\; \text{C}_6\text{H}_5-\overset{\overset{}{}}{\underset{\underset{\text{H}}{}}{\text{C}}}=\text{CH}_2 \;+\; (\text{H}_3\text{C})_3\text{C}-\text{OH} + \text{Cl}^{\ominus}$$

sterke base
geen nucleofiel

Ga nu de vragen na voor elke reactie:

Onderdeel 1:

   a Geen eliminatie want er is geen goede base aanwezig (geen E2) en een carbokationmechanisme (E1) is ook niet mogelijk vanwege het primaire halogeenalkaan.

   b Geen eliminatie, maar juist additie van $\text{H}_3\text{O}^{\oplus}$

   c Een sterke base én de aanwezigheid van β-H atomen staan borg voor een E2-eliminatie

     Het juiste antwoord is dus 1.3.

Onderdeel 2:

   a Geen carbokationmechanisme, zie 1A.

   b Zuurgekatalyseerde additie van water aan een alkeen verloopt altijd via een carbokation, in dit geval heeft de vorming van een secundair carbokation uiteraard altijd voorrang boven de vorming van een primair carbokation ($\text{H}^{\oplus}$ op het andere koolstofatoom).

   c Een tertiair, door mesomerie gestabiliseerd carbokation zou in principe goed kunnen ontstaan. De reactie omstandigheden werken dit hier echter tegen. tert-Butanol als oplosmiddel is niet zo'n erg polair reactiemedium. De sterke base $(\text{CH}_3)_3\text{C-O}^{\ominus}$ zorgt ervoor dat een E2 eliminatie veruit de overhand heeft. Dus de bewering dat bij deze reactie een carbokation als intermediair optreedt, is niet juist, aangezien het hier om een E2-reactie gaat.

     Het juiste antwoord is dus 2.2.

Onderdeel 3:

a Geen carbokationen dus geen omleggingen.

b In eerste instantie wordt bij protonering een secundair carbokation gevormd. Bij secundaire carbokationen moeten we altijd rekening houden met de mogelijkheid van omleggingen. Dit is hier het geval omdat er door een $H^{\oplus}$ verhuizing een tertiair, door mesomerie gestabiliseerd carbokation gevormd kan worden.

c Bij een E2-eliminatie reactie treden geen omleggingen op omdat geen carbokationen als intermediair optreden.

Het juiste antwoord is dus 3.2.

Onderdeel 4:

a Geen optisch actieve uitgangsstoffen, geen enzymatische reactie, dus het reactiemengsel kan nooit spontaan optisch actief worden. Dit geldt ook voor B en C.

b Wanneer hier wordt verondersteld dat de uitgangsstof optisch actief is, dan zal bij de reactie waarbij dit optisch actieve koolstofatoom *niet* is betrokken (het niet omgelegde produkt) deze optische activiteit behouden blijven. In het wel omgelegde produkt zal het oorspronkelijk chirale koolstofatoom een vlak carbokation worden dat aan beide kanten door water kan worden aangevallen en dus en er wordt een racemaat gevormd. De optische activiteit wordt dus bij een optisch actieve uitgangsstof gedeeltelijk bewaard.

c Wanneer we hier van optisch actieve uitgangsstof uitgaan, dan zal deze optische activiteit verloren gaan doordat een alkeen ontstaat, waarin geen chiraal koolstofatoom meer aanwezig is.

Het juiste antwoord is dus 4.0 òf 4.2 (beide evenveel punten).

11 Ethers, epoxiden en sulfiden

1) Geef de structuren van de onderstaande verbindingen.

   a 1-methoxy-2-methylbutaan

   b 2-methoxy-2-methylpropaan

   c methylcyclohexylether

2) Dipropylether wil men synthetiseren uit propanol als grondstof. Kunt u hiervoor een redelijke synthese geven?

3) Welk product ontstaat bij reactie van epoxide I:

I

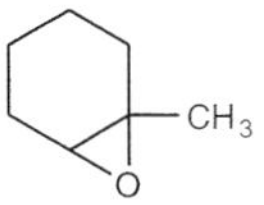

   a met 1 mol HBr?

   b met 2 mol HBr?

4) Thioethers reageren met een proton gemakkelijk tot een sulfoniumion. Dit gaat aanmerkelijk sneller dan de protonering van een ether tot het oxoniumion.
   Hoe verklaar je dit?

5) Trialkylsulfoniumzouten reageren snel met een nucleofiel (waarom?).
   Zie onderstaand voorbeeld.

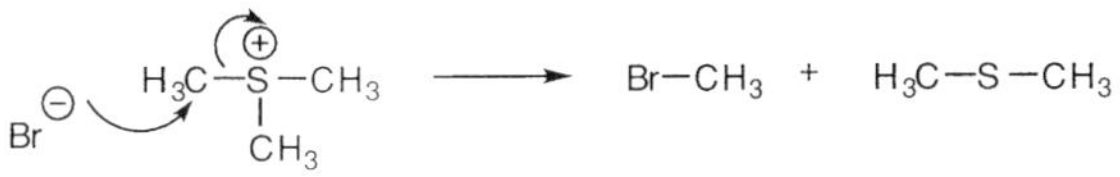

In de natuur vindt een soortgelijke reactie plaats. Hierbij wordt S-adenosylmethionine aangevallen door een nucleofiel ($Nu^{\ominus}$). Hierbij wordt CH_3Nu gevormd, het nucleofiel wordt dus gemethyleerd.

Welke twee andere producten zouden vanuit chemisch oogpunt gezien ook kunnen ontstaan en waarom gebeurt dit niet zo gemakkelijk?

6) Welke van onderstaande reacties zal *niet* de aangegeven reactieprodukten opleveren? ☐1.

a $H_3CCH_2-\overset{..}{\underset{..}{O}}{}^{\ominus}\: + H_3C-\overset{..}{\underset{..}{O}}SO_2-\phi-CH_3 \rightarrow H_3CCH_2-\overset{..}{\underset{..}{O}}-CH_3 \: + \:\overset{..}{\underset{..}{O}}{}^{\ominus}-SO_2-\phi-CH_3$

b $H_3C-CH_2-\overset{..}{\underset{..}{S}}{}^{\ominus}\: + H_3C-\overset{\oplus}{N}H_3 \longrightarrow H_3C-CH_2-\overset{..}{\underset{..}{S}}-CH_3 + \:\overset{..}{N}H_3$

c $H_3C-CH_2-\overset{..}{N}H_2 + H_3C-I \longrightarrow H_3C-CH_2-\underset{H \oplus}{\overset{H}{N}}-CH_3 \: {}^{\ominus}I$

d $H_3C-CH_2-\overset{..}{\underset{..}{O}}{}^{\ominus}\: + H_3C-\overset{..}{N}H_2 \longrightarrow H_3C-CH_2-OH \: + H_3C-\overset{..}{\underset{..}{N}}H^{\ominus}$

Kies uit de onderstaande antwoordmogelijkheden:

0: alleen a	2: alleen c	4: a + d	6: c + d	8: b + d
1: alleen b	3: alleen d.	5: a + b	7: b + c	9: a + c

7) Wanneer methylisopropylether (I) gesynthetiseerd moet worden, kan gedacht worden aan de volgende reacties (er wordt steeds één mol van elke verbinding gebruikt).

$\underset{H_3C}{\overset{H_3C}{>}}CH-OCH_3$ I

☐1. $H_3C-CH_2-\overset{..}{\underset{..}{O}}{}^{\ominus}\: + \: \underset{CH_3}{\overset{CH_3}{|}}CH-OH \longrightarrow$

☐2. $\underset{CH_3}{\overset{CH_3}{|}}CH-OH \: + \: H_3C-OH \overset{H^{\oplus}}{\longrightarrow}$

☐3. $\underset{CH_3}{\overset{CH_3}{|}}CH-O^{\ominus} \: + \: H_3C-O-\overset{O}{\underset{O}{\overset{||}{\underset{||}{S}}}}-\phi-CH_3 \longrightarrow$

☐4. $H_3C-O^{\ominus} \: + \: \underset{CH_3}{\overset{CH_3}{|}}CH-Br \longrightarrow$

Geef op bovenstaande reacties uw commentaar door de bewering te kiezen die het best van toepassing is:

0: De reactie verloopt niet, omdat in het substraat geen goede vertrekkende groep aanwezig is.

1: De reactie verloopt, maar er wordt een alkeen als nevenprodukt gevormd.

2: De reactie geeft in goede opbrengst het gewenste produkt.

3: De reactie verloopt, maar er wordt ook een andere ether als nevenprodukt gevormd.

4: De reactie verloopt niet, omdat het nucleofiel niet sterk genoeg is.

5: De reactie verloopt niet, omdat het nucleofiel onmiddellijk geprotoneerd wordt.

8) Gegeven zijn de volgende reacties:

a $\quad H_3C-C\equiv C-C_2H_5 \xrightarrow[H_2O]{H^{\oplus}}$

b $\quad H_3C-CH=CH-C_2H_5 \xrightarrow[H_2O]{H^{\oplus}}$

c $\quad H_3C-\underset{\diagdown\diagup}{\underset{O}{CH-CH}}-C_2H_5 \xrightarrow[H_2O]{H^{\oplus}}$

d $\quad H_3C-\underset{OCH_3}{\underset{|}{CH}}-\underset{OCH_3}{\underset{|}{CH}}-C_2H_5 \xrightarrow[\text{2. } H^{\oplus}]{\text{1. } HO^{\ominus}}$

Welke van de bovenstaande reacties leidt tot verbinding onderstaande verbinding I? [1.]

$H_3C-\underset{\underset{I}{OH}}{\underset{|}{CH}}-\underset{OH}{\underset{|}{CH}}-C_2H_5$

Kies uit de onderstaande antwoordmogelijkheden:

0: alleen a	2: alleen c	4: a + d	6: c + d	8: b + d
1: alleen b	3: alleen d.	5: a + b	7: b + c	9: a + c

9) Gegeven is de onderstaande hydrolyse-reactie van het epoxide I.

+ CH_3OH $\xrightarrow{\;H^{\oplus}\;}$

I

Welk van de onderstaande producten zal hierbij ontstaan?

1.

Kies uit de onderstaande antwoordmogelijkheden:

0: alleen a	2: alleen c	4: a + d	6: c + d	8: b + d
1: alleen b	3: alleen d.	5: a + b	7: b + c	9: a + c

a

b

c

d

11 Antwoorden

1) 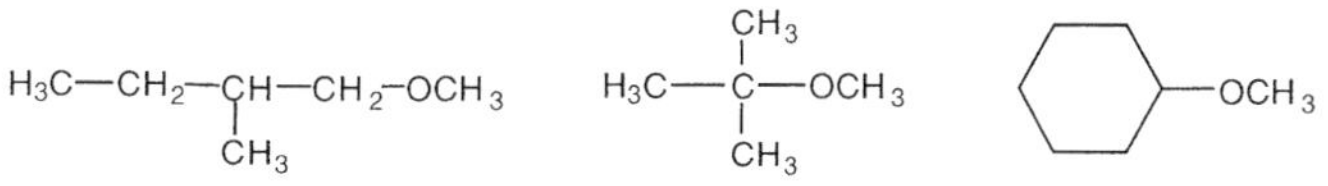 $H_3C—CH_2—CH—CH_2—OCH_3$ $H_3C—\overset{\displaystyle CH_3}{\underset{\displaystyle CH_3}{\overset{|}{\underset{|}{C}}}}—OCH_3$ [cyclohexyl]—OCH_3

      with CH_3 substituent below the CH in the first structure

      a   b   c

Als triviale naam wordt voor b de naam *tert*-butylmethylether gebruikt.

2) $2\ H_3C—CH_2—CH_2—OH \xrightarrow{\ ?\ } H_3C—CH_2—CH_2—O—CH_2—CH_2—CH_3 + H_2O$

De synthese van ethers uit alcoholen onder afsplitsing van water verloopt meestal niet zo gemakkelijk als de reactievergelijking op het eerste gezicht doet vermoeden.
Twee alcoholmoleculen reageren namelijk niet met elkaar onder de vorming van een ether:

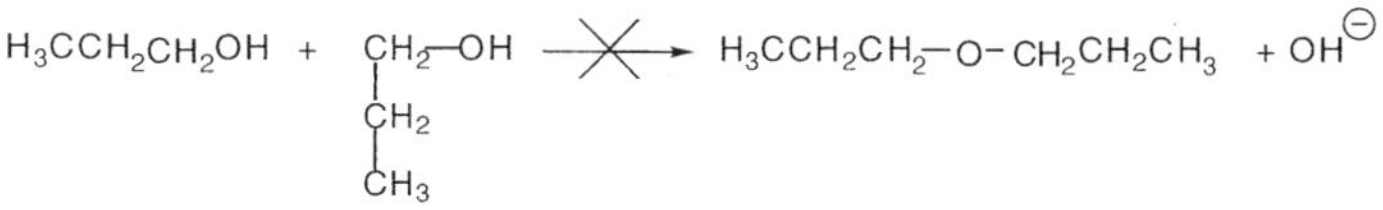

$H_3CCH_2CH_2OH\ +\ \underset{\displaystyle CH_3}{\underset{|}{\overset{\displaystyle CH_2}{\overset{|}{CH_2—OH}}}} \ \xcancel{\longrightarrow}\ H_3CCH_2CH_2—O-CH_2CH_2CH_3\ +\ OH^{\ominus}$

Alcoholen zijn namelijk matige nucleofielen en reageren alleen als het molecuul dat de nucleofiele aanval ondergaat een goede vertrekkende groep bevat (S_N2) òf spontaan een carbokation vormt (S_N1).
Alcoholen ondergaan zelf slecht een nucleofiele substitutie omdat ze een zeer slechte vertrekkende groep bevatten (de OH-groep). Om dus dipropylether te synthetiseren uit propanol kunnen we niet rechtstreeks twee propanolmoleculen met elkaar laten reageren, maar moeten we andere wegen bewandelen. Protoneren van de alcohol met een sterk zuur levert weliswaar een betere vertrekkende groep op (de $—\overset{\oplus}{O}H_2$-groep), maar heeft als nadeel dat er nog maar weinig ongeprotoneerd alcohol over zal zijn dat als nucleofiel kan optreden; voegen we weer minder zuur toe dan is er wellicht te weinig alcohol met een goede vertrekkende groep.

$H_3CCH_2CH_2OH\ +\ H^{\oplus} \rightleftharpoons H_3C\ CH_2CH_2\overset{\oplus}{O}H_2$

De twee voorwaarden (redelijke concentratie van zowel nucleofiel als van alcohol met een goede vertrekkende groep) werken elkaar hier dus tegen. Nu zal er wel een zuurconcentratie zijn waarbij de reactie toch verloopt maar beter is het een andere benadering te kiezen. We kunnen het beste een deel van het propanol omzetten in een verbinding met een goede vertrekkende groep en het resterende propanol daarna als nucleofiel gebruiken.

Er zijn verschillende mogelijkheden, bijvoorbeeld:

a $H_3CCH_2CH_2OH$ + HI $\longrightarrow$ $H_3CCH_2CH_2I$ + H_2O

b $H_3CCH_2CH_2OH$ + H_3C—⟨☐⟩—SO_2Cl $\longrightarrow$ $H_3CCH_2CH_2O$-SO_2—⟨☐⟩—CH_3 + HCl

En daarna de reactie van het nieuwe produkt met a of b de resterende propanol.

a $H_3CCH_2CH_2OH$ + $H_3CCH_2CH_2I$ $\xrightarrow{S_N2}$ $H_3CCH_2CH_2$-O-$CH_2CH_2CH_3$ + HI

b $H_3CCH_2CH_2OH$ + $H_3CCH_2CH_2O$-SO_2—⟨☐⟩—CH_3 $\xrightarrow{S_N2}$

$H_3CCH_2CH_2$-O-$CH_2CH_2CH_3$ + $HOSO_2$—⟨☐⟩—CH_3

3) De volgende reacties vinden plaats:

reactie 1

I   A   B

reactie 2

B   C   D   E

reactie 1 Geeft het verloop weer met 1 mol HBr. Na protonering van het epoxide en ringopening ontstaat het tertiaire carbokation A. Reactie hiervan met het broomanion geeft daarna B.

reactie 2 Geeft het verloop weer hoe een volgend molecuul HBr reageert met B via C en D tot E. Protonering van de hydroxylgroep in B geeft namelijk een goede vertrekkende groep die daarna wordt vervangen via een S_N2-mechanisme door een broomatoom.

4) In de verticale kolom van het periodiek systeem neemt de electronegativiteit af. Door de afnemende electronegativiteit zal het atoom gemakkelijker electronen afstaan om een binding aan te gaan. Ook is het grotere atoom beter te polariseren, zodat de electronenen gemakkelijker een positief centrum kunnen naderen.

5) De reactie met S-adenosylmethionine (I) kan in principe op drie manieren verlopen. Het nucleofiel kan aanvallen op de methylkoolstof (route 1), op de methyleengroep van de suikerrest (route 2) of op de koolstof van de aminozuurrest.

I

Dan ontstaan de volgende combinaties (het omcirkelde deel noemen we R):

route 1   route 2   route 3

Er ontstaan vooral de producten volgens route 1. De aanval op de andere koolstofatomen gaat slechter omdat de nadering van het nucleofiel door een grotere sterische hindering moeilijker zal verlopen.

6) Elke reactie moet afzonderlijk beoordeeld worden. We zien dat hier allemaal substitutiereacties gegeven zijn. Het gaat erom of deze reacties wel of niet kunnen optreden. In dit geval is de vraag: kan de gegeven vertrekkende groep wel of niet uit het molecuul vertrekken bij aanval van het desbetreffende nucleofiel?

a $C_2H_5O^\ominus$ is een goed nucleofiel en een sterke base, $-O-SO_2-\!\!\langle\rangle\!\!-CH_3$ is een

goede vertrekkende groep. Nucleofiele substitutie kan dus goed optreden. Van eliminatie heeft men hier geen last want H_3C-X heeft geen β-H atomen.

b $C_2H_5S^\ominus$ is een uitstekend nucleofiel en slechts een zwakke base. NH_3 kan echter niet als vertrekkende groep optreden (te sterke base), dus geen reactie.

c $C_2H_5NH_2$ is een redelijk nucleofiel en een goede base. $I^\ominus$ kan goed als vertrekkende groep optreden. Dus nucleofiele substitutie kan optreden. Het stikstofatoom blijft geprotoneerd, omdat dit basisch is. Van eliminatie heeft men geen last want CH_3-I bevat geen β-H atomen.

d $C_2H_5O^\ominus$ is een goed nucleofiel en een sterke base. H_3C-NH$^\ominus$ kan echter beslist niet als vertrekkende groep optreden (veel te sterke base, zelfs H_3C-NH$_2$ treedt niet op als vertrekkende groep, vergelijk $NH_2^\ominus$ en NH_3).

Dus het juiste antwoord is b + d (1.8)

7) Bij deze opgave moet elke reactie beoordeeld worden op de mogelijkheid om methylisopropylether te vormen. De voorgestelde reacties zijn een aantal nucleofiele substitutiereacties.

Waar we naar moeten kijken, is:

- is er een goede vertrekkende groep aanwezig?
- vindt er ook eliminatie plaats?
- is het nucleofiel goed genoeg?

1 Bij deze reactie zou $OH^\ominus$ als vertrekkende groep moeten optreden: dit kan niet, dus: 1.0.

2 $H^\oplus$ zal de OH groep protoneren. Wanneer 2-propanol wordt geprotoneerd, zal afsplitsen van water een secundair carbokation gevormd worden. Dit kan reageren met vrije OH-groepen van methanol òf 2-propanol. Er wordt dus ook een andere ether gevormd: nl. diisopropylether, dus: 2.3.

3 Het anion van isopropanol is een sterk nucleofiel en een sterke base. Verder is anion $^\ominus OSO_2$—⟨ ⟩—CH_3 een goede vertrekkende groep, dus nucleofiel substitutie kan goed optreden. Hier heeft men ook geen last van eliminaties want er zijn in het molecuul H_3C-OSO_2—⟨ ⟩—CH_3 geen β-H-atomen aanwezig.

Het juiste antwoord is dan 3.2.

4 $CH_3O^\ominus$ is een goed nucleofiel en ook een sterke base. Hier zijn wel β-H atomen aanwezig, die geabstraheerd kunnen worden. We krijgen hier dus een aanzienlijke hoeveelheid eliminatieprodukt (alkeen)

Het juiste antwoord is 4.1.

8) De onderstaande reactie zullen optreden:

$$H_3C-C\equiv C-C_2H_5 \xrightarrow[H_2O]{H^{\oplus}} H_3C-\overset{\overset{\displaystyle H}{|}}{C}=\overset{\overset{\displaystyle OH}{|}}{C}-C_2H_5 \quad\underset{\text{enol}}{\longleftrightarrow}\quad H_3C-CH_2-\overset{\overset{\displaystyle O}{\|}}{C}-C_2H_5$$

Bij a vindt additie plaats van 1 mol water aan de acetyleenbinding. Hierbij ontstaat eerst het enol, dat snel overgaat in het stabiele keton.

$$H_3C-CH=CH-C_2H_5 \xrightarrow[H_2O]{H^{\oplus}} H_3C-CH_2-\overset{\overset{\displaystyle OH}{|}}{C}H-C_2H_5$$

Bij b treedt een additie aan de dubbele binding op, wat leidt tot een enkelvoudige alcohol.

$$H_3C-\underset{\underset{\displaystyle O}{\diagdown\diagup}}{C}H-CH-C_2H_5 \xrightarrow{+H^{\oplus}} H_3C-\underset{\underset{\displaystyle \overset{\oplus}{O}}{\diagdown\diagup}}{C}H-CH-C_2H_5 \xrightarrow{-H^{\oplus}} H_3C-\overset{\overset{\displaystyle }{|}}{\underset{\underset{\displaystyle OH}{|}}{C}}H-\underset{\underset{\displaystyle OH}{|}}{C}H-C_2H_5$$

Reactie c geeft het juiste product. Hier ontstaat een diol.

$$H_3C-\underset{\underset{\displaystyle OCH_3}{|}}{C}H-\underset{\underset{\displaystyle OCH_3}{|}}{C}H-C_2H_5 \xrightarrow[2.\ H^{\oplus}]{1.\ HO^{\ominus}} \text{geen reactie}$$

De reactie in basisch milieu treedt niet op. Ethers zijn ongevoelig voor basen.

Het juiste antwoord is dus alleen reactie c. Dus het goede antwoord is 1.2.

9) De reactie vindt op analoge wijze plaats als de opening van 1,2-epoxicyclohexaan met waterig zuur.

Als nucleofiel deeltje treedt nu methanol op. Ook hier wordt het product gevormd, waarbij de methoxygroep en de hydroxylgroep trans staan t.o.v. elkaar.

Het juiste antwoord is dus 1.1

12 Aminen en alkaloïden

1) Teken de structuurformules van :

a cis-2-ethylaminocyclohexanol

b N,N-dimethylhexylamine

c N,N,N-trimethylammoniumbromide

2) Geef het mechanisme van de reactie van ethylamine met $NaNO_2/HCl$ tot het N-nitrosamine I.

$H_3C-CH_2-NH-N=O$ I

3) Geef het mechanisme van de reactie van methylamine met overmaat methyljodide.

4) Het alkaloïde kinine wordt met een overmaat methyljodide gemethyleerd.

a Wat kunt u opmerken t.a.v. de oplosbaarheid in water van het gemethyleerde product?

b Hoeveel chirale centra bezit kinine?

c Is de R, S-nomenclatuur van de chirale atomen veranderd na de methylering?

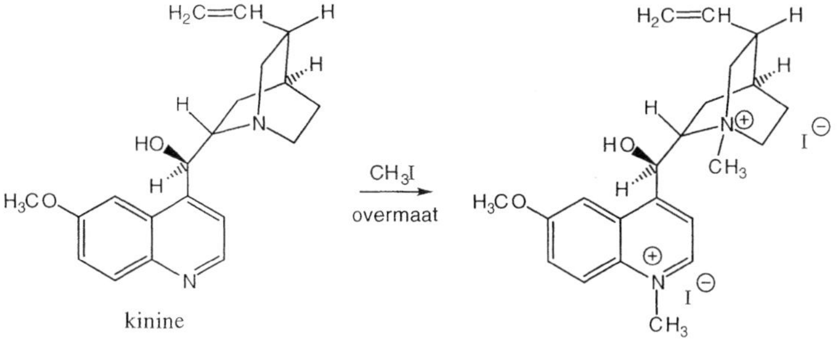

kinine

5) In welke volgorde neemt de basiciteit af bij de volgende amines:

```
H3C—NH2      (H3C)2—NH      [C6H5]—NH2

   a              b              c
```

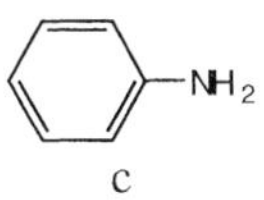

U hebt de keuze uit de onderstaande antwoordmogelijkheden:

0: a > b > c	3: c > b > a
1: c > a > b	4: a > c > b
2: b > a > c	5: b > c > a

12 Antwoorden

1)

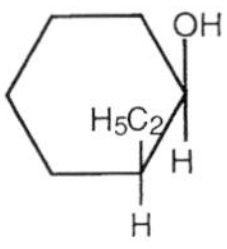

    a 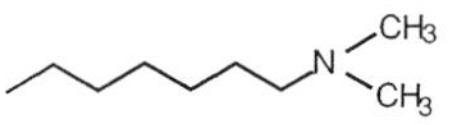   b 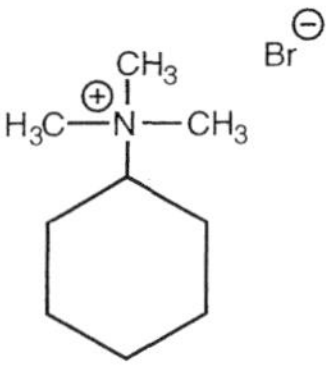   c

2)

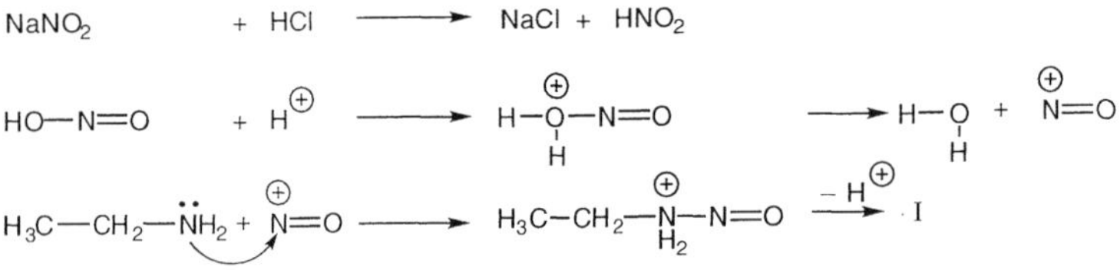

3)   Aminen kunnen door de aanwezigheid van het vrije elektronenpaar op stikstof gemakkelijk nucleofiele substitutie geven.

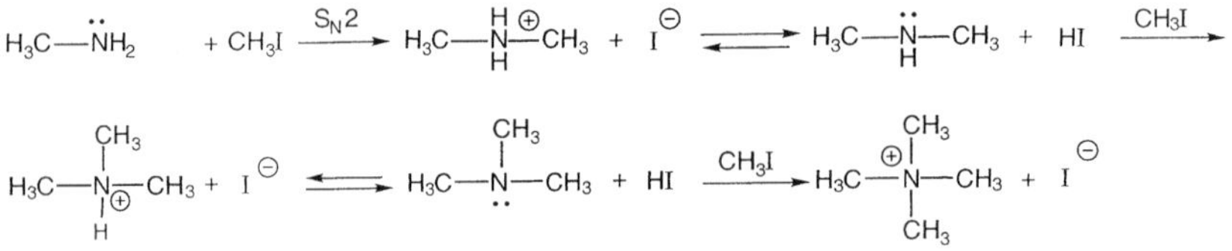

4)   a De methylering geeft het dubbelzout van kinine. Zouten lossen goed op in water.

    b Kinine bevat vijf chirale centra. Eén ervan wordt gevormd door het stikstofatoom in de rechterring. De drie groepen aan het stikstofatoom zijn verschillend en het vrije electronenpaar op de stikstof zit in één van vier sp^3-orbitalen van het stikstofatoom. Het is dus chiraal. Door het starre ringsysteem is inversie, dat bij een amine optreedt, hier niet mogelijk.

    c De invoering van de methylgroep aan het stikstofatoom aan de aromatische ring heeft geen invloed op de R,S-nomenclatuur. Er was hier geen sprake van een chiraal centrum. Het chirale stikstofatoom in de rechterring wordt gemethyleerd, maar dit heeft geen gevolg voor de nummering. Het electronenpaar op de stikstof was in de nummering het laagst en na de invoering van een methylgroep blijft ook de methylgroep het laagst genummerd.

5) Methylamine is een sterkere base dan ammoniak omdat de methylgroep electronen doneert in de richting van het stikstofatoom. Dimethylamine is weer een sterkere base dan methylamine omdat hier twee methylgroepen hun electronen in de richting van het stikstofatoom stuwen. Aniline is de zwakste base van de drie amines. Het electronenpaar is niet zo beschikbaar doordat het een mesomere interactie heeft met de 2p orbitalen in de fenylring (zie boek par. 12.4). De volgorde is dus b > a > c. Antwoord 1.2

$$H_3C-NH_2 \qquad \begin{matrix} H_3C \\ \; \\ H_3C \end{matrix} NH$$

13 Aldehyden en ketonen

1) Teken de structuren van de volgende verbindingen:

   a   5-methyl-2-hexanon

   b   5-methyl-3-hexeen-2-on

   c   cyclohexaan-1,3-dion

   d   3,3-dimethylbutanal

2) Vergelijk de reactiviteit t.o.v. nucleofielen van de volgende paren carbonylverbindingen.

   a $H_3C-CO-H$ en $Cl_3C-CO-H$ c $H_3C-CO-H$ en $H_3C-CO-CH_3$

   b $(H_3C)_3C-CO-CH_3$ en $H_3C-CO-CH_3$ d $H-CO-H$ · en $H_3C-CO-CH_3$

3) In alcoholische oplossing zijn carbonylverbindingen in evenwicht met hun halfacetalen. B.v. in methanol:

$$\underset{R_1}{\overset{R}{>}}C=O \ + \ CH_3OH \ \rightleftharpoons \ \underset{R_1}{\overset{R}{>}}\underset{OH}{\overset{OCH_3}{C}}$$

De ligging van dit evenwicht wordt bepaald door de structuur van de carbonylverbinding. In welke van de onderstaande paren carbonylverbindingen zal het evenwicht het verst naar de kant van het acetaal liggen? Geef een verklaring voor uw keuze.

   a $H_3C-CO-CH_3$ en $H-CO-H$ c $(H_3C)_3C-CO-CH_3$ en $H_3C-CO-CH_3$

   b $Cl_3C-CO-H$ en $H_3C-CO-H$ d   cyclopropaan=O en $H_3C-CO-CH_3$

4) In waterige oplossing ondergaan carbonylverbindingen een snelle additie eliminatie reactie van water aan de carbonylgroep.

$$\underset{R_1}{\overset{R}{>}}C=O \ + \ H_2O \ \rightleftharpoons \ \underset{R_1}{\overset{R}{>}}\underset{OH}{\overset{OH}{C}}$$

Hoe kunnen we het bestaan van dit evenwicht aantonen?

5) Gewoonlijk geeft de oxidatie van primaire alcoholen tot aldehyden een slechtere opbrengst dan de oxidatie van secondaire alcoholen tot ketonen. Verklaar dit.

6) Cyclobutaancarboxaldehyde, ⬦—$\underset{\text{H}}{\text{C}}$=O geeft cyclopentanon wanneer het verwarmd wordt met zuren. Geef een redelijk mechanisme voor deze reactie.

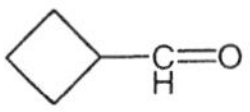

7) Synthetiseer de volgende verbindingen uitgaande van Grignard reagentia en aldehyden of ketonen.

a 4,4-dimethyl-1-pentanol

b 3-methyl-2-butanol (2 methoden)

c 3-methyl-3-pentanol (2 methoden)

8) Een verbinding A met de formule $C_5H_8O_2$ geeft bij complete reduktie n-pentaan. Met fenylhydrazine geeft A een derivaat met 17 C-atomen. Reactie van A met NaOH + I_2 geeft jodoform. Dit is een kenmerkende reactie om een $H_3C-\overset{\displaystyle O}{\overset{\|}{C}}-$ - groep aan te tonen. Oxidatie van A geeft $C_5H_8O_3$ wat reageert met fenylhydrazine tot een derivaat met 11 C-atomen. A is instabiel in Fehling's reagens.

Geef de structuur van A en verklaar de reacties.

9) Aceton kan zijn waterstofatomen uitwisselen tegen deuterium onder basische alsook onder zure omstandigheden:

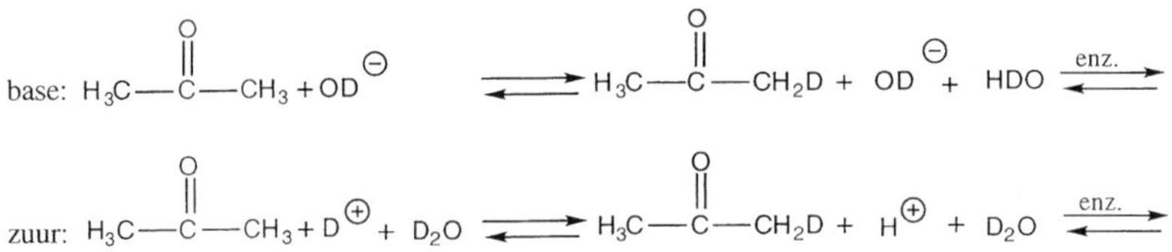

base: $H_3C-\overset{\displaystyle O}{\overset{\|}{C}}-CH_3 + OD^{\ominus}$ ⇌ $H_3C-\overset{\displaystyle O}{\overset{\|}{C}}-CH_2D + OD^{\ominus} + HDO$ $\xrightarrow{\text{enz.}}$

zuur: $H_3C-\overset{\displaystyle O}{\overset{\|}{C}}-CH_3 + D^{\oplus} + D_2O$ ⇌ $H_3C-\overset{\displaystyle O}{\overset{\|}{C}}-CH_2D + H^{\oplus} + D_2O$ $\xrightarrow{\text{enz.}}$

Geef een redelijk mechanisme voor beide isotoopuitwisselingsreacties.

10) Geef de structuurformules van de vier aldolcondensatieprodukten die ontstaan bij behandeling van een mengsel van propanal en butanal met base.

11) Het insektenverdrijvingsmiddel "6-12" heeft als structuurformule 2-ethyl-1,3-hexaandiol. Geef aan hoe dit gemaakt kan worden uit butanal.

12) Schrijf de reactievergelijking op van HCN met cyclohexanon.

13) Cyclohexanon reageert met $HS-CH_2-CH_2-SH$ en met een katalytische hoeveelheid zuur tot een verbinding met een brutoformule $C_8H_{14}S_2$.

Wat is de structuur van deze verbinding en geef het reactiemechanisme.

14) 3-Buteen-2-on reageert met het cyanide-anion ($CN^\ominus$) in een 1,4-additie.

a Geef het reactieproduct.

b Hoe heet een dergelijke reactie?

c Waarom zal het cyanide niet op C-3 aanvallen?

d Welk bijproduct zou *kunnen* ontstaan?

Geef bij c en d aan hoe u tot uw antwoord komt.

15) In de glycolyse wordt na de splitsing van fructose-1,6-difosfaat een molecuul glyceraldehyde-3-fosfaat en een molecuul dihydroxy-acetonfosfaat gevormd. Dit laatste molecuul wordt daarna geïsomeriseerd tot glycerolaldehyde-3-fosfaat.

Geef het mechanisme van deze isomerisatie.

16) Via het transamineringsmechanisme is een aminozuur om te zetten in het overeenkomstige α-ketozuur. Geef dit mechanisme en gebruik daartoe fenylalanine als aminozuur.

17) Een carbonylgroep is gevoelig voor aanval van een nucleofiel reagens.

De reden hiervoor kan onder meer zijn:

1.

a Door polarisatie van de carbonylgroep is het koolstofatoom electronenarm en wil dus graag een electronenpaar opnemen.

b Het zuurstofatoom van de carbonylgroep kan een negatieve lading opnemen bij nucleofiele aanval op de carbonylgroep.

c Doordat een carbonylgroep vlak is, kan een nucleofiel reagens gemakkelijk naderen.

U hebt de keuze uit de volgende antwoordmogelijkheden:

0: alleen a is juist	2: alleen c is juist	4: a + c is juist	6: a + b + c is juist
1: alleen b is juist	3: a + b is juist	5: b + c is juist	7: geen bewering is juist

18) Gegeven zijn de volgende evenwichten:

a
$$CH_3OH \ + \ H_3C-\overset{\displaystyle O}{\overset{\|}{C}}-CH_3 \ \rightleftharpoons \ CH_3O-\overset{\displaystyle OH}{\underset{\displaystyle CH_3}{\overset{|}{\underset{|}{C}}}}-CH_3$$

b
$$H_3C-\overset{\displaystyle O}{\overset{\|}{C}}-CH_3 \ \rightleftharpoons \ H_3C-\overset{\displaystyle OH}{\overset{|}{C}}=CH_2$$

c
$$Cl_3C-\overset{\displaystyle O}{\overset{\|}{C}}-CCl_3 \ + \ H_2O \ \rightleftharpoons \ Cl_3C-\overset{\displaystyle OH}{\underset{\displaystyle OH}{\overset{|}{\underset{|}{C}}}}-CCl_3$$

d $H_3C-\overset{\overset{O}{\|}}{C}-OCH_3$ + H_2O ⇌ $H_3C-\overset{\overset{OH}{|}}{\underset{\underset{OH}{|}}{C}}-OCH_3$

e $H_3C-\overset{\overset{O}{\|}}{C}-CH_2-\overset{\overset{O}{\|}}{C}-$⬡ ⇌ $H_3C-\overset{\overset{O}{\|}}{C}-CH=\overset{\overset{OH}{|}}{C}-$⬡

Welke evenwichten liggen volgens uw verwachtingen *rechts*? ▢ 1.

U hebt de keuze uit de onderstaande antwoordmogelijkheden:

0: geen   2: a + c   4: c + e   6: a + c + d   8: b + d + e

1: a + d   3: b + e   5: a + b + d   7: b + c + e   9: b + c + d

19) Toevoegen van water aan $H_3C\text{-}CH_2\text{-}CH_2MgBr$ geeft: ▢ 1.

0: propaanzuur   2: propeen   4: propanal

1: propaan   3: 1-propanol   5: geen van de aangegeven verbindingen

20) Aceton wordt behandeld met deutero-lithiumaluminiumhydride (LiAlD_4), gevolgd door toevoegen van water (H_2O).

Geef steeds aan welke van onderstaande structuren bij deze reactie kunnen voorkomen.

a 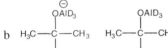   beide structuren   geen van de structuren   ▢ 1.

       0   1   2   3

b $H_3C-\overset{\overset{\ominus}{\overset{O}{|}AlD_3}}{\underset{\underset{D}{|}}{C}}-CH_3$ $H_3C-\overset{\overset{O}{|}AlD_3}{\underset{\underset{H}{|}}{C}}-CH_3$ beide structuren   geen van de structuren   ▢ 2.

       0   1   2   3

c $H_3C-CD_2-CH_3$ $H_3C-\overset{\overset{OH}{|}}{\underset{\underset{D}{|}}{C}}-CH_3$ beide structuren   geen van de structureı   ▢ 3.

       0   1   2   3

d $H_3C-\overset{\overset{OH}{|}}{\underset{\underset{H}{|}}{C}}-CH_3$ $D_3C-\overset{\overset{OH}{|}}{\underset{\underset{H}{|}}{C}}-CD_3$ beide structuren   geen van de structuren

        ▢ 4.

       0   1   2   3

e $\left(\text{HO}-\underset{\underset{\text{CH}_3}{|}}{\overset{\overset{\text{CH}_3}{|}}{\text{C}}}-\right)_3\overset{|}{\underset{0}{\text{Al}}}$ $\left(\text{D}-\underset{\underset{\text{CH}_3}{|}}{\overset{\overset{\text{CH}_3}{|}}{\text{C}}}-\text{O}\right)_3\overset{\ominus}{\underset{1}{\text{AlH}}}$ beide structuren   geen van de structuren

2   3

5.

f $\left(\text{D}-\underset{\underset{\text{CH}_3}{|}}{\overset{\overset{\text{CH}_3}{|}}{\text{C}}}-\text{O}\right)_4\overset{\ominus}{\underset{0}{\text{Al}}}$ $\left(\text{H}-\underset{\underset{\text{CH}_3}{|}}{\overset{\overset{\text{CH}_3}{|}}{\text{C}}}-\text{O}\right)_4\overset{\ominus}{\underset{1}{\text{Al}}}$ beide structuren   geen van de structuren

2   3

6.

21) 4-Hydroxybutanal is in evenwicht met zijn cyclisch halfacetaal. Onder invloed van zuur en methanol kan 4-hydroxybutanal omgezet worden tot een cyclisch acetaal.

Welke tussen- of eindprodukten komen tijdens deze omzetting voor?
U hebt bij elke serie de keuze uit de volgende antwoordmogelijkheden:

0: a   2: c   4: a + c   6: a + b + c
1: b   3: a + b   5: b + c   7: geen van deze structuren

serie A

a   b   c

1.

serie B

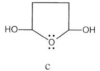

a   b   c

2.

serie C

a   b   c

3.

22) I Als verbinding A wordt opgelost in water, welk(e) van onderstaande

produkten wordt (worden) dan gevormd?

1.

$$H_2C=CH-O-\overset{\overset{\displaystyle OH}{|}}{\underset{\underset{\displaystyle H}{|}}{C}}-CH_3 \;\underset{\longleftarrow}{\overset{H_2O}{\longrightarrow}}$$

A

$$H_3C-\overset{\overset{\displaystyle O}{\diagup\!\diagup}}{C}\diagdown_{OH}\qquad H_3C-\overset{\overset{\displaystyle OH}{|}}{\underset{\underset{\displaystyle H}{|}}{C}}-O-\overset{\overset{\displaystyle OH}{|}}{\underset{\underset{\displaystyle H}{|}}{C}}-CH_3\qquad H_3C-CH_2-OH\qquad H_3C-\overset{\overset{\displaystyle O}{\diagup\!\diagup}}{C}\diagdown_{H}$$

a   b   c   d

U kunt voor de onderdelen A en B kiezen uit de volgende antwoordmogelijkheden:

0: alleen a	3: alleen d	6: a + d	9: c + d
1: alleen b	4: a + b	7: b + c	
2: alleen c	5: a + c	8: b + d	

II Als verbinding B wordt opgelost in water welke van onderstaande

verbindingen kan (kunnen) dan ontstaan?

2.

$$H_3C-\overset{\overset{\displaystyle OMgBr}{|}}{\underset{\underset{\displaystyle CH_3}{|}}{C}}-OCH_3\;\overset{H_2O}{\longrightarrow}$$

B

$$H_3C-\overset{\overset{\displaystyle O}{\diagup\!\diagup}}{C}\diagdown_{OCH_3}\qquad H_3C-\overset{\overset{\displaystyle O}{\|}}{C}-CH_3\qquad H_3C-\overset{\overset{\displaystyle OCH_3}{|}}{\underset{\underset{\displaystyle H}{|}}{C}}-CH_3\qquad H_3C-\overset{\overset{\displaystyle OH}{|}}{\underset{\underset{\displaystyle H}{|}}{C}}-CH_3$$

a   b   c   d

23) De onverzadigde ether I laat men reageren met water, onder invloed van een katalytische hoeveelheid zuur. Welke intermediairen en produkten zijn tijdens en na de reactie in het mengsel aanwezig?

$$H_3C-\overset{}{\underset{\underset{\displaystyle H}{|}}{C}}=\overset{}{\underset{\underset{\displaystyle H}{|}}{C}}-O-CH_3\;\overset{\overset{\displaystyle \oplus}{H\,/\,H_2O}}{\underset{\longleftarrow}{\longrightarrow}}$$

I

U kunt bij elke serie kiezen uit de volgende antwoordmogelijkheden:

0: alleen a	3: alleen d	6: a + d	9: c + d
1: alleen b	4: a + b	7: b + c	
2: alleen c	5: a + c	8: b + d	

serie A

1.

$H_3C-CH_2-C^{\oplus}\!\!\begin{smallmatrix}OH\\OCH_3\end{smallmatrix}$ $H_3C-CH_2-C\!\!\begin{smallmatrix}O\\H\end{smallmatrix}$ $H_3C-\underset{\underset{OH}{|}}{CH}-C\!\!\begin{smallmatrix}OH\\H\\OCH_3\end{smallmatrix}$ $H_3C-CH_2-C\!\!\begin{smallmatrix}OH\\H\\OCH_3\end{smallmatrix}$

a   b   c   d

serie B

2.

$H_3C-CH_2-\underset{\underset{H}{\overset{\oplus}{|}}}{C}-O-CH_3$ $H_3C-\underset{\underset{OH}{|}}{CH}-C\!\!\begin{smallmatrix}O\\H\end{smallmatrix}$ $H_3C-CH_2-CH_2-OCH_3$ $H_3C-CH_2-C\!\!\begin{smallmatrix}OH\\OH\\OCH_3\end{smallmatrix}$

a   b   c   d

24) Aceetaldehyde, $H_3C-\overset{\overset{O}{\|}}{C}-H$, kookt men gedurende lange tijd in overmaat $*OH^{\ominus}/H_2O$ dat voor een bepaald percentage gemerkt is.
Welke van de intermediairen/verbindingen kan men tijdens de reactie aantreffen?

U heeft steeds in elke serie de volgende keuze uit de volgende antwoordmogelijkheden:

0: geen van de structuren   2: alleen b   4: a + b   6: b + c
1: alleen a   3: alleen c   5: a + c   7: a + b + c

serie A

1.

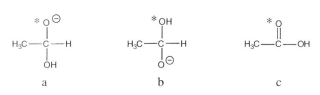

$H_3C-\underset{\underset{OH}{|}}{\overset{\overset{*O^{\ominus}}{|}}{C}}-H$ $H_3C-\underset{\underset{O^{\ominus}}{|}}{\overset{\overset{*OH}{|}}{C}}-H$ $H_3C-\overset{\overset{*O}{\|}}{C}-OH$

a   b   c

serie B

2.

$H_3C-\overset{\overset{*O}{\|}}{C}-H$ $H_3C-\underset{\underset{OH}{|}}{\overset{\overset{O^{\ominus}}{|}}{C}}-H$ $H_3C-\underset{\underset{OH}{|}}{\overset{\overset{*O^{\ominus}}{|}}{C}}-OH$

a   b   c

serie C

3.

$H_2\overset{\ominus}{C}-\overset{\overset{*O}{\|}}{C}-H$ $H_2C=\overset{\overset{*O^{\ominus}}{|}}{C}-H$ $H_2\overset{\ominus}{C}-\overset{\overset{O}{\|}}{C}-H$

a   b   c

serie D

4.

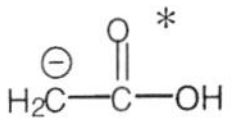

a 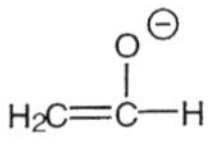   b 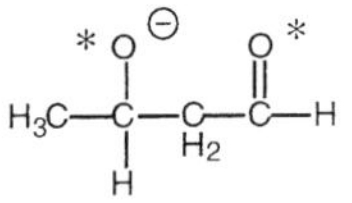   c

serie E

5.

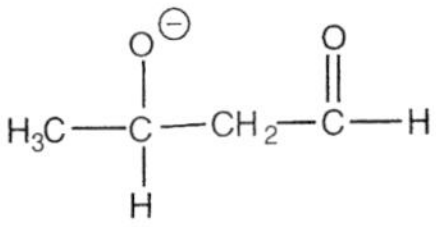

a 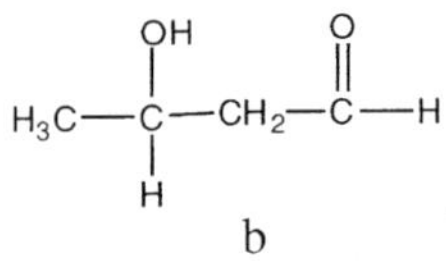   b 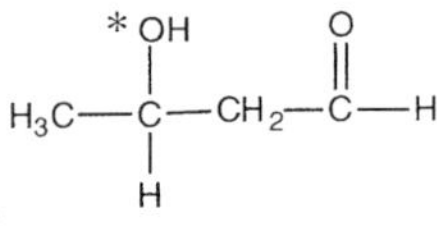   c

25)

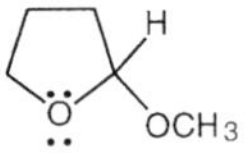

I

Verbinding I wordt gekookt in verdund zuur waarvan het water volledig gemerkt is op zuurstof ($H_3{}^{18}O^{\oplus} = H_3\overset{*}{O}{}^{\oplus}$).

Welke verbindingen worden na afloop van de reactie in oplossing aangetroffen?

U hebt de keuze bij elke serie uit de volgende antwoordmogelijkheden:

0: geen	3: alleen c	6: b + c
1: alleen a	4: a + b	7: a + b + c
2: alleen b	5: a + c	

serie A

1.

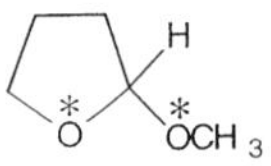

a 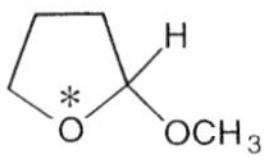   b 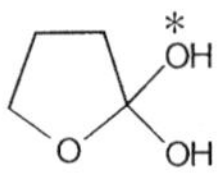   c

serie B

2.

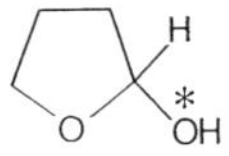

a 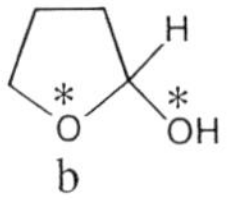   b 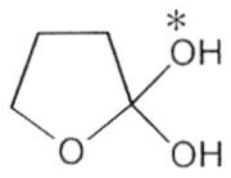   c

serie C

3.

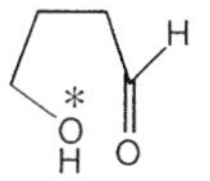
a

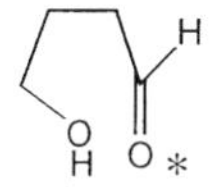
b

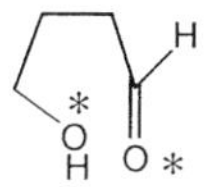
c

serie D

4.

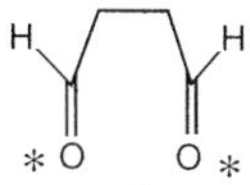
a

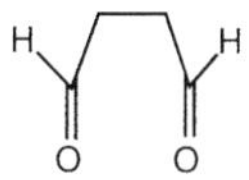
b

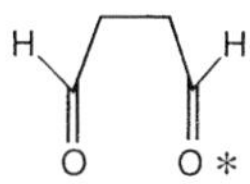
c

26) Propanal laat men reageren met methylmagnesiumjodide en vervolgens wordt water aan het reactiemengsel toegevoegd. Het gevormde reactieprodukt wordt behandeld met chroomtrioxide of met zuur kaliumdichromaat. Het produkt uit deze reactie wordt daarna gekookt met 1,2-ethaandiol en een katalytische hoeveelheid zuur.

Het eindprodukt van deze reactie is dan:

1.

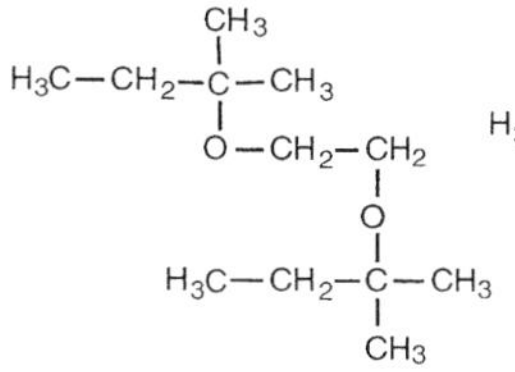
0

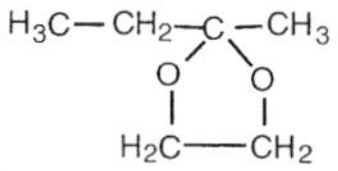
1

$H_3C-CH=CH-CH_3$

2

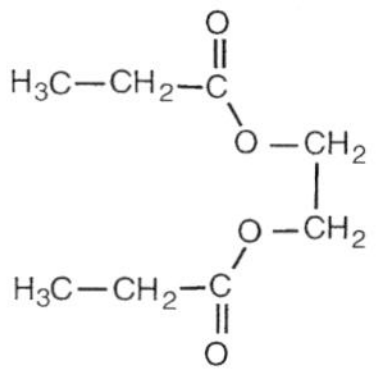
3

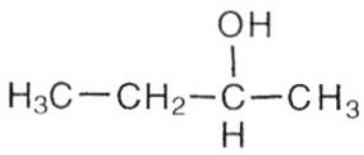
4

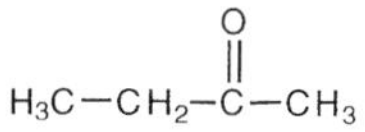
5

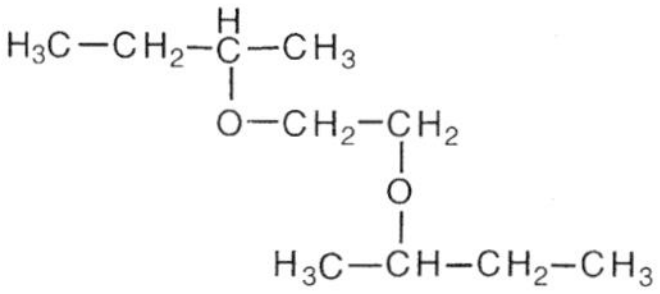
6

27) I Verbinding A kan gesynthetiseerd worden door:

1.

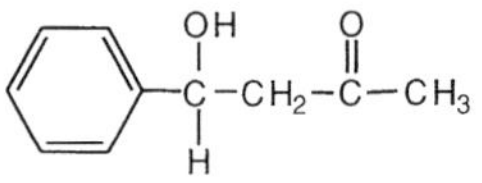

$$
\underset{A}{\overset{\displaystyle OH \quad\quad O}{\underset{\displaystyle H}{C}-CH_2-\overset{\displaystyle}{C}-CH_3}}
$$

0: a   reactie van ⬡ $\overset{OCH_3 \quad O}{\underset{H}{C}-CH_2-C-CH_3}$ met verdund zwavelzuur

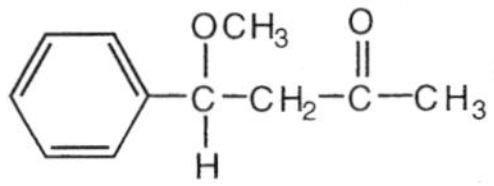

1: b   reactie van ⬡ $\overset{O}{C}-CH_3$ met $H-\overset{O}{C}-CH_3$ o.i.v. $^{\ominus}OH/H_2O$

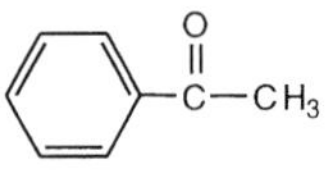

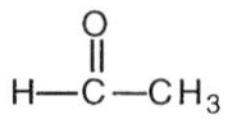

2: c   reactie van ⬡ $\overset{O}{C}-H$ met $H_3C-\overset{O}{C}-CH_3$ o.i.v. $^{\ominus}OH/H_2O$.

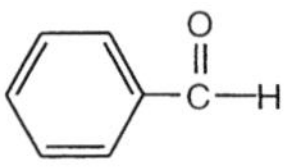

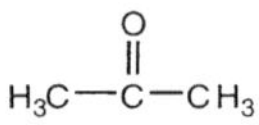

3: a + b

4: a + c

5: b + c

6: a + b + c

7: geen van deze reacties

II Verbinding B kan gesynthetiseerd worden door:

2.

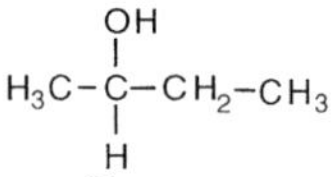

$$
\underset{B}{H_3C-\overset{\displaystyle OH}{\underset{\displaystyle H}{C}}-CH_2-CH_3}
$$

0: a   reactie van butanon met $NaBH_4$, gevolgd door water

1: b   reactie van ethylmagnesiumbromide met ethanal, gevolgd door water

2: c   reactie van 1-buteen met verdund H_2SO_4

3: a + b

4: a + c

5: b + c

6: a + b + c

7: geen van deze methoden

13 Antwoorden

1)

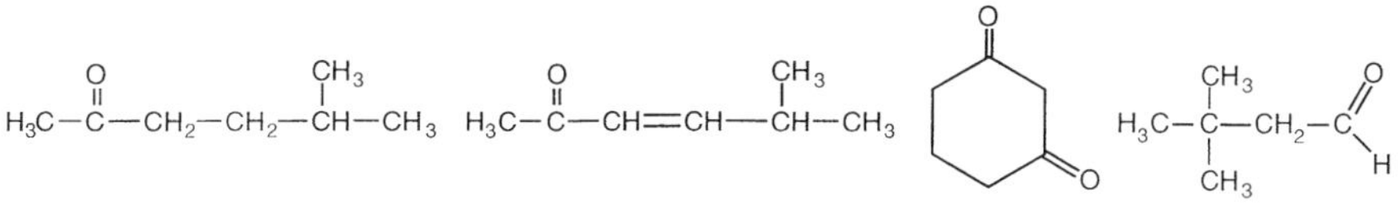

a   b   c   d

De triviale naam voor 3,3-dimethylbutanal is β,β–dimethylbutyraldehyde.

2) De reactiviteit van carbonylverbindingen ten opzichte van nucleofielen wordt bepaald door elektronische en sterische effecten.

Electronisch: electronenzuigende groepen, zoals Cl-CH_2-, Cl_2CH-, Cl_3C- , e.d. naast de carbonylgroep maken deze gevoeliger voor nucleofiele aanval.

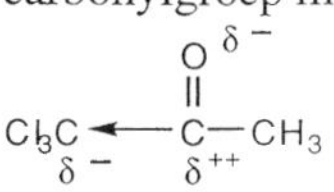

Electronenstuwende groepen zoals $-\overset{..}{\underset{..}{O}}R$ (esters), $-\overset{..}{N}H_2$ (amiden) en in mindere mate alkylgroepen naast de carbonylgroep maken deze minder gevoelig voor nucleofiele aanval.

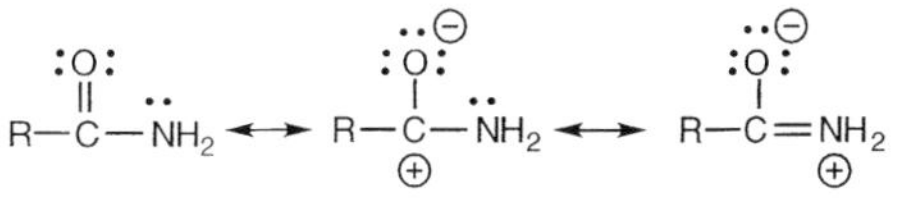

electronentekort op C wordt aangevuld
door vrije electronenparen van N

Sterisch: grote groepen naast de carbonylgroep maken deze minder toegankelijk voor nucleofiele aanval.

sterische hindering

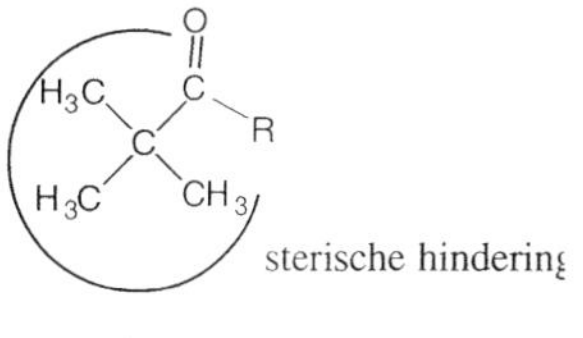

Met deze wetenschap valt gemakkelijk in te zien dat de reactiviteit van de gegeven paren carbonylverbindingen zich als volgt verhouden:

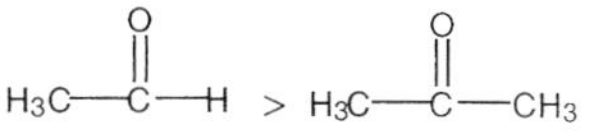

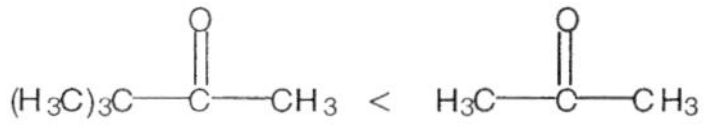

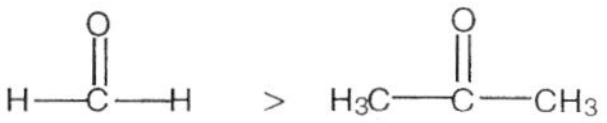

3) De vorming van halfacetalen wordt o.m. bepaald door het gemak waarmee nucleofielen kunnen aanvallen op de carbonylgroep.

Enkele aspecten die daarbij belangrijk zijn, werden besproken bij vraagstuk 1.

Op grond van deze criteria kunnen we reeds voorspellen dat voor de vorming van de halfacetalen (bijv. met methanol) bij a t/m c geldt:

In d. wordt de carbonylgroep in beide gevallen geflankeerd door equivalente alkylgroepen. In cyclopropanon is echter een grote ringspanning aanwezig, omdat de hoeken van een driering (60°) verre van ideaal zijn om een goede binding te vormen tussen het sp^2-C atoom van de carbonylgroep en de twee sp^3-C atomen van de beide CH_2-groepen.

Door de vorming van een halfacetaal gaat het koolstofatoom van de carbonylgroep over van sp^2-hybridisatie (ideale hoek 120°) naar sp^3-hybridisatie (ideale hoek 109°). De vorming van een halfacetaal is dus gunstig omdat het de ringspanning in de driering er door vermindert, er zal daarom meer van het cyclopropylacetaal gevormd worden.

4) We kunnen het bestaan van het evenwicht aantonen door de carbonylverbinding op te lossen in water dat verrijkt is met $H_2^{18}O$. Er zal dan uitwisseling optreden met de zuurstof van de carbonylgroep. Isotopen worden vaak gebruikt om evenwichten aan te tonen.

Door de carbonylverbinding na enige tijd weer te isoleren, kunnen we met behulp van verschillende methoden de aanwezigheid van ^{18}O in deze verbinding aantonen.

5) Oxidatie van primaire alkoholen tot aldehyden geeft gewoonlijk een slechtere opbrengst, omdat de gevormde aldehyden gemakkelijk verder kunnen oxideren tot carbonzuren. Ketonen kunnen dit niet.

6) Uit deze opgave blijkt dat een ringverwijding is opgetreden waarbij de carbonylgroep is opgenomen in het ringsysteem.

Voor een ringverwijdering is het nodig dat een koolstofverhuizing optreedt. We kennen dit verschijnsel uit de carbokationchemie, dus het is logisch hier te denken aan een carbokation mechanisme. Ook is gegeven dat zuur aanwezig is, dus dit klopt met een carbokation-mechanisme.

Zuren protoneren een carbonylgroep op zuurstof dus:

enol   keton

7) Bij dit type opgave moeten we vanuit het reactieprodukt terugredeneren naar de uitgangsstoffen.

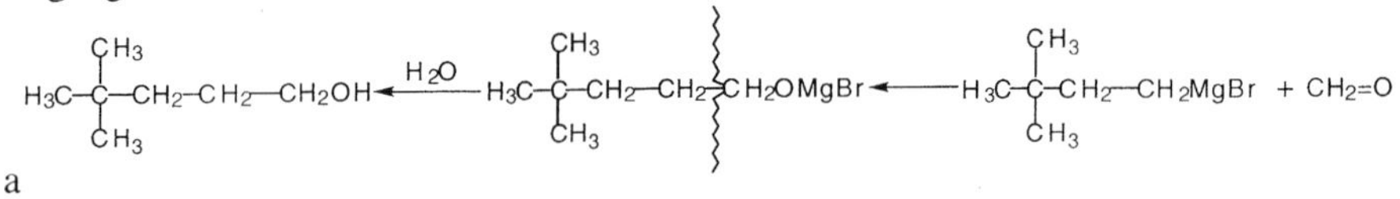

a

$$H_3C-\underset{\underset{CH_3}{|}}{\overset{\overset{CH_3}{|}}{C}}-CH_2-CH_2-CH_2OH \xleftarrow{H_2O} H_3C-\underset{\underset{CH_3}{|}}{\overset{\overset{CH_3}{|}}{C}}-CH_2-CH_2 \} CH_2OMgBr \longleftarrow H_3C-\underset{\underset{CH_3}{|}}{\overset{\overset{CH_3}{|}}{C}}-CH_2-CH_2MgBr + CH_2=O$$

4,4-dimethyl-1-pentanol

b

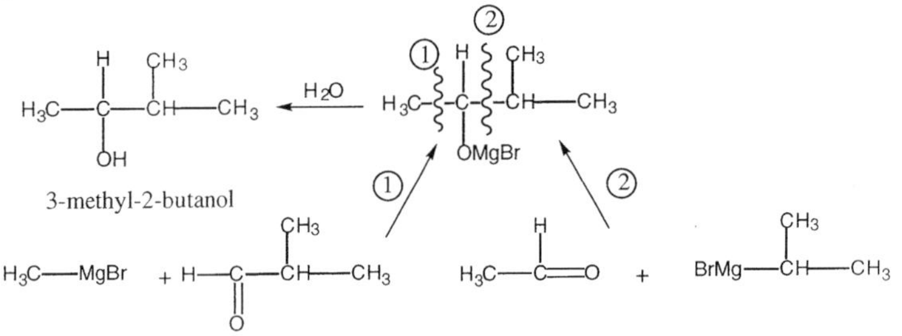

3-methyl-2-butanol

$$H_3C-MgBr + H-\underset{\underset{O}{\|}}{\overset{}{C}}-\underset{\underset{}{\overset{CH_3}{|}}}{CH}-CH_3 \qquad H_3C-\underset{\underset{}{\|}}{\overset{\overset{H}{|}}{C}}=O \;+\; BrMg-\underset{\overset{CH_3}{|}}{CH}-CH_3$$

c

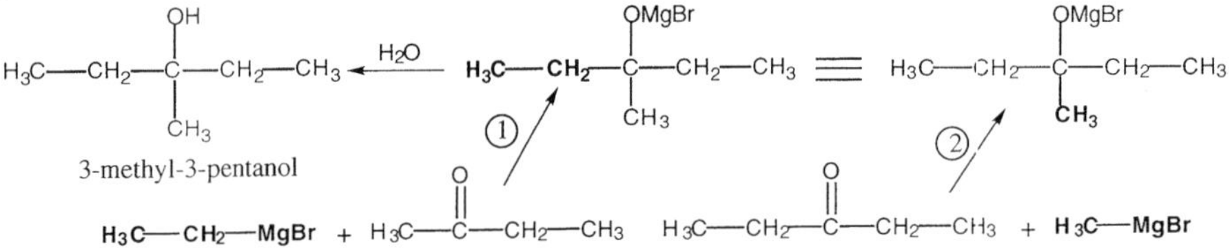

3-methyl-3-pentanol

$$H_3C-CH_2-MgBr + H_3C-\underset{\underset{O}{\|}}{C}-CH_2-CH_3 \qquad H_3C-CH_2-\underset{\underset{O}{\|}}{C}-CH_2-CH_3 + H_3C-MgBr$$

8) Dit soort opgaven kan men het beste oplossen door alle gegevens systematisch op een rijtje te zetten en de conclusies die deze gegevens opleveren te combineren:

a Reduktie geeft *n*-pentaan $\longrightarrow$ C-keten is recht.

b C_5 + ⬡—NH—NH$_2$ geeft C_{17} $\longrightarrow$ reactie met 2 mol fenylhydrazine, dus twee carbonylgroepen.

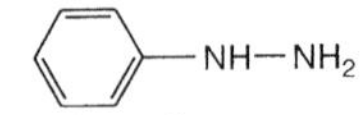

c Jodoformreactie is positief dus is een $H_3C-\underset{\underset{}{\overset{\overset{O}{\|}}{}}}{C}-$ groep aanwezig.

$H_3C-\underset{\underset{H}{|}}{\overset{\overset{OH}{|}}{C}}-$ groep vervalt vanwege b.

d Aangezien A instabiel is in Fehling's reagens is er een aldehyde groep aanwezig.

De verbinding is

$$H_3C-\overset{\overset{\displaystyle O}{\|}}{C}-CH_2-CH_2-C\overset{\displaystyle O}{\underset{\displaystyle H}{\diagup}}$$

jodoformreactie   Fehling's
fenylhydrazine-   fenylhydrazine reagens
reagens   oxidatie

9) base:

$$H_3C-\overset{\overset{\displaystyle O}{\|}}{C}-CH_3 + \overset{\ominus}{O}D \rightleftharpoons H_3C-\overset{\overset{\displaystyle O}{\|}}{C}-\overset{\ominus}{C}H_2 + HOD$$

$$H_3C-\overset{\overset{\displaystyle \overset{\ominus}{O}}{|}}{C}=CH_2$$

α–H atomen naast de carbonylgroep zijn enigszins zuur vanwege de mesomere stabilisatie van het anion.

$$H_3C-\overset{\overset{\displaystyle O}{\|}}{C}-\overset{\ominus}{C}H_2 + D_2O \rightleftharpoons H_3C-\overset{\overset{\displaystyle O}{\|}}{C}-CH_2D + \overset{\ominus}{O}D$$

Er is in D_2O een grote overmaat aan deuterium aanwezig, dus het anion zal bij voorkeur een deuterium oppikken.

zuur:

$$H_3C-\overset{\overset{\displaystyle O}{\|}}{C}-CH_3 + D^{\oplus} \rightleftharpoons H_3C-\overset{\overset{\displaystyle \overset{\oplus}{O}D}{\|}}{C}-CH_3 \longleftrightarrow H_3C-\overset{\overset{\displaystyle OD}{|}}{\underset{\displaystyle \oplus}{C}}-CH_3$$

Dit deeltje kan op twee manieren weer $H^{\oplus}$ (of $D^{\oplus}$) afsplitsen.

1e van zuurstof: dan krijgen we de teruggaande reactie van het evenwicht.

2e (in ondermaat) van koolstof dan ontstaat de enolvorm van aceton.

$$H_3C-\overset{\overset{\displaystyle OD}{|}}{\underset{\displaystyle \oplus}{C}}-CH_2 \xrightarrow{-H^{\oplus}} H_3C-\overset{\overset{\displaystyle OD}{|}}{C}=CH_2 \rightleftharpoons H_3C-\overset{\overset{\displaystyle O}{\|}}{C}-CH_2D$$

enol   keto

$$H_3C-\overset{\overset{\displaystyle OD}{|}}{\underset{\displaystyle \oplus}{C}}-CH_2-D \xrightarrow{-D^{\oplus}}$$

De waterstofatomen kunnen gemakkelijk door deuterium vervangen worden via deuterering van het enol.

10)
$$H_3C-\overset{\alpha}{C}H_2-\overset{\overset{O}{\|}}{C}-H \quad \xrightleftharpoons{\text{base}} \quad H_3C-\overset{\ominus}{C}H-\overset{\overset{O}{\|}}{C}-H$$
propanal

$$H_3C-CH_2-\overset{\alpha}{C}H_2-\overset{\overset{O}{\|}}{C}-H \quad \xrightleftharpoons{\text{base}} \quad H_3C-CH_2-\overset{\ominus}{C}H-\overset{\overset{O}{\|}}{C}-H$$
butanal

Zowel propanal als butanal kunnen onder basische omstandigheden een α-proton afsplitsen en daarbij een door mesomerie gestabiliseerd anion vormen. Dit anion kan daarna aanvallen op de carbonylgroep van een niet gedeprotoneerd aldehyde.

Dit geeft dan de volgende reacties:

propanal + propanal:

butanal + butanal:

butanal + propanal:

propanal + butanal:

11)
$$HO-CH_2-CH-\overset{\overset{\displaystyle OH}{|}}{CH}-CH_2-CH_2-CH_3$$
$$\underset{\displaystyle C_2H_5}{|}$$

2-ethyl-1,3-hexaandiol

Omdat deze verbinding gemaakt moet worden uit butanal is het nodig om het molecuul te verdelen in twee stukken met vier koolstofatomen:

$$HO-CH_2-\underset{\underset{\displaystyle C_2H_5}{|}}{CH} \sim \quad \text{en} \quad \sim \overset{\overset{\displaystyle OH}{|}}{CH}-CH_2-CH_2-CH_3$$

De OH-groepen in deze fragmenten zijn waarschijnlijk afkomstig van de carbonylgroep in de uitgangsstof, zodat we de fragmenten kunnen herleiden in:

$$\overset{O}{\underset{H}{\overset{\|}{C}}}-\underset{\underset{\displaystyle C_2H_5}{|}}{CH} \longleftarrow \quad \text{en} \quad \longrightarrow \overset{O}{\underset{H}{\overset{\|}{C}}}-CH_2-CH_2-CH_3$$

Dit zijn de deeltjes die reageren in een aldolcondensatie van butanal.

$$H_3C-CH_2-CH_2-\overset{\overset{\displaystyle O}{\|}}{C}-H + OH^\ominus \rightleftharpoons H_3C-CH_2-\underset{\underset{\displaystyle \ominus}{}}{CH}-\overset{\overset{\displaystyle O}{\|}}{C}-H$$

$$H_3C-CH_2-\underset{\underset{\displaystyle \ominus}{}}{CH}-\overset{\overset{\displaystyle O}{\|}}{C}-H + H_3C-CH_2-CH_2-\overset{\overset{\displaystyle O}{(\!\!|}}{C}-H \rightleftharpoons \overset{O}{\underset{H}{\overset{\|}{C}}}-\underset{\underset{\displaystyle C_2H_5}{|}}{CH}-\underset{\underset{}{}}{\overset{\overset{\displaystyle O^\ominus}{|}}{CH}}-CH_2-CH_2-CH_3 \xrightarrow{H^\oplus}$$

$$\overset{O}{\underset{H}{\overset{\|}{C}}}-\underset{\underset{\displaystyle C_2H_5}{|}}{CH}-\overset{\overset{\displaystyle OH}{|}}{CH}-CH_2-CH_2-CH_3 \xrightarrow[\text{2) H}_2\text{O}]{\text{1) LiAlH}_4} HO-CH_2-\underset{\underset{\displaystyle C_2H_5}{|}}{CH}-\overset{\overset{\displaystyle OH}{|}}{CH}-CH_2-CH_2-CH_3 \quad ("6\text{-}12")$$

12) Bij cyclohexanon zal er een 1,2-additie optreden aan de gepolariseerde carbonylgroep, waarna het adduct in een evenwichtssituatie ontstaat. Door keuze van de geschikte reactieomstandigheden kan dit in goede opbrengst worden verkregen.

13) Het onderstaande product wordt gevormd.

De reactie vindt plaats analoog aan die bij de vorming van een acetaal.

14) a $N\equiv C-CH_2-CH_2-\overset{\overset{O}{\|}}{C}-CH_3$

b   Een 1,4-additie

c/d Het cyanide-anion is een sterk nucleofiel dat in principe aan kan vallen op de plaatsen 2, 3 en 4.

$\overset{④\ ③\ \ ②\ ①}{H_2C=CH-\underset{\underset{CH_3}{|}}{C}=O}$

Dit is in te zien als we de ladingen in de mesomere structuren bekijken in het volgende schema. Het cyanide-anion zal aanvallen op positieve koolstofatomen in de structuren II, III en IV.

Na reactie met $CN^{\ominus}$ kunnen de volgende intermediairen ontstaan:

De structuur II-a kan geen mesomerie geven en is dus niet gestabiliseerd. Structuur II-a zal nog wel voorkomen omdat de negatieve lading hier op het electronegatieve zuurstofatoom zit.

De structuren IV-a en III-a zijn op hun beurt mesomeren van elkaar (ga dit na!), zodat het hybride daardoor stabieler is door een lagere energieinhoud dan de enkele structuur II-a. Na aanzuren zullen beide structuren hetzelfde eindproduct geven.

15)

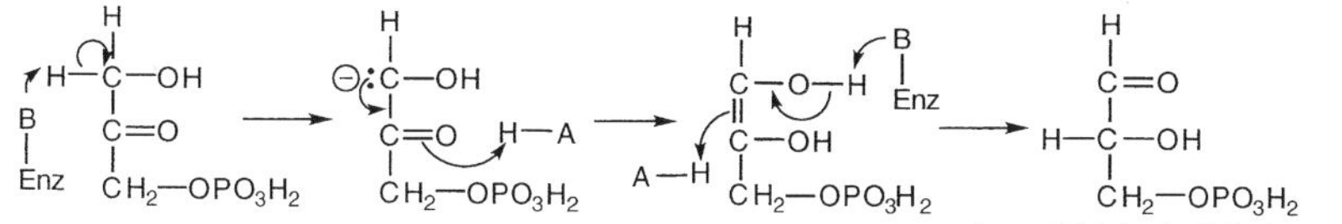

glycerolaldehyde-3-fosfaat

16)

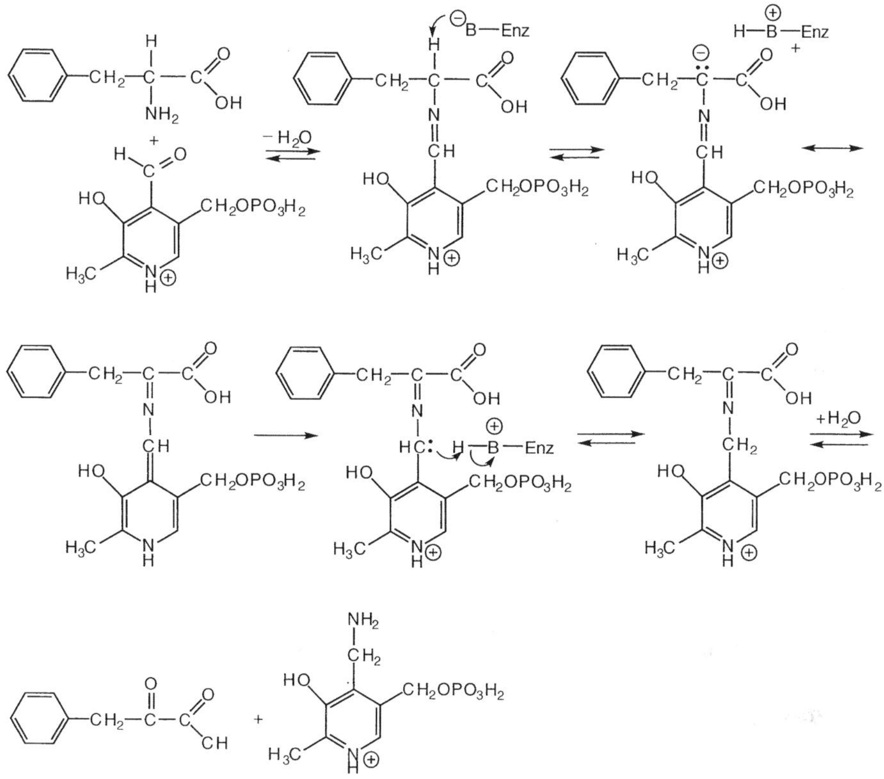

α-ketozuur

17) Het juiste antwoord is 1.6, want alle beweringen zijn juist.

18) Het juiste antwoord is c + e (1.4).

Normaal ligt het evenwicht naar de kant van de carbonylgroep. Alleen bijzondere factoren kunnen het evenwicht verschuiven.

Deze bijzondere factoren kunnen zijn:

- *elektronische effecten*: Sterk zuigende groepen aan de carbonylgroep maken het koolstofatoom van de carbonylgroep zeer electronenarm, zodat er dan graag een nucleofiel op zal aanvallen.
- *waterstofbruggen*. Soms zorgt een extra waterstofbrug voor stabilisatie zodat een evenwicht verschuift.
- *mesomere effecten* Vooral bij enol-keto tautomerie van belang. De enolvorm geeft een koolstof-koolstof dubbele binding. Wanneer deze in mesomerie is met een π-systeem treedt extra stabilisatie op.

Bekijken we nu de reacties afzonderlijk:

a Additie van methanol aan aceton. Geen bijzondere stabilisatie van het additieprodukt, dus het evenwicht ligt ver naar links.

b Enolisatie van aceton. Geen bijzondere stabilisatie van de enolvorm, dus het evenwicht ligt ver naar links.

c Additie van water aan hexachlooraceton. In hexachlooraceton is de carbonylgroep zeer electronenarm door de aanwezigheid van de twee electronenzuigende -CCl$_3$ groepen.

De carbonylgroep zal het electronentekort graag willen opvullen door een electronenpaar van een nucleofiel op te nemen, dus het evenwicht ligt rechts.

d Additie van water aan methylacetaat. Geen bijzondere stabilisatie van het additieprodukt, dus het evenwicht ligt ver naar links.

e Deze verbinding ondergaat keto-enol tautomerisatie. In de uitgangsstof is er geen mesomerie mogelijk tussen beide carbonylgroepen, omdat er een verzadigde (sp^3 gehybridiseerde) -CH$_2$-groep tussen zit.

In de enolvorm verandert deze situatie. Er ontstaat een keten van sp^2 gehybridiseerde koolstofatomen die ook nog mesomerie geeft met de benzeenring. Bovendien kan de OH-groep van de enol een *intra*-moleculaire waterstofbrug vormen met de carbonylgroep. Dit draagt extra bij aan de stabilisatie van de enolvorm, dus het evenwicht ligt rechts.

$$H_3C-\overset{O}{\underset{\|}{C}}-CH_2-\overset{O}{\underset{\|}{C}}\text{-}\bigcirc \rightleftharpoons \text{(enolvorm met } H_3C \text{ en } H \text{)}$$

19) In Grignard reagentia is het koolstofatoom dat verbonden is aan magnesium *negatief* gepolariseerd. Het kan daardoor reageren als nucleofiel *en als sterke base.*

Protondonoren staan onmiddelijk een proton af aan een Grignard reagens.

$$H_3C-CH_2-CH_2-MgBr + H_2O \longrightarrow H_3C-CH_2-CH_3 + Mg(OH)Br$$

Wanneer we een Grignard reagens als nucleofiel willen gebruiken (en dat is bijna altijd de bedoeling), dan moeten we dus contact met proton leveranciers vermijden. Dus oplosmiddelen als water, methanol, ethanol etc. zijn voor een Grignard reactie niet bruikbaar. Meestal wordt diethylether gebruikt als oplosmiddel, dit geeft ook nog een extra stabilisatie van de Grignard-verbinding via complexvorming. Het antwoord is dus 1.1.

20) Voor het oplossen van deze opgave moeten we het reactie mechanisme van de reduktie helemaal uitschrijven: $LiAlD_4$ reageert hetzelfde als $LiAlH_4$. $LiAlD_4$ splitst in $Li^{\oplus}$ en $AlD_4{}^{\ominus}$. Het deeltje $AlD_4{}^{\ominus}$ is een $D^{\ominus}$ donor. Vergelijk het $AlD_4{}^{\ominus}$-deeltje met $AlH_4{}^{\ominus}$ als hydridedonor.

$$H_3C-\overset{O}{\underset{\|}{C}}-CH_3 + AlD_4{}^{\ominus} \longrightarrow H_3C-\overset{O-AlD_3{}^{\ominus}}{\underset{D}{\underset{|}{C}}}-CH_3 \xrightarrow{H_3C-\overset{O}{\underset{\|}{C}}-CH_3} (H_3C-\overset{CH_3}{\underset{D}{\underset{|}{C}}}-O)_2\,AlD_2{}^{\ominus}$$

$$\xrightarrow{H_3C-\overset{O}{\underset{\|}{C}}-CH_3} (H_3C-\overset{CH_3}{\underset{D}{\underset{|}{C}}}-O)_3\,AlD{}^{\ominus} \xrightarrow{H_3C-\overset{O}{\underset{\|}{C}}-CH_3} (H_3C-\overset{CH_3}{\underset{D}{\underset{|}{C}}}-O)_4\,Al{}^{\ominus} \xrightarrow{4\ H_2O}$$

$$4\ H_3C-\overset{CH_3}{\underset{D}{\underset{|}{C}}}-OH + Al(OH)_3 + OH^{\ominus}$$

Bij de opwerking met H_2O wisselt het deuteriumatoom aan het koolstofatoom van het reactieprodukt *niet* uit met waterstof-ionen.

Bekijken we bij elke serie de gegeven structuren, dan komen we tot de volgende antwoorden:

a 1.0 onjuist want een koolstof-aluminiumbinding treedt nergens in het mechanisme op. 1.1 is onzin want kationen komen niet voor in het mechanisme. Dus 1.3 is juist.

b 2.0 is juist: 2.1 is onjuist want in de structuur staat een C-H binding in plaats van een C-D binding. Bovendien is een negatieve lading verdwenen bij het gedeelte $OAlD_3$.

c   3.0 is niet juist er wordt geen alkaan gevormd maar een alcohol. Bij reductie van aceton met $LiAlH_4$ (of $NaBH_4$) of de deuteriumanaloga wordt 2-propanol gevormd. 3.1 is juist

d   Uitwisseling van de waterstofatomen in de CH_3 groepen van aceton kan optreden in basisch milieu, bijvoorbeeld $OD^\ominus$ /D_2). Van dit reactiemilieu is hier geen sprake, dus treedt deze reactie hier niet op. Bovendien is een C-H binding gevormd in het reactieproduct in plaats van een C-D binding.

4.3 is het juiste antwoord.

e   5.0 is onjuist, want een C-Al binding komt in het mechanisme niet voor. 5.1 is onjuist, want Al bevat H in plaats van D (anders goed). 5.3 is het juiste antwoord.

f   6.0 is juist. Netto is het molecuul 1x negatief geladen.

Ook zou deze structuur als volgt geschreven mogen worden:

$$\left(\begin{array}{c} CH_3 \\ | \\ D{-}C{-}O^\ominus \\ | \\ CH_3 \end{array} \right)_4 Al^{\,3\oplus}$$

(het verschil in schrijfwijze komt neer op een verschil in toekennen van de bindingselectronen tot O of tot Al)

6.1 is niet juist. Deze structuur bevat een C-H binding in plaats van een C-D binding. Aangezien het deuteriumatoom aan dit koolstofatoom niet zuur van karakter is, zal het in H_2O niet uitwisselen.

21)   In deze opgave wordt gevraagd naar het mechanisme van de acetaalvorming. In dit geval wordt een cyclisch acetaal gevormd, maar dit maakt voor het mechanisme geen verschil. We beginnen met het evenwicht tussen 4-hydroxybutanol en het cyclisch halfacetaal:

Dit halfacetaal vormt volgens de gegevens met $H^\oplus$ en H_3COH een acetaal.

We volgen nu het normale mechanisme voor de acetaalvorming:

mesomere structuur
ook een mogelijke schrijfwijze
van het carbokation (niet vergeten!)

NB.: Het met een pijl aangegeven H-atoom kan eventueel ook niet getekend zijn in dergelijke structuren.

Lopen we de series gegeven structuren door, dan zien we het volgende:

serie A: Alleen a komt voor. In b is het molecuul in een hogere oxidatiestaat, evenals in c (1.0 is juist).

serie B: Structuur a is goed! (mesomere structuur van het carbokation). Hoewel structuur b geen onmogelijke structuur is ($H^{\oplus}$ afsplitsing uit het carbokation) ligt deze structuur niet op het reactiepad van de acetaalvoming. Wanneer deze verbinding gevormd zou worden dan wordt deze onder de gegeven zure reactie omstandigheden onmiddelijk weer geprotoneerd tot het carbokation dat daarna verder reageert tot het acetaal.

Structuur c heeft een te hoge oxidatiestaat ($\oplus$ -lading telt voor één oxidatietrap, elke C-O binding telt eveneens voor een oxidatietrap). 2.0 is het goede antwoord.

serie C: Structuur a heeft een te hoge oxidatiestaat. Structuur b is juist, na $H^{\oplus}$ afsplitsing ontstaat het acetaal. Structuur c heeft weer een te hoge oxidatiestaat. Het antwoord 3.1 is juist.

We gebruiken hier diverse keren het begrip oxidatiestaat van een molecuul. Dit kan bij dit soort opgaven bijzonder behulpzaam zijn. Immers bij de acetaalvorming zijn geen oxidatie of reductiemiddelen betrokken. Dit houdt in dat de oxidatiestaat van het molecuul tijdens het gehele proces dezelfde moet blijven. De oxidatiestaat van een molecuul valt gemakkelijk uit te tellen:

- Elke C-O, C-N, C-Cl, kortom elke binding van koolstof met een elektronegatief atoom, telt voor één oxidatietrap.
- Elke C=C binding telt voor één oxidatietrap.
- Elke $\oplus$ -lading op *koolstof* telt voor één oxidatietrap.

Zodoende tellen we voor 4-hydroxybutanal:

Voor het cyclische halfacetaal:

1   +   1   +   1   =   3

Uiteraard blijft dit hetzelfde als boven. Er treedt immers geen oxidatie of reductiereactie op! Bekijken we alle gegeven structuren in deze opgave, dan tellen we:

A a: 3   A b: 4   A c: 4

B a: 3   ⊕ -lading op *zuurstof* telt niet mee, immers is hetzelfde deeltje

B b: 3   B c: 4

C a: 4   de bindingen van de tussen de O- atomen en de CH₃- groepen die extra ingevoerd zijn, tellen we uiteraard niet mee voor de boekhouding, aangezien we alleen de bindingen aan het oorspronkelijke koolstofskelet blijven tellen

C b:3   ⊕ -lading op zuurstof telt niet mee; de —Ö⊕—CH₃ binding behoort niet tot het oorspronkelijke koolstofskelet en telt dus ook niet mee

C c:4   2 x C-O van de ring; 1 x C-OCH₃; 1x C=C binding in de ring

Op grond van deze telling kunnen de structuren Ab, Ac, Bc, Ca en Cc dus direct afvallen.

22) I Wanneer we verbinding A goed bekijken, dan zien we dat we met een halfacetaal te doen hebben:

het structuurkenmerk RO—C— is duidelijk aanwezig

Voor structuur A geldt:

Halfacetalen zijn in water in evenwicht met hun uitgangsstoffen (carbonylverbinding + alcohol).

Het bijzondere van deze opgave is dus dat het halfacetaal uiteenvalt in ethanal (acetaldehyde) en de *enolvorm* van ethanal. Uiteraard tautomeriseert de enolvorm naar de meer stabiele ketovorm. Er wordt dus slechts één produkt gevormd n.l. 1.3.

II Verbinding B zal in water het ⊕ MgBr als tegen-ion vervangen door H ⊕ waarbij dan een halfacetaal ontstaat.

$$H_3C-\overset{\overset{\ominus}{O}\ \ \overset{\oplus}{MgBr}}{\underset{CH_3}{\underset{|}{C}}}-OCH_3 \xrightarrow{H_2O} H_3C-\overset{OH}{\underset{CH_3}{\underset{|}{C}}}-OCH_3 \rightleftharpoons H_3C-\overset{O}{\overset{\|}{C}}-CH_3 + HOCH_3$$

Het halfacetaal valt in water spontaan uiteen in aceton en methanol.

Aceton staat bij de gegeven mogelijkheden, dus 2.1 is het goede antwoord.

23) In verbinding I is een dubbele binding aanwezig. In zuur milieu zal $H^{\oplus}$ hierop kunnen aanvallen (zie bij hoofdstuk alkenen). Dit gebeurt uiteraard zodanig, dat het meest stabiele carbokation gevormd wordt, dus naast de $-\overset{..}{\underset{..}{O}}CH_3$ groep.

$$H_3C-\overset{H}{\underset{H}{C}}=\overset{..}{\underset{..}{C}}-\overset{..}{\underset{..}{O}}-CH_3 \xrightarrow{H^{\oplus}/\ H_2O} H_3C-\overset{H}{\underset{H}{C}}-\overset{H}{\underset{H}{\overset{\oplus}{C}}}-\overset{..}{\underset{..}{O}}-CH_3 \quad (Ba)$$

De $-\overset{..}{\underset{..}{O}}CH_3$ groep is met zijn vrije electronenparen in staat het carbokation te stabiliseren.

$$H_3C-\overset{H}{\underset{H}{C}}-\overset{H}{\underset{H}{\overset{\oplus}{C}}}-\overset{..}{\underset{..}{O}}-CH_3 \longleftarrow H_3C-\overset{H}{\underset{H}{C}}-\overset{H}{\underset{H}{C}}-\overset{\oplus}{\underset{..}{O}}-CH_3$$

$$\quad\quad\quad\uparrow \quad\quad\quad\quad\quad\quad\quad\quad\quad\quad\quad\quad \uparrow\ \uparrow$$

$$\quad\quad\text{sextet} \quad\quad\quad\quad\quad\quad\quad\quad\quad\quad \text{octet}$$

Water zal als nucleofiel aanvallen op het carbokation:

$$H_3C-\overset{H}{\underset{H}{C}}-\overset{H}{\underset{H}{\overset{\oplus}{C}}}-O-CH_3 + \overset{..}{\underset{..}{O}}H_2 \rightleftharpoons H_3C-\overset{H}{\underset{H}{C}}-\overset{H}{\underset{H}{\underset{\underset{\oplus}{O}H_2}{C}}}-O-CH_3 \underset{+ H^{\oplus}}{\overset{- H^{\oplus}}{\rightleftharpoons}} H_3C-\overset{H}{\underset{H}{C}}-\overset{H}{\underset{H}{\underset{OH}{C}}}-O-CH_3 \ (Ad)$$

Hierbij is dus een halfacetaal ontstaan. In water valt het halfacetaal uiteen in het alkohol en de carbonylverbinding, hier dus methanol en propanal.

De juiste structuren zijn dus: Serie A: b + d (1.8); Serie B: a (2.0).

Ook hier kunnen we het begrip oxidatiestaat van het molecuul succesvol hanteren. Uiteraard is een reactie met verdund zuur geen oxidatie of reductiereactie. Dus de oxidatiestaat van het molecuul blijft gedurende de gehele reactie gelijk.

$$H_3C-\overset{\downarrow}{\underset{H}{C}}=\overset{\downarrow}{\underset{H}{C}}-O-CH_3$$

De oxidatiestaat van het koolstofskelet is dan 2, namelijk één dubbele C=C binding en één koolstof dat gebonden is aan een elektronegatief atoom.

Bekijken we nu de gegeven structuren dan tellen we de volgende oxidatiestaten:

Aa: 3 (2x C-O binding + 1 $\oplus$ lading op C)   Ba: 2 (1x C-O binding + 1 $\oplus$ lading op C)

Ab: 2 (2x C-O binding)   Bb: 3 (3x C-O binding)

Ac: 3 (3x C-O binding)   Bc: 1 (1x C-O binding)

Ad: 2 (2x C-O binding)   Bd: 3 (3x C-O binding)

Dit betekent dat de antwoorden Ac, Bb, Bc en Bd fout zijn en dat alleen de overgebleven antwoorden nauwkeurig bekeken moeten worden.

24) We zien aan de gegeven antwoorden dat er kennelijk een additie van $OH^{\ominus}$ aan aceetaldehyde optreedt ($OH^{\ominus}$ als nucleofiel, serie A en B), dat aceetaldehyde gedeprotoneerd wordt ($OH^{\ominus}$ als base, serie C en D a,b) en dat er een aldolcondensatie optreedt (D c en E).

Dit zijn reacties die we van aceetaldehyde in $OH^{\ominus}/H_2O$ ook kunnen verwachten.

Het bijzondere schuilt in het feit dat een gedeelte van $OH^{\ominus}$ gemerkt is ($*OH^{\ominus}$).

Nu is deze opgave gemakkelijk oplosbaar als we in de gaten houden dat nucleofiele additie van $OH^{\ominus}$ en proton verhuizingen snelle *evenwichten* zijn.

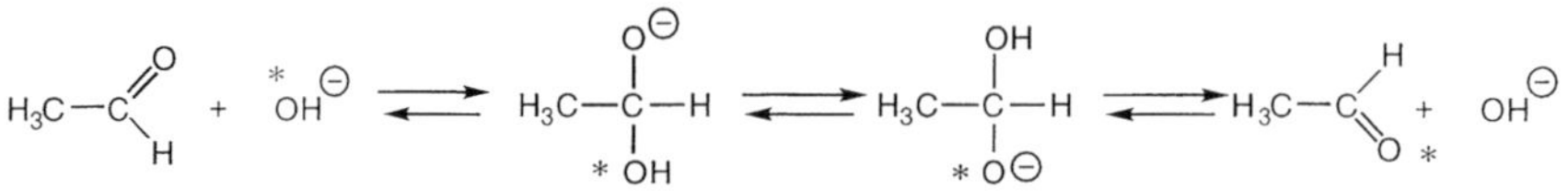

snel evenwicht

protonverhuizing
treedt gemakkelijk
op (via water)

hier is de carbonylgroep
van aceetaldehyde radioactief
gemerkt

Dus al snel na het begin van de reactie hebben we naast elkaar:

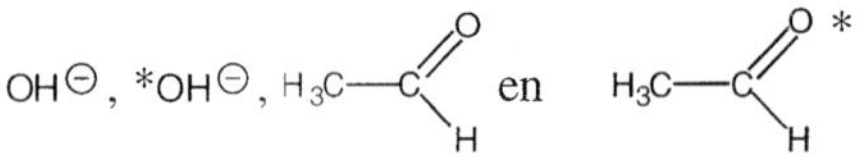

serie A: a + b   serie B: a + b

Bij het optreden van $OH^{\ominus}$ als base kan $OH^{\ominus}$ dus zowel op gemerkt als op ongemerkt aceetaldehyde aanvallen.

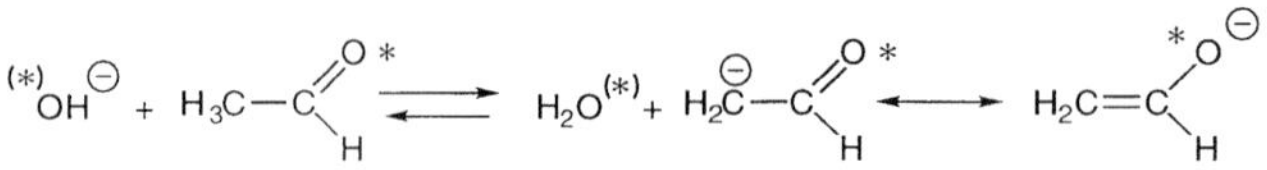

gemerkt anion

serie C: a   +   b

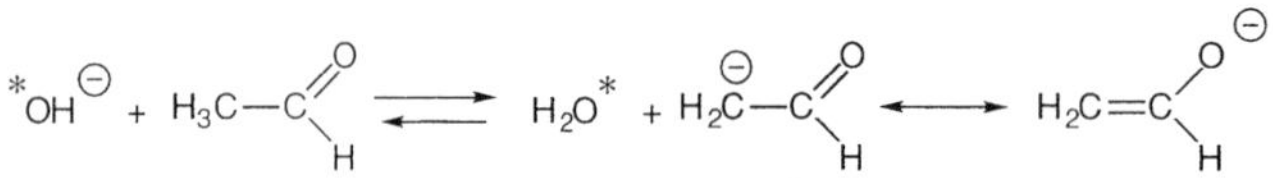

ongemerkt anion

serie C:c   serie D:b

Het enolaatanion kan vervolgens een aldolcondensatie geven. Hierbij kunnen wederom zowel gemerkte als ongemerkte enolaatanionen aanvallen op gemerkt als ongemerkt aceetaldehyde.

en dan

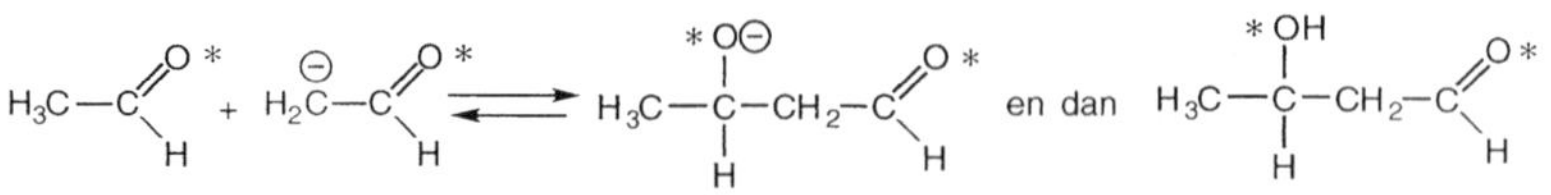

serie D:c

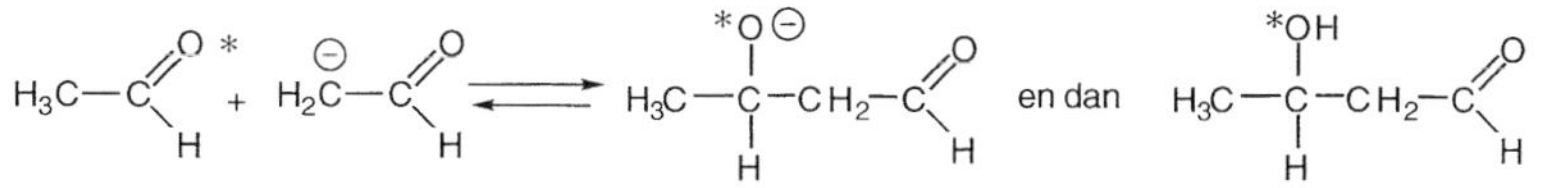

serie E:c

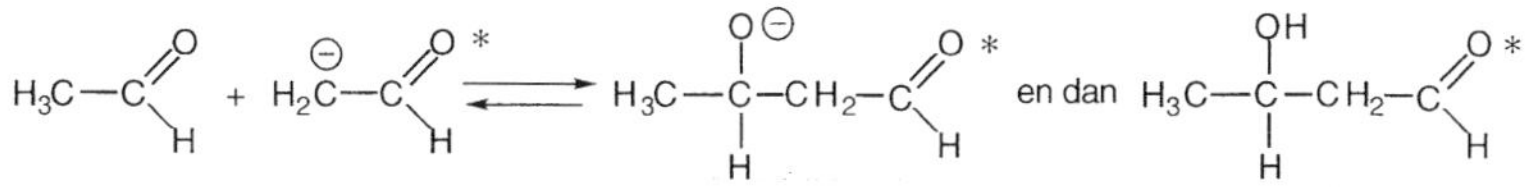

niet bij de antwoorden

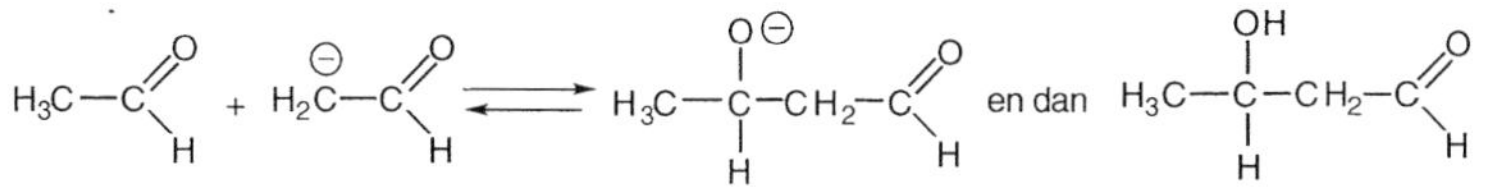

serie E   a   +   b

De juiste antwoorden zijn dan: 1.4; 2.4; 3.7; 4.6 en 5.7.

25) De cyclische structuur is een acetaal. In verdund zuur milieu hydrolyseert een acetaal tot de carbonylverbinding en alkohol.

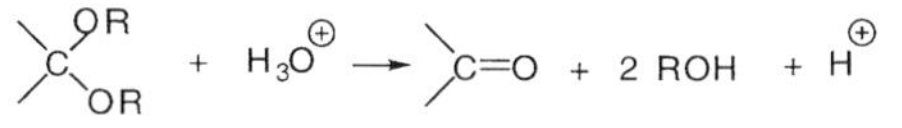

Aangezien in deze opgave $H_3O^{\oplus}$* gebruikt wordt, moet zorgvuldig worden nagegaan waar de radioactieve zuurstofatomen terecht komen. Dit kan niet anders dan door het mechanisme volledig uit te schrijven:

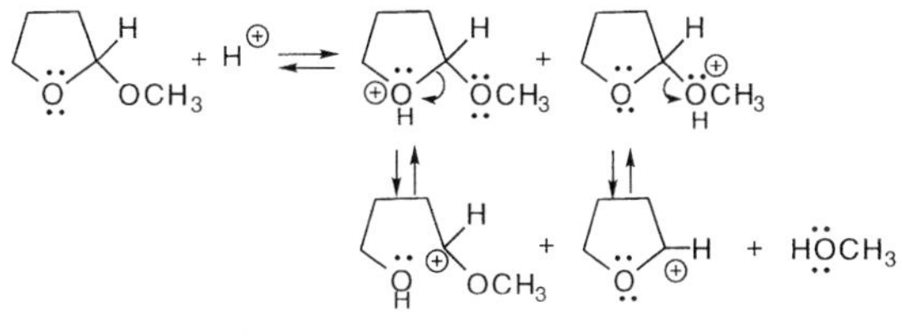

I   II

Beide carbokationen I en II worden gestabiliseerd door mesomerie met de vrije electronenparen van het naburige zuurstofatoom.

De carbokationen I en II worden aangevallen door radioactief gemerkt water H_2O*, waarbij een halfacetaal ontstaat. Dit halfacetaal zal onder de gegeven omstandigheden (overmaat H_2O*, geen alkohol) overgaan in de carbonylverbindingen en de vrije alkohol.

Voor I:

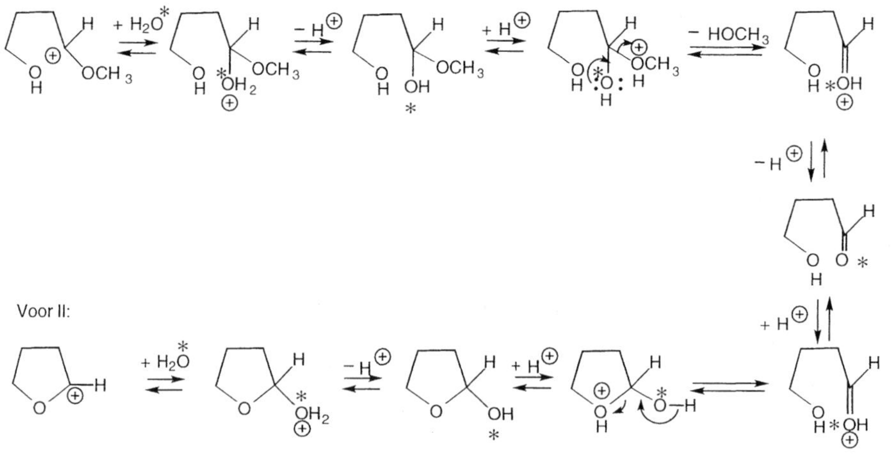

Voor II:

Beide routes I en II geven dus hetzelfde produkt. Wanneer we de gegeven structuren aan de hand van dit mechanisme nalopen, zien we dat de juiste antwoorden zijn: 1.0; 2.1; 3.2 en 4.0.

26) Deze opgave dient men op te lossen door eerst een reactieschema op te zetten, zodanig dat de tekst vertaald wordt in chemische reactievergelijkingen.

In dit geval komt dit er als volgt uit te zien:

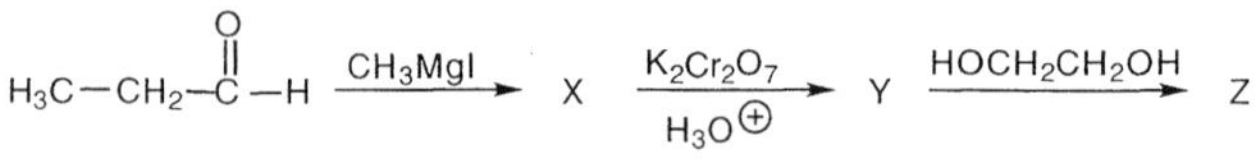

$$H_3C-CH_2-\overset{O}{\overset{\|}{C}}-H \xrightarrow{CH_3MgI} X \xrightarrow[H_3O^\oplus]{K_2Cr_2O_7} Y \xrightarrow{HOCH_2CH_2OH} Z$$

De eerste reactie is een Grignard reactie:

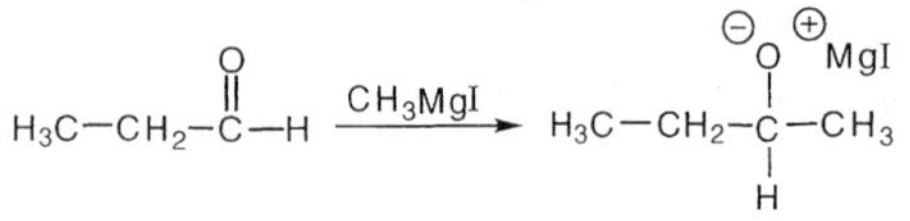

$$H_3C-CH_2-\overset{O}{\overset{\|}{C}}-H \xrightarrow{CH_3MgI} H_3C-CH_2-\overset{\overset{\overset{\ominus}{O}\ \overset{\oplus}{MgI}}{|}}{\underset{|}{C}}-CH_3$$

Het reactieprodukt wordt behandeld met een oxidatiemiddel (chroomtrioxide of zuur kaliumdichromaat). Dit zet alkoholen om in aldehyden of ketonen en eventueel verder in carbonzuur (bij aldehyden).

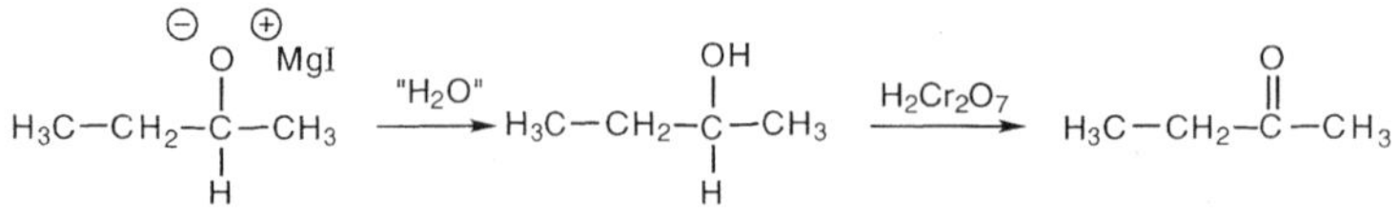

$$H_3C-CH_2-\overset{\overset{\overset{\ominus}{O}\ \overset{\oplus}{MgI}}{|}}{\underset{\underset{H}{|}}{C}}-CH_3 \xrightarrow{"H_2O"} H_3C-CH_2-\overset{\overset{OH}{|}}{\underset{\underset{H}{|}}{C}}-CH_3 \xrightarrow{H_2Cr_2O_7} H_3C-CH_2-\overset{O}{\overset{\|}{C}}-CH_3$$

butanon

Het gevormde butanon wordt behandeld met 1,2-ethaandiol (glycol) onder invloed van zuur. Hierbij treedt acetaalvorming op. Beide OH-groepen van glycol worden bij de acetaalvorming betrokken, waardoor een cyclisch produkt ontstaat. De vorming van een cyclisch acetaal uit glycol en een carbonylverbinding is een veel toegepaste reactie.

$$H_3C-CH_2-\overset{\overset{\displaystyle O}{\|}}{C}-CH_3 \ + \ HO-CH_2-CH_2-OH \ \rightleftharpoons \ H_3C-CH_2-\overset{\overset{\displaystyle OH}{|}}{\underset{\underset{\displaystyle H}{|}}{C}}-O-CH_2-CH_2-OH$$

$$\xrightarrow{H^{\oplus}} \quad H_3C-CH_2-\overset{\overset{\displaystyle O-CH_2}{|}}{\underset{\underset{\displaystyle CH_3}{|}}{C}}{\underset{\displaystyle \searrow O}{}}^{\nearrow CH_2}$$

De vorming van het halfacetaal en het acetaal verloopt volgens het bekende mechanisme. Het juiste antwoord is dus 1.1.

27) Dit soort opgaven kan men het beste oplossen door de opbouw van de gegeven structuren goed te bekijken en vervolgens de gegeven reacties proberen uit te voeren.

Onderdeel I. Structuur A :   We letten op de volgende kenmerken:

-alcoholgroep + ketogroep aanwezig ($\longrightarrow$ aldolcondensatie)

-benzeenring met zijketen van vier koolstofatomen.

Over de reacties die gegeven zijn, kunnen we het volgende zeggen:

a   het uitgangsprodukt is een ether (C-OCH$_3$) die omgezet moet worden in een alkohol (C-OH). Dit gaat zeer moeilijk, namelijk alleen met sterk zuur en een goed nucleofiel (meestal wordt geconcentreerd HI gebruikt). Verdund zwavelzuur is hiervoor niet geschikt.

b   Bij deze reactie worden twee carbonylverbindingen in reactie gebracht met base. Hierbij kan door protonafsplitsing het anion ontstaan op het koolstofatoom naast de carbonylgroep. Aldolcondensatie kan daarna leiden tot een mengsel van produkten, maar geen van deze produkten is verbinding A.

c   Bij deze reactie hebben we ook twee carbonylverbindingen in aanwezigheid van base. Ook hier zal een α-H atoom naast een carbonylverbinding kunnen afsplitsen. Alleen aceton kan dit doen, de andere verbinding (benzaldehyde) heeft namelijk geen α-H atomen.

$$H_3C-\overset{\overset{\displaystyle O}{\|}}{C}-CH_3 \ + \ {}^{\ominus}OH \ \rightleftharpoons \ \overset{\ominus}{H_2C}-\overset{\overset{\displaystyle O}{\|}}{C}-CH_3 \ + \ H_2O$$

Dus 1.2 is het juiste antwoord.

In principe kunnen we ook vrij snel zien uit welke uitgangsstoffen een aldolcondensatieprodukt is opgebouwd. Daarvoor moeten we een vrij electronenpaar van de hydroxygroep in de richting van de carbonylgroep schuiven onder verbreking van een koolstof-koolstofverbinding (teruggaande aldol).

Onderdeel II. Structuur B bevat de volgende kenmerken:

-secundaire alkohol

-vier koolstofatomen.

De beste manier om deze vraag te beantwoorden is door na te gaan wat er in de voorgestelde reacties gebeurt of zou moeten gebeuren om te komen tot 2-butanol (verbinding B).

Reactie a:

De reactie van butanon met NaBH$_4$ is een reductiereactie waarbij het NaBH$_4$ een hydride (H$^{\oplus}$) doneert aan het positief gepolariseerde C-atoom van de carbonyl-groep in butanon.

Het booratoom bindt daarbij aan het O-atoom. Na toevoegen van water wordt de zuurstof-boor binding gehydrolyseerd onder vorming van 2-butanol en boorzuur. Deze reactie levert het goede product op. Er zijn echter ook antwoorden gegeven die er op duiden dat meerdere reacties goed kunnen zijn, dus we gaan ook na wat de andere reacties opleveren.

Reactie b:

In de reactie van ethylmagnesiumbromide met ethanal valt het negatief gepolariseerde C-atoom van het Grignard-reagens aan op het positief gepolariseerde C-atoom van ethanal.

Na toevoegen van water wordt het magnesiumalcoholaat ontleed onder vorming van 2-butanol, dus ook deze reactie geeft het goede product.

Reactie c:

In de reactie van een alkeen met verdund zwavelzuur wordt als eerste stap het alkeen geprotoneerd waarbij het meest stabiele (dus secundaire) carbokation wordt gevormd. Dit carbokation reageert daarna met water waarna deprotonering eveneens 2-butanol geeft.

$$H_3C-CH_2-CH=CH_2 \xrightarrow{\quad H \oplus \quad} H_3C-CH_2-\overset{\oplus}{C}H-CH_3 \xrightarrow{\quad H_2O \quad}$$

$$H_3C-CH_2-\underset{\underset{H}{|}}{\overset{\overset{\oplus}{O}H_2}{C}}-CH_3 \xrightarrow{\quad -\ H \oplus \quad} H_3C-CH_2-\underset{\underset{H}{|}}{\overset{\overset{OH}{|}}{C}}-CH_3$$

Alle drie reacties geven dus het goede product.

Het juiste antwoord is 2.6: a + b + c.

14 Koolhydraten

1) Eén van de in de natuur voorkomende aldopentosen is D-arabinose.

   a Hoeveel stereoisomeren bestaan er van een lineair aldopentose?
      Hoeveel diastereomeren heeft D-arabinose?

   b Additie van HCN aan D-arabinose geeft twee isomere verbindingen waarvan één d.m.v. hydrolyse gevolgd door reductie, omgezet kan worden in D-glucose. Welke is de andere verbinding die na hydrolyse en reductie wordt verkregen?

   c Teken de cyclische structuur (α-vorm) en de ruimtelijke structuur (β–vorm) van D-arabinose door de OH-groepen in onderstaande structuren op de juiste wijze te plaatsen.

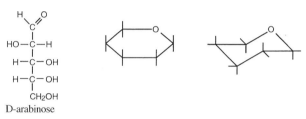

2) Teken de cyclische projectieformules (pyranose en furanose vorm) en de ruimtelijke structuur van de onderstaande suikers door de functionele groepen op de juiste manier in de voorgetekende structuren te plaatsen.

   a β-D-mannose.

   b Idem voor α-D-ribose.

3) Behandeling van lactose met base geeft na enige tijd twee andere produkten. De formules die aangegeven zijn met de letters.....en ......geven de juiste structuur van deze produkten weer.

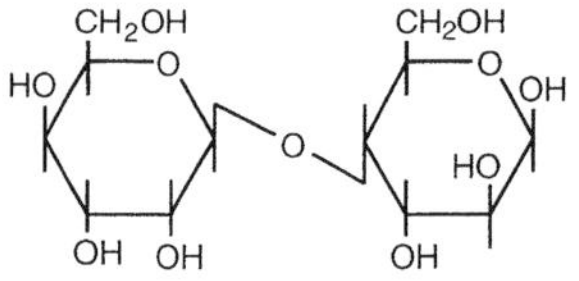

A 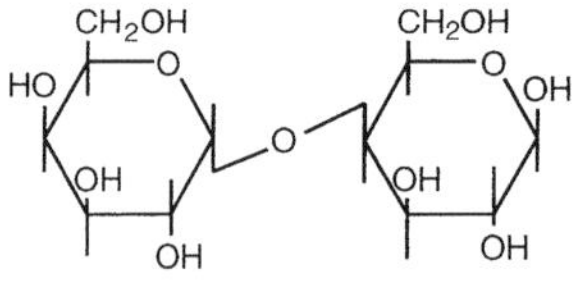   B 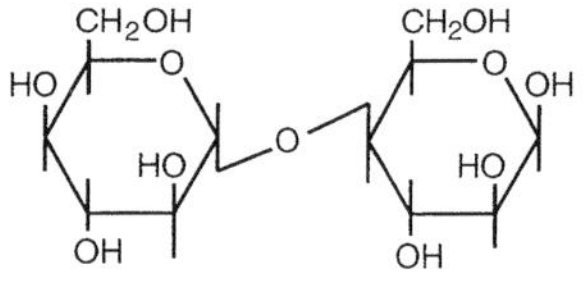   C

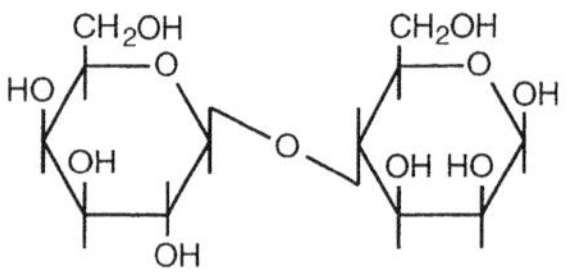

D 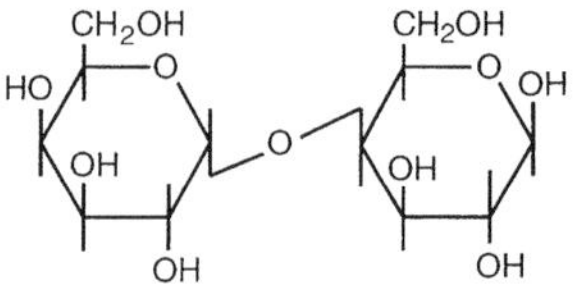   E 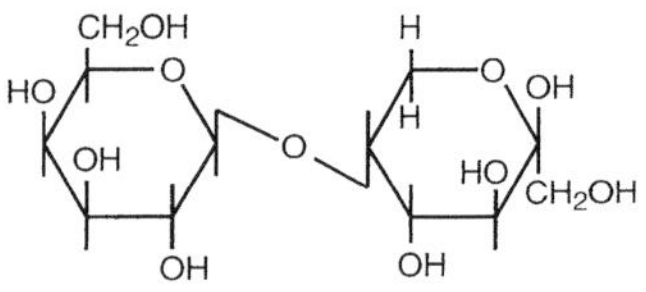   F

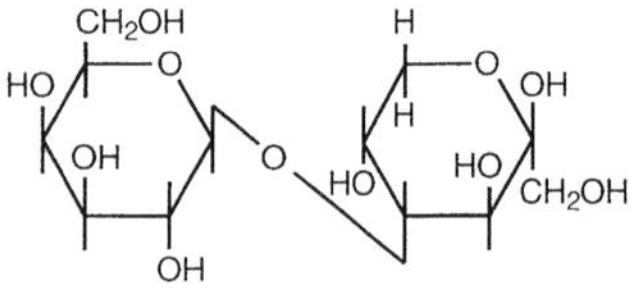

G 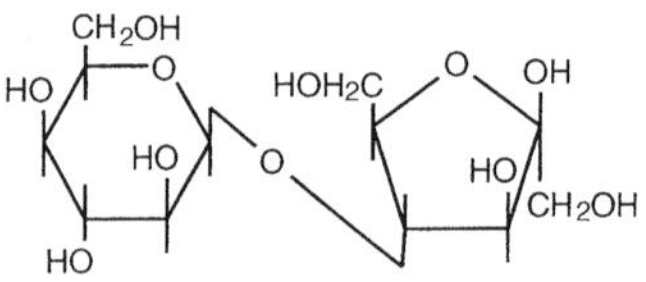   H

4) a Voltooi de formule van verbinding II, die ontstaat wanneer men verbinding I met verdund zoutzuur verwarmt.

I $\xrightarrow{H^{\oplus}/H_2O}$ II

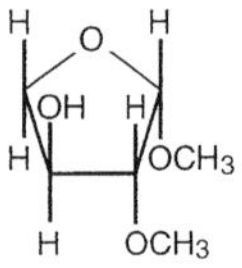

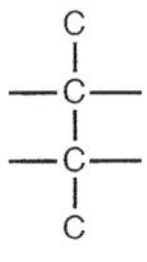

b Geef de structuurformule van de stof die gevormd wordt als II wordt behandeld met overmaat fenylhydrazine.

c Geef de lineaire projectieformules van de produkten die aanwezig zijn in een basische oplossing van II.

5) a Levan is een poly-D-fructose dat gevonden wordt in grassen. Het polysaccharide is opgebouwd uit D-fructofuranoseeenheden die met een β-2,6 binding aan elkaar verbonden zijn. Geef de structuur van een uit drie monosaccharide-eenheden bestaand gedeelte van de polysaccharideketen.

b Aan het "reducerende" uiteinde van levan is de keten afgesloten met een α-D-glucopyranose-eenheid, die met een 2β−1α binding aan de laatste

D-fructofuranose-eenheid gebonden zit. Geef de structuurformule van het uiteinde van levan dat bestaat uit de twee genoemde monosaccharide-eenheden.

c Levan is een polymeer met een betrekkelijk laag molecuulgewicht. De chemische reacties zijn veelal dezelfde als die van de afzonderlijke monomeren. Levan wordt volledig gemethyleerd met base en methyljodide. Het gemethyleerde levan wordt daarna gehydrolyseerd met verdund zuur. Geef de structuurformules van de gemethyleerde monomeren die gevormd worden.

d Levan wordt volledig gehydrolyseerd en daarna wordt het reactiemengsel behandeld met een overmaat NaOH oplossing.Geef aan welke produkten bij de behandeling met base gevormd worden en geef het mechanisme van de optredende reacties.

e Geef de structuurformules van de produkten die worden gevormd na een behandeling van het onder d. verkregen reactiemengsel met Fehlings reagens ($Cu^{2\oplus}$ in basisch milieu).

6) a In de volgende suikermoleculen is de 1,3-diaxiale interactie het grootst in:

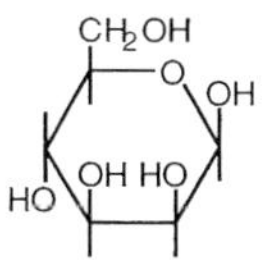

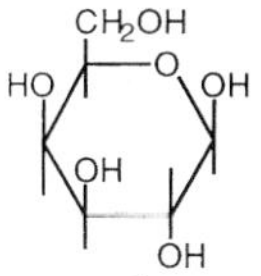

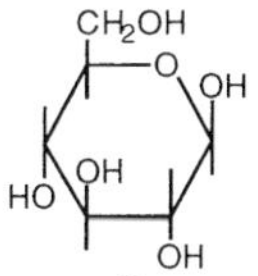

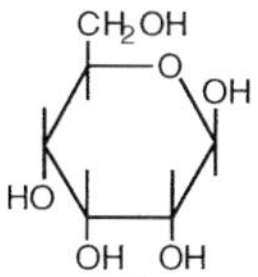

b De onderstaande getekende suiker I is:

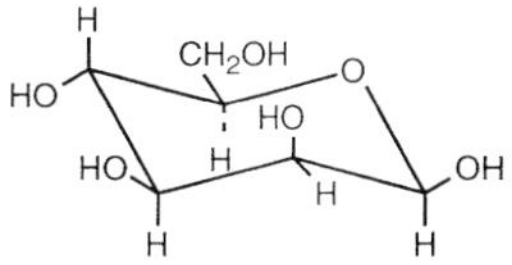

I

0: a een enantiomeer van β-D-glucopyranose

1: b een anomeer van ß-D-glucopyranose

2: c een epimeer van β-D-glucopyranose

3: d een diastereomeer van β-D-glucopyranose

4: a + b

5: a + c

6: a + d

7: b + c

8: b + d

9: c + d

7) Welke van onderstaande verbindingen zal aanwezig zijn in het reactiemengsel wanneer D-fructose wordt opgelost in 4 M NaOH?

serie a

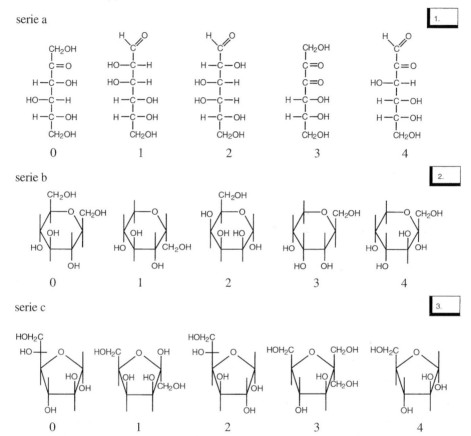

8) A Welk(e) produkt(en) kan de reactie van fructose in methanol met een katalytische

hoeveelheid $H^{\oplus}$ opleveren?

1.

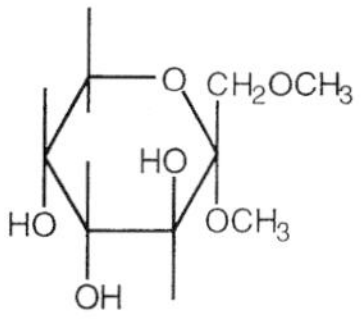

a 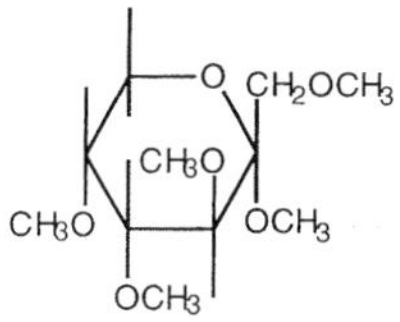   b 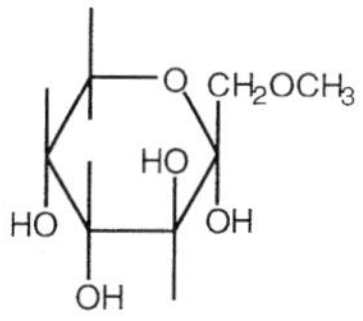   c

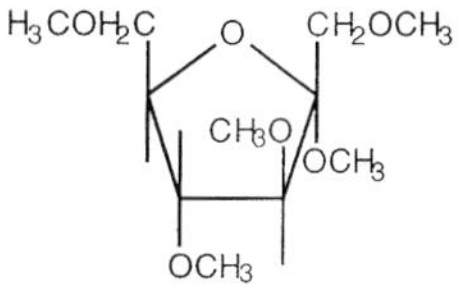

d 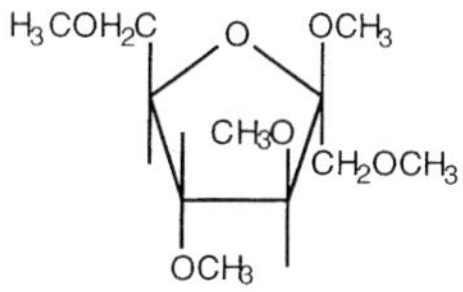   e 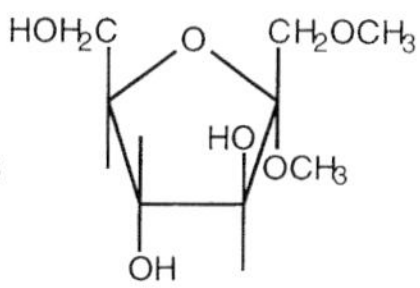   f

U hebt de keuze uit de onderstaande antwoordmogelijkheden:

0: a   5: f

1: b   6: a + c

2: c   7: a + f

3: d   8: b + d + e

4: e   9: geen van deze structuren

B Reactie van D-ribose met overmaat fenylhydrazine reagens geeft: (Ph = fenyl)

2.

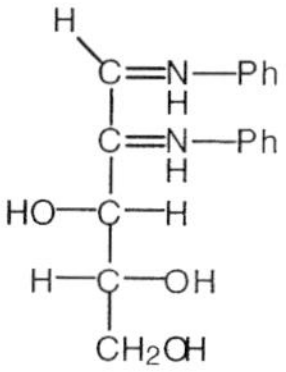

0 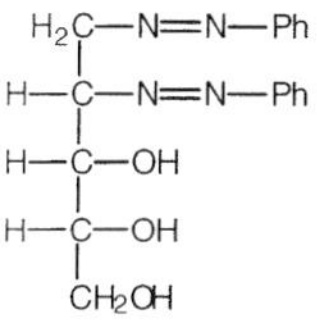   1 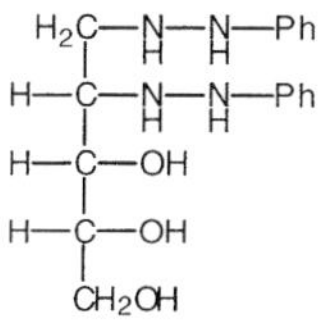   2 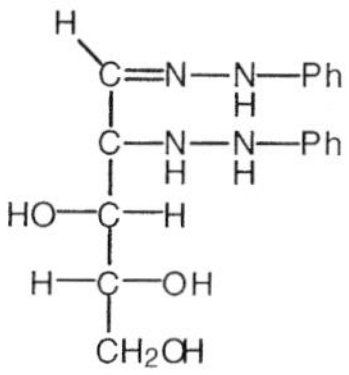   3 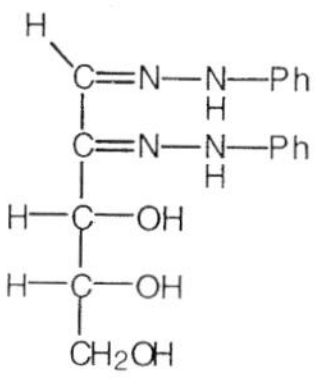   4

5   geen van deze structuren

9) Gegeven zijn de volgende suikers:

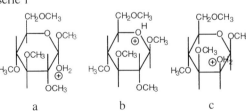

| a | b | c | d |

-Welke suikers geven hetzelfde osazon bij reactie met fenylhydrazine?   1.

-Welke suikers zijn in neutrale wateroplossing met elkaar in evenwicht?   2.

-Welke suikers zijn in basisch milieu met elkaar in evenwicht?   3.

U hebt bij elke vraag de keuze uit de volgende antwoorden:

0: a + b	5: c + d
1: a + c	6: a + b + c
2: a + d	7: a + b + d
3: b +	8: a + b + c + d
4: b + d	9: geen van de suikers

10) β–D-glucopyranose wordt volledig gemethyleerd met methyljodide onder invloed van base. Het gemethyleerde glucose wordt vervolgens geruime tijd behandeld met verdund zuur ($H_3O^{\oplus}$). Welke van de onderstaande verbindingen/intermediairen kunnen optreden tijdens de reactie in verdund zuur?

U hebt bij elke serie de keuze uit de volgende mogelijkheden:

0: alleen a	4: a + c
1: alleen b	5: b + c
2: alleen c	6: a + b + c
3: a + b	7: geen van de drie

serie 1   1.

| a | b | c |

serie 2

2.

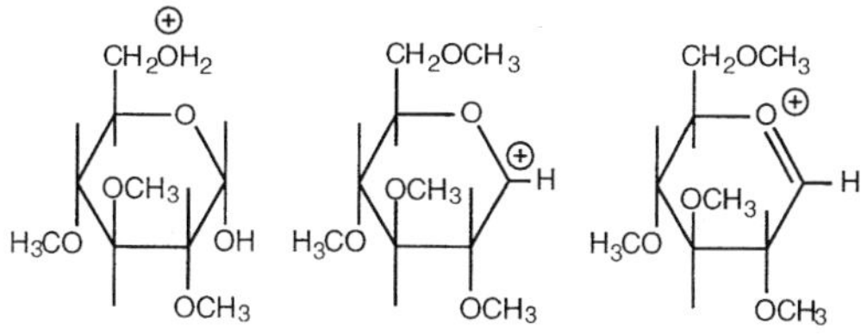

a   b   c

serie 3

3.

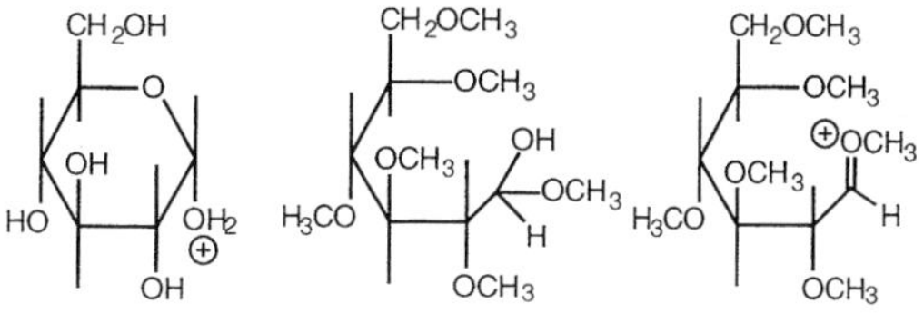

a   b   c

serie 4

4.

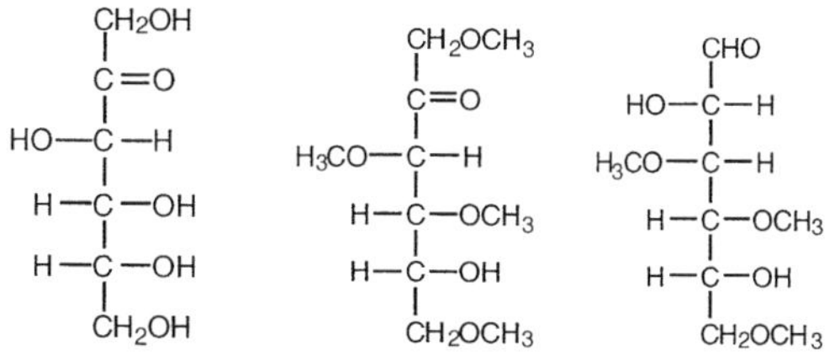

a   b   c

11) Voor volledige methylering van een dissacharide X is acht mol methyljodide nodig. Het gemethyleerde disaccharide kan door een hypothetische α-glycosidase enzym omgezet worden in twee gemethyleerde glucose-moleculen, n.l. 2,3,4-tri-O-methylglucose en 2,3,5,6-tetra-O-methylglucose.

De structuur van het disaccharide X is:

14 Antwoorden

1) a Elk chiraal C-atoom is goed voor 2 stereoisomeren. Van het totaal aantal stereoisomeren moet het aantal eventuele mesoverbindingen afgetrokken worden. Een aldopentose heeft geen mesoverbindingen omdat het koolstofskelet niet symmetrisch gesubstitueerd is. Een aldopentose heeft 3 chirale koolstofatomen, dus $2^3 = 8$ stereoisomeren. D-arabinose is een van deze 8 stereoisomeren. Het heeft één enantiomeer (L-arabinose), dit is het volledige spiegelbeeld van D-arabinose en zes diastereomeren.

   b Voor het oplossen van deze vraag is het niet nodig de structuur van D-arabinose te weten. Deze kan worden afgeleid van de structuur van D-glucose:

D-arabinose   D-glucose

De additie van HCN aan de achirale aldehydegroep geeft een nieuw chiraal C-atoom waarvan twee configuraties bestaan. De ene configuratie is in het voorgaande reactieschema gegeven en leidt tot D-glucose; de andere configuratie leidt tot D-mannose.

D-arabinose   D-mannose

   c

2) a

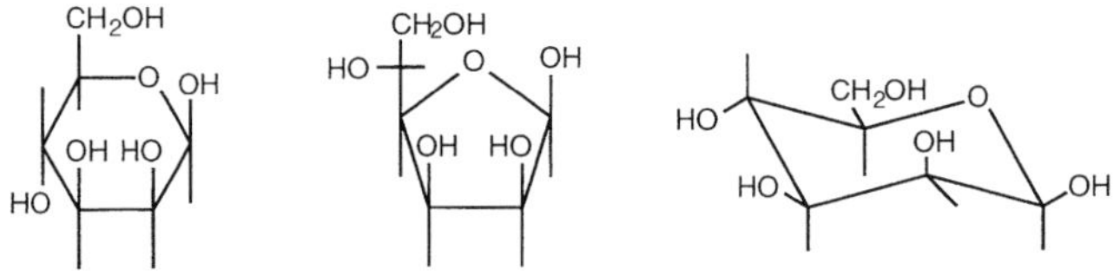

b

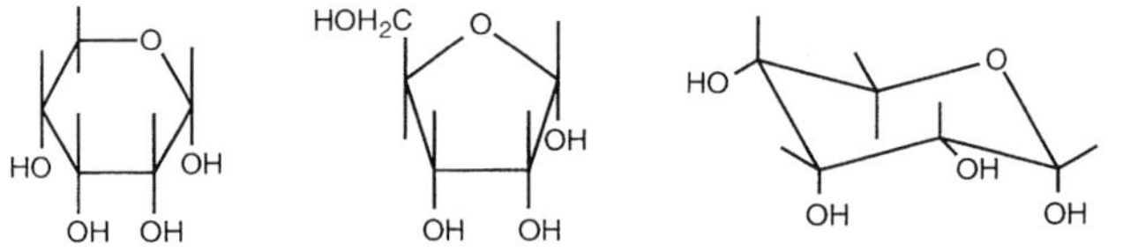

3) Lactose is een disaccharide bestaande uit β-D-galactopyranose verbonden via een β-1,4 galactosidebinding met D-glucose. De halfacetaalgroep in de rechterring is in evenwicht met de open structuur en dat betekent dat in basische milieu de configuratie rond de C2 kan epimeriseren.

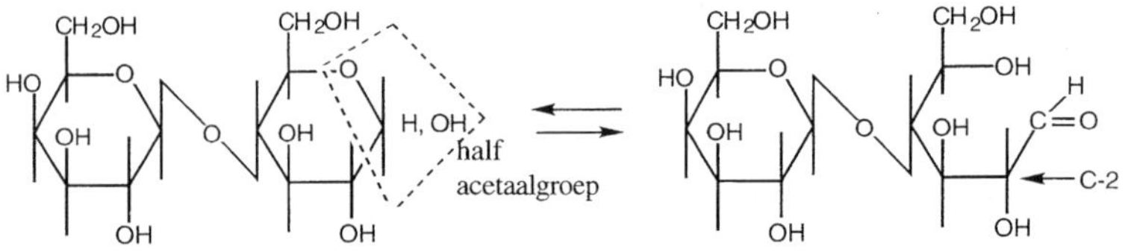

O-β–D-galactopyranosyl-(1,4)-D-glucopyranose

Deze epimerisatie verloopt via het enolaation (vergelijk de isomerisatie van glucose naar mannose en fructose in basisch milieu). Door de isomerisatie kan de structuur rond C1 en C2 dus veranderen; de rest van het molecuul blijft hetzelfde.

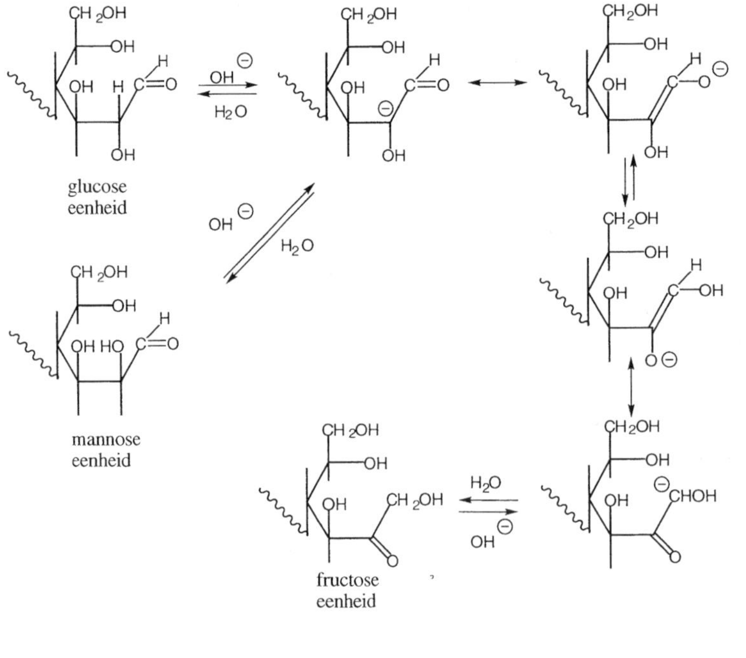

glucose
eenheid

mannose
eenheid

fructose
eenheid

De glucose-, mannose- en fructose-eenheid kunnen furanose- of pyranose-ringen vormen, ieder in de $\overset{.}{\alpha}$ en de β-vorm. We moeten de gegeven structuren dus onderzoeken op de volgende kenmerken:

1 Is het β-D-galactopyranosedeel onveranderd aanwezig? zo ja, dan kan de structuur goed zijn

2 Is het C3-C6 stuk van glucose onveranderd? Zo ja, dan kan de structuur goed zijn

3 Is het C1 en C2 stuk van glucose in overeenstemming met een mogelijke basische isomerisatie reactie?

Deze criteria leveren voor de structuur A t/m H de volgende conclusies op:
-In structuur A, B, C, E en H is de structuur van β-D-galactose (= linker deel van het molecuul) veranderd. Deze structuren vallen dus direct af. Blijven over D, F en G.
-In F is de configuratie aan C3 van de glucosering veranderd. Dit gebeurt niet bij een basische isomerisatie en structuur F valt dus ook af.

De juiste structuren zijn D (rechter ring in de β-mannopyranose vorm) en G (rechter ring in de β-fructopyranose vorm); let op de 1-4 binding.

4) a Met verdund zoutzuur zal de acetaalgroep in de suiker hydrolyseren. De etherbinding zal echter niet aangetast worden.

b Als II behandeld wordt met fenylhydrazine zal een fenylhydrazon ontstaan. Dit is de normale reactie van fenylhydrazine met een aldehyde of keton. Een osazon kan niet ontstaan, want C-2 is niet oxideerbaar, doordat geen H-C-OH groep aanwezig is maar een H-C-OCH$_3$ groep. Ook met een overmaat fenylhydrazine vindt dus geen verdere reactie plaats.

c In een basische oplossing van II kan het proton aan C-2 geabstraheerd worden. Er ontstaat dan een door mesomerie gestabiliseerd enolaat-anion. De mesomere stabilisatie vraagt een sp^2-gehybridiseerd C-2 atoom, dus de configuratie rond C-2 wordt vlak en achiraal. Wanneer het anion weer een proton opneemt, kan dit op twee manieren: namelijk van boven of van onder het vlak.

Dit resulteert in de vorming van twee diastereomeren (II en III).

H–C–OCH₃   ⊖OH   ⊖ C–OCH₃   C–OCH₃   H₂O   H₃CO–C–H
HO–C–H   H₂O   HO–C–H   HO–C–H   HO–C–H
CH₂OH   CH₂OH   CH₂OH   ⊖OH   CH₂OH

     II   III

Dit type isomerisatie aan een chiraal koolstofatoom naast een carbonylgroep is een bekend verschijnsel in basisch milieu. Het isomerisatie-evenwicht tussen glucose en mannose in basisch milieu is hier ook een voorbeeld van.

5) a Uit het gegeven dat levan D-fructofuranose ringen bevat, kunnen we concluderen dat het polymeer bestaat uit vijfringen van fructose. De β-2,6 binding geeft aan dat de glycoside-O in de β-positie staat (naar boven) en verbonden is met C-6 van de volgende fructose-eenheid.

b Het reducerende uiteinde van een polysaccharide keten is het uiteinde dat de half-acetaalgroep bevat. Deze is hier verbonden met een α-D-glucopyranose eenheid via een 2β - 1α binding.

Dit kunnen we als volgt schrijven:

2β–1α binding

c De methylering vindt plaats op alle vrije OH groepen. Bij hydrolyse met verdund zuur zullen de ether-OCH₃ groepen intact blijven. *Eventuele OCH₃ groepen behorend tot een acetaalfunctie worden weer omgezet in OH groepen.* In het geval van levan zijn die echter niet aanwezig. We kunnen dus de volgende gemethyleerde produkten aantreffen:

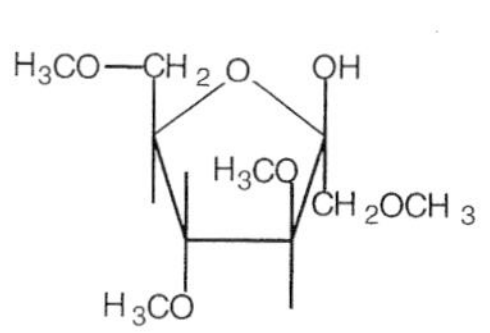

H₃CO—CH₂ O OH H₃CO CH₂OCH₃ H₃CO

eindstandige
fructoserest

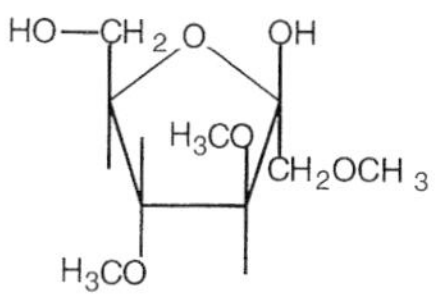

HO—CH₂ O OH H₃CO CH₂OCH₃ H₃CO

fructoseresten
midden in de
keten

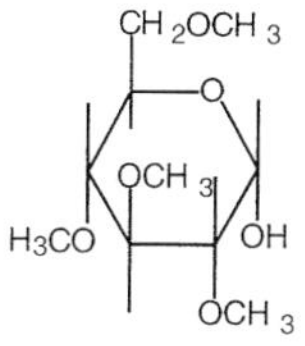

CH₂OCH₃ O OCH₃ H₃CO OH OCH₃

eindstandige
glucoserest

d Bij volledige hydrolyse (in zuur milieu) van levan (bestaande uit D-fructose en een D-glucose als eindgroep) zal vrij D-fructose en D-glucose ontstaan. Wanneer dit mengsel met overmaat NaOH oplossing wordt behandeld, zal de basische isomerisatie reactie optreden. D-Fructose is daarbij via het enolaatanion in evenwicht met D-glucose en D-mannose.

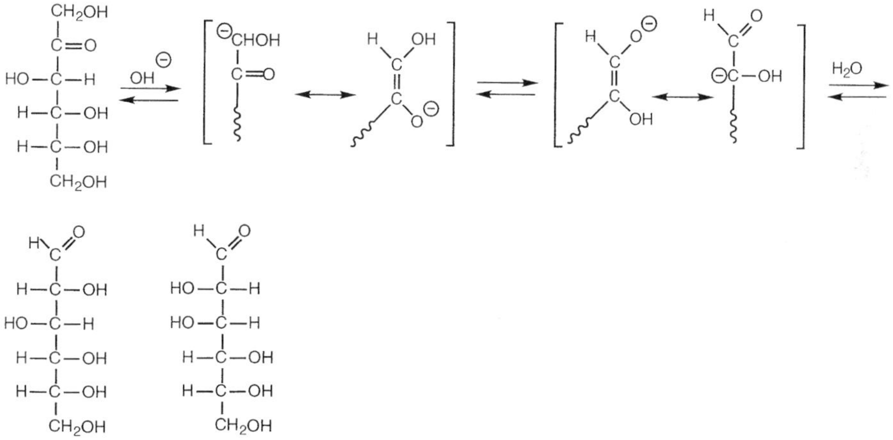

CH₂OH
C=O
HO—C—H
H—C—OH
H—C—OH
CH₂OH

OH⁻

[⊖CHOH
C=O]

[H OH
C
C
O⊖]

[H O⊖
C
C
OH]

[H O
C
⊖C—OH]

H₂O

H O
C
H—C—OH
HO—C—H
H—C—OH
H—C—OH
CH₂OH

H O
C
HO—C—H
HO—C—H
H—C—OH
H—C—OH
CH₂OH

e Fehlings reagens oxideert een aldehydegroep tot een carbonzuurgroep. D-glucose en D-mannose bevatten een aldehydegroep die in een carbonzuurgroep wordt omgezet. De juiste structuren zijn dus:

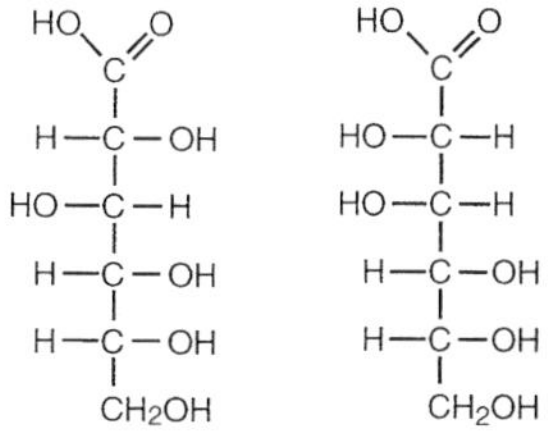

HO O
C
H—C—OH
HO—C—H
H—C—OH
H—C—OH
CH₂OH

HO O
C
HO—C—H
HO—C—H
H—C—OH
H—C—OH
CH₂OH

6) a Om de sterische hinder te kunnen beoordelen, moeten we de suikermoleculen in de ruimtelijke structuur tekenen. Daarna moeten we kijken naar het aantal 1,3-diaxale interacties in het molecuul.

1.0

1.0 heeft één axiale OH groep, deze heeft één diaxiale interactie met één H atoom. In de andere 1,3 diaxiale positie t.o.v. deze OH groep zit het zuurstofatoom.

1.1

1.1 bevat één axiale OH-groep deze heeft een 1,3-diaxiale interactie met één H atoom.

1.2

1.2 bevat geen axiale groepen anders dan H- atomen (ß-glucopyranose)

1.3

1.3 bevat één axiale OH-groep; deze heeft 1,3-diaxiale interacties met *twee* H-atomen. Hier is de sterische hinder dus het grootst.

b In deze opgave wordt een beroep gedaan op de kennis van enkele begrippen:

enantiomeer: Volledig spiegelbeeld isomeer

anomeer: Alleen de configuratie aan het (half)acetaal koolstofatoom is verschillend (de α en β vorm van een suiker zijn anomeren van elkaar)

epimeer: De configuratie van een suiker verschilt aan één koolstofatoom. Dit is dan niet het (half)acetaal koolstofatoom (- anomere C-atoom) want dan noemen we het een anomeer. Glucose is een C2-epimeer van mannose en een C4-epimeer van galactose

diastereomeer: Alle stereoisomeren die geen enantiomeren zijn, zijn diastereomeren. De anomeren en epimeren vallen onder de bredere definitie van diastereomeren.

De getekende structuur I heeft alleen een axiale OH-groep op C2. Het is dus β-D-mannopyranose. Dit is een epimeer van β-D-glucopyranose en dus ook een diastereomeer hiervan. 2.9 (c + d) is het goede antwoord.

7) In deze opgave moeten we de mogelijke basische isomeratie van D-fructose bekijken.
Bij elke serie is er keuze uit één structuur.
Serie a:
Isomerisatie kan optreden aan de C-atomen *naast* de carbonylgroep via het enolaat-anion. We zien al snel dat 1.0 en 1.2 afvallen (C4 anders). Ook 1.3 en 1.4 kunnen niet (hogere oxidatiestaat van het molecuul). Blijft over 1.1. Dit is mannose en dat kan inderdaad door

basische isomerisatie uit fructose ontstaan.

Serie b:

Bij deze ringstructuren is de juiste oplossing in principe iets minder direct te vinden. We beginnen eerst met het opschrijven van de zesring van D-fructose.

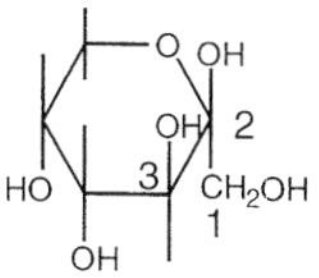

O OH
OH 2
HO 3 CH₂OH   D-fructose
1
OH

Verandering in basisch milieu kunnen zoals vermeld, optreden rond de carbonylgroep. Voor fructose is dat C1, C2 en/of C3 . Verandering aan C3 geeft het volgende epimeer:

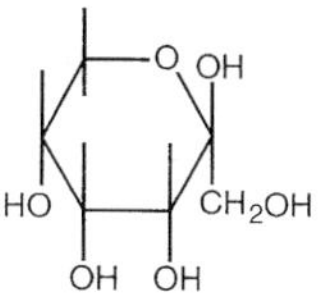

O OH
OH
HO CH₂OH
OH OH

We kunnen in deze opgave al snel zien, dat structuur 2.4 het juiste antwoord is (de structuur van D-fructose). Het had echter ook minder gemakkelijk kunnen zijn, als in plaats hiervan een van de isomerisatieprodukten aan C1 en C2 gegeven zou zijn als juiste structuur. Bij isomerisatie aan C1 en C2 verschuift de ketogroep van C2 naar C1 (fructose naar glucose of mannose). In dat geval moeten we dus de zes ringstructuren van glucose en mannose erbij betrekken. N.B.: Bij de basische isomerisatie van glucose, mannose en fructose wordt er altijd van uitgegaan dat de isomerisatie alleen plaats vindt aan C1 en C2. In principe kan een carbonylgroep echter via een aantal evenwichten ook verschuiven van C2 naar C3 enz. De concentraties van de produkten die daarbij ontstaan, zijn echter zo laag dat ze in het bestek van deze collegestof verwaarloosd worden.

Serie c:

We beginnen met de vijfringstructuren op te schrijven van fructose, glucose en mannose.

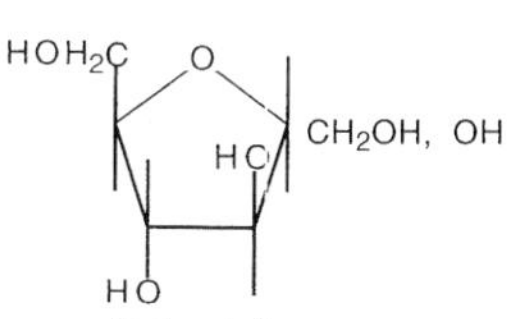

HOH₂C   O
HC CH₂OH, OH
HO
D-fructofuranose

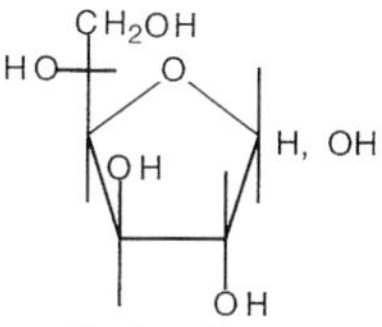

CH₂OH
HO O
OH H, OH
OH
D-glucofuranose

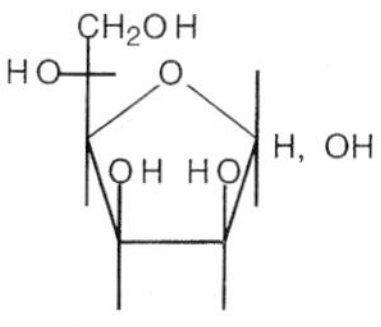

CH₂OH
HO O
OH HO H, OH
D-mannofuranose

Uit vergelijking met de gegeven structuren blijkt dat 3.2 het juiste antwoord is.

8) A Fructose geeft met methanol en een katalytische hoeveelheid zuur een acetaal (glycoside)door de OH-groep van het halfacetaal te vervangen door een OCH₃ groep. De andere OH groepen worden met $H_3COH/H^{\oplus}$ *niet* omgezet, de structuren a (-CH₂-OCH₃ onjuist), b, c, d, e en f vallen op grond hiervan af. Het juiste antwoord is dus 1.9. Wat wél gebeurt is het volgende:

een van de mogelijke
structuren van fructose

De reden dat alleen de OH groep van het halfacetaal omgezet wordt, is dat waterafsplitsing alleen op het halfacetaalkoolstofatoom kan plaatsvinden. Het carbokation dat ontstaat, wordt daar namelijk door mesomerie gestabiliseerd door de vrije elektronenparen van het naburige zuurstofatoom. Op de andere plaatsen is geen mesomere stabilisatie mogelijk.

B D-ribose vormt met fenylhydrazine een osazon

Het goede antwoord is dan 2.4.

9) Over de gegeven suikers worden een aantal vragen gesteld die het beste beantwoord kunnen worden wanneer we de suikerstructuren in de open keten vorm zien. Dit kunnen we doen door de ringstructuren te herkennen en dan de betreffende suiker in de open keten vorm op te schrijven of de open keten vorm af te leiden van de ringstructuur.

structuur a (glucose):

D-glucose

structuur b:

$$1\,CH_2OH$$
$$2\,C=O$$
$$HO-C-H$$
$$H-C-OH$$
$$HOH_2C-C-H$$
$$OH$$

$$1\,CH_2OH$$
$$2\,C=O$$
$$HO-C-H$$
$$H-C-OH$$
$$H-C-OH$$
$$CH_2OH$$

D-fructose

structuur c:

$$H-C=O$$
$$HO-C-H$$
$$H-C-OH$$
$$HO-C-H$$
$$HOH_2C-C-H$$
$$OH$$

$$H-C=O$$
$$HO-C-H$$
$$H-C-OH$$
$$HO-C-H$$
$$H-C-OH$$
$$CH_2OH$$

structuur d:

$$H-C=O$$
$$HO-C-H$$
$$HO-C-H$$
$$R-C-H$$
$$OH$$

$$H-C=O$$
$$HO-C-H$$
$$HO-C-H$$
$$H-C-OH$$
$$R$$

$$H-C=O$$
$$HO-C-H$$
$$HO-C-H$$
$$H-C-OH$$
$$H-C-OH$$
$$CH_2OH$$

D-mannose

$$HOH_2C-\overset{H}{\underset{OH}{C}} = R$$

Bij reactie met fenylhydrazine wordt een osazon gevormd. Hierbij reageren de eerste twee koolstofatomen tot een gelijk structuurfragment. Verbindingen die alleen verschillen in configuratie aan de eerste twee C-atomen, vormen hetzelfde osazon. Dus glucose, fructose en mannose vormen hetzelfde osazon (1.7).

In neutrale oplossing zijn alleen de α- en β-vorm en de vijf- en zesring-vorm van één en dezelfde suiker met elkaar in evenwicht. We hebben hier te maken met 4 verschillende suikers dus hier is geen van de gegeven structuren in evenwicht met één of meer van de andere (2.9).

In basisch milieu zijn glucose, fructose en mannose met elkaar in evenwicht via de base gekatalyseerde isomerisatiereactie (3.7).

10) Bij volledige methylering onder invloed van base worden alle hydroxygroepen omgezet in methoxygroepen. Wanneer dit produkt geruime tijd wordt behandeld met verdund zuur dan zal de acetaalfunctie hydrolyseren.

CH2OH ... CH3I base ... CH2OCH3 acetaal OCH3 ... $-H^{\oplus}$ ... CH2OCH3 ... I ... + ... CH2OCH3 ... II ... enz.

β–D-glucopyranose

Het proton kan in principe op elk vrij elektronenpaar van zuurstof plaatsnemen. Alleen protonering van de zuurstofatomen in het acetaal I, leidt tot nieuwe produkten omdat alleen daar een mesomeer gestabiliseerd carbokation als intermediair gevormd kan worden. Bij een volgreactie van I:

CH2O CH3 ... $-CH_3OH$ ... CH2O CH3 ... CH2OCH3 ... H_2O

A

CH2OCH3 ... en ... CH2OCH3 ... CH2OCH3 ... $-H^{\oplus}$ ... H, OH

CHO
H—C—OCH3
H3CO—C—H
H—C—OCH3
H—C—OH
CH2OCH3

2,3,4,6-tetramethylglucose

Water kan op twee manieren op structuur A aanvallen, dit geeft twee halfacetalen n.l. de α– en de β– vorm.

De juiste antwoorden zijn: 1.1, 2.5, 3.7 en 4.7.

11) Voor de volledige methylering van X is 8 mol methyljodide nodig. Dit betekent dus, dat het disaccharide acht OH-groepen bevat.Een α-glycosidase enzym zet het molecuul om in twee gemethyleerde glucose moleculen.Een α-glucosidase enzym splitst α-glycoside bindingen. In de twee glucose moleculen, die zijn ontstaan, zitten samen nog zeven methylgroepen. Dit houdt in, dat het enzym ook een -OCH$_3$ groep omgezet heeft.

Dit moet dus een OCH$_3$ groep zijn, die verbonden is geweest via een α–glycosidebinding aan het disaccharide, dus een acetaal in de α-vorm.Vóór volledige methylering is dit dus een halfacetaal in de α-vorm geweest 1.0; 1.2; 1.3; 1.4 en 1.5 bevatten ieder een halfacetaal in de α-vorm.

Uit de plaats van methylering kunnen we de ringsluiting halen. De niet-gemethyleerde plaatsen zijn in X acetaal of halfacetaal plaatsen. De α–2,3,5,6-tetra-O-methylglucose-eenheid kan dan alleen in de furanosevorm aanwezig zijn.

α–2,3,4-tri-O-methyl-
glucose-eenheid

α–2,3,5,6-tetra-O-methyl-
glucose-eenheid

Hieruit blijkt, dat alleen 1.2 het goede molecuul kan zijn.

15 Stereochemie   en   reacties

1) Geef met behulp van reactiemechanismen het stereochemisch verloop van de volgende reacties. Geef aan of de uitgangsstoffen de *R*- dan wel de *S*-configuratie bezitten. De stereochemie van de eindprodukten moet duidelijk getekend worden en de configuratie ervan moet met de aanduidingen in *R* of *S* aangegeven worden.

a ....

.... configuratie

b

.... configuratie

c Bij onderstaande reactie *alleen* het stereochemisch verloop geven voor de vorming van het *hoofdprodukt* van de reactie:

(2*R*,3*S*)-2-broom-3-fenylbutaan $\xrightarrow{E2}$ HBr +   ...

2) Met onderstaande optisch actieve verbindingen worden de aangegeven reacties uitgevoerd:

a

b

c

Geef bij elk van onderstaande uitspraken aan of deze van toepassing is op deze reacties:

1   De uitgangsstof heeft de *S*-configuratie.

2   Bij de reactie wordt een mengsel van enantiomeren gevormd.

3   Bij de reactie wordt een mengsel van diastereomeren gevormd.

4   Bij de reactie wordt slechts één produkt met de *R*-configuratie gevormd.

5   Bij de reactie treedt asymmetrische inductie op.

6   Tijdens de reactie verandert de optische rotatie van het reactiemengsel.

7   Er ontstaat (o.a) een mesoverbinding.

U hebt de keuze uit de volgende antwoord mogelijkheden:

0: geen van de reacties	4: a + b
1: alleen reactie a	5: a + c
2: alleen reactie b	6: b + c
3: alleen reactie c	7: a+ b + c

3) De reacties a t/m d geven de volgende reactieprodukten:

-Reactie a (verestering)

$$HO-C(=O)-\underset{H_3C}{\overset{H\cdots\cdots C}{|}}-C_2H_5 \quad + \quad \underset{C_2H_5}{\overset{CH_3}{|}}CHOH \quad \xrightarrow[-H_2O]{H^{\oplus}} \quad H_5C_2-\underset{CH_3}{\overset{}{CH}}-C-O-\underset{}{CH}-C_2H_5 \quad \overset{CH_3}{}$$

R- configuratie $R + S$- configuratie

-Reactie b (wateradditie)

$$\underset{HOOC}{\overset{H}{}}\overset{COOH}{C}=C\underset{CH_2COOH}{} \quad + \quad H_2O \quad \xrightarrow{enzym} \quad \underset{HOOC}{\overset{COOH}{CHOH}}\,CH\,CH_2COOH$$

tweede stap van de
citroenzuurcyclus

-Reactie c (broomadditie)

$$\underset{H_3C}{\overset{H}{}}C=C\underset{H}{\overset{CH_3}{}} \quad + \quad Br_2 \quad \longrightarrow \quad \overset{CH_3}{\underset{CH_3}{\overset{CHBr}{\overset{CHBr}{}}}}$$

-Reactie d (katalytische reductie)

De stereochemische termen, genoemd in onderstaand schema, kunnen al of niet betrekking hebben op de reacties a t/m d. Ga dit na voor alle vier reacties. Als een term wel betrekking heeft op een reactie, plaats dan in de betreffende kolom een kruisje achter de betreffende term.

reactie	a	b	c	d
1 er treedt volledige inversie op				
2 er vindt vorming van diastereomeren plaats				
3 er treedt asymmetrische inductie op				
4 er wordt een mesoverbinding gevormd				
5 er wordt een nieuw chiraal C- atoom gevormd				
6 er treedt volledige retentie plaats				
7 er wordt een racemaat gevormd				
8 de optische rotatie verandert				
9 er wordt maar één enantiomeer gevormd				

15 Antwoorden

1) a

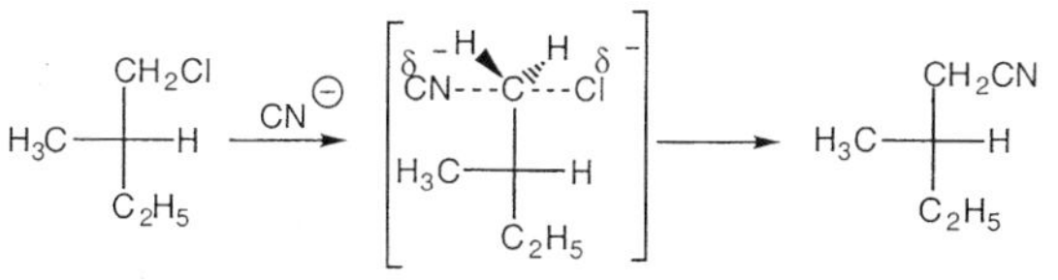

of

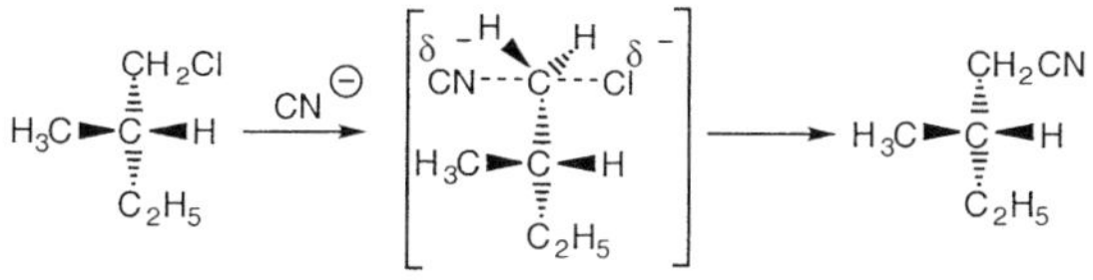

Er heeft geen reactie aan het chirale C-atoom plaats gevonden. De configuratie blijft dezelfde, dus S. De cyaanverbinding heeft de S-configuratie, de bovenste groep houdt namelijk dezelfde prioriteit (CH_2CN hoger dan C_2H_5).

b

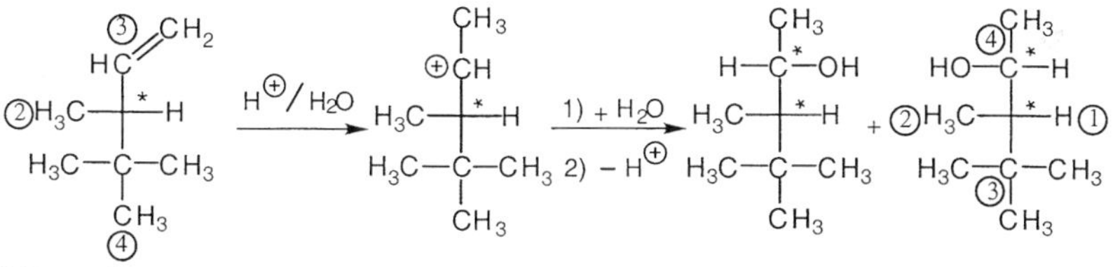

3-R- configuratie   configuratie rond   ($2S$,$3S$)-conf.   ($2R$,$3S$)-conf.
                            C2 is vlak

N.B.: In het eindprodukt is de rangschikking van de atomen rond C3 niet veranderd. Door invoering van een OH-groep is echter wel de prioriteit van de "bovenste" groep veranderd ten opzichte van de "onderste" groep. Het eindprodukt heeft dus een $3S$-configuratie.

c

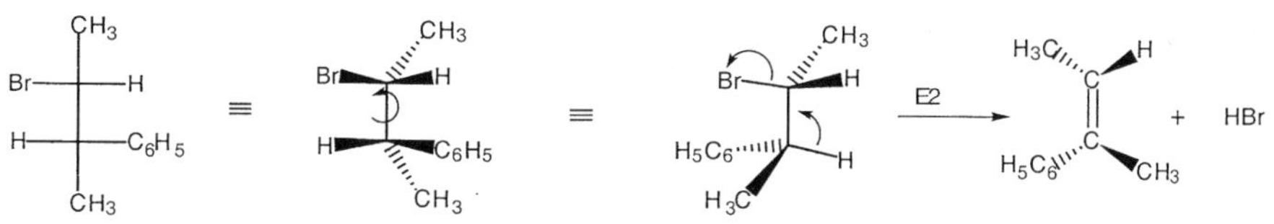

($2R$, $3S$)-2-broom-   eliminatie verloopt *trans*   na rotatie komt het
3-fenylbutaan   en kan zo dus niet plaats-   H atoom in de goede
                       vinden omdat er geen   positie en is trans-
                       β-H atoom trans t.o.v.   eliminatie goed mogelijk.
                       het Br-atoom staat.

2) De gegeven reacties moeten nauwkeurig op hun stereochemische consequenties beoordeeld worden. (φ = fenyl)

a

S-conf.   S   R   S   S

b

S-conf.   mesomere stabilisatie   S-conf.   R-conf.

c

S-conf.   R-conf.

Gaan we nu de uitspraken na dan komen we tot de volgende antwoorden.

1.7: a + b + c.

Bekijken we de afzonderlijke reacties dan kunnen we het volgende opmerken.

Bij reactie a is een chiraal koolstofatoom aanwezig, dat tijdens de reactie niet verandert. Er komt een nieuw chiraal koolstofatoom bij dat zowel de R als de S-configuratie kan hebben. De produkten hebben dus de SR en de SS configuratie en zijn derhalve diastereomeren van elkaar. Bovendien zal een chiraal koolstofatoom in de uitgangsstof de vorming van een nieuw extra chiraal koolstofatoom in het produkt beïnvloeden: waterstof, gehecht aan het oppervlak van de katalysator kan gemakkelijker van de onderkant van het molecuul naderen dan van de bovenkant, omdat daar de CH_3 groep in de weg zit. Het gevolg is dat de beide diastereomeren in ongelijke hoeveelheid gevormd worden (=asymmetrische inductie).

Bij reactie b is sprake van een polair oplosmiddel en een door mesomerie gestabiliseerd carbokation. Dus deze reactie verloopt via een S_N1 mechanisme. Dit houdt in dat er racemaat wordt gevormd.

Reactie c is een typisch voorbeeld van een reactie die verloopt volgens een S_N2 mechanisme. Een primair halogeenalkaan geeft een vlotte reactie met inversie van configuratie (D is chemisch equivalent aan H, maar zorgt wel voor optische rotatie doordat het koolstofatoom chiraal wordt) en een goed nucleofiel ($CN^\ominus$)

Bekijken we nu de verdere antwoorden dan kunnen we het volgende vaststellen:

2.2:   alleen b geeft een mengsel van enantiomeren.

3.1:   alleen a geeft een mengsel van diastereomeren.

4.3:   de S_N2 reactie bij C geeft inversie dus $S \longrightarrow R$.

5.1:   vorming van een nieuw chiraal koolstofatoom kan gepaard gaan met asymmetrische inductie als er reeds chiraal centrum in de uitgangsstof aanwezig is. Dit is het geval bij reactie a.

6.7: als er uit optisch actieve verbindingen andere verbindingen gemaakt worden, verandert de rotatie (a + b + c).

7.0: een mesoverbinding heeft een vlak van symmetrie waar door de rotatie van twee of meer chirale koolstofatomen elkaar opheffen. Alleen bij a ontstaat een verbinding met twee chirale koolstofatomen, maar de substituenten aan deze chirale koolstofatomen zijn verschillend, zodat er nooit een spiegelvlak door dit molecuul te tekenen is.

3) Beoordeel bij deze opgave elke reactie op zijn stereochemische consequenties.

Reactie a:

Dit is een veresteringsreactie waarbij de configuratie van de chirale koolstofatomen van zowel het carbonzuur als de alcohol niet verandert. Er wordt dus als produkt een mengsel van twee diastereomere esters gevormd met de RR en de RS configuratie. Reacties in de buurt van een chiraal koolstofatoom in het carbonzuur worden beïnvloed door de stereochemie van dit koolstofatoom. In dit geval kan het heel goed zijn dat het R-carbonzuur iets sneller reageert met bijvoorbeeld de S-alcohol (of de R-alcohol, dit is niet altijd van tevoren te voorspellen). Wanneer we uitgaan van overmaat $R+S$ alcohol dan zal er in dit voorbeeld dus iets meer van de S-alcohol reageren en er zal dus iets meer RS-ester gevormd worden dan RR-ester. Het verschijnsel dat een chiraal koolstofatoom de produktverhouding beïnvloedt, heet *asymmetrische inductie*.

Voor reactie a moeten de kruisjes staan bij:

- vorming van diastereomeren (RR en RS)

- asymmetrische inductie ($RR \neq RS$)

- de rotatie verandert (omdat er nieuwe optisch actieve produkten ontstaan).

Reactie b:

Deze reactie is een enzymatische water additie. Uitgegaan wordt van een niet-optisch actieve stof. Normaal leidt een reactie van een niet-optisch actieve stof niet tot optische activiteit in (het mengsel van) de reactieprodukten. Er wordt eventueel een racemaat gevormd maar er ontstaat spontaan geen optische activiteit in de reactiekolf. Bij een enzymatische reactie is dit anders. Het enzym is zelf in hoge mate chiraal en dit regelt de vorming van slechts één enantiomeer.

Voor reactie b moeten de kruisjes staan bij:

- vorming van een chiraal koolstofatoom.

- de rotatie verandert (0° wordt X°).

- er wordt maar één enantiomeer gevormd.

- (asymmetrische inductie) Dit antwoord werd niet goed en niet fout gerekend.

Een enzymatische reactie is in wezen een reactie waarbij 100% asymmetrische inductie optreedt; meestal wordt een enzymatische reactie tot een aparte categorie gerekend.

Reactie c:

Deze reactie is een broomadditie aan een dubbele binding. We weten dat zo'n reactie via een bromoniumion mechanisme verloopt en resulteert in *anti* additie. Dit is belangrijk voor de stereochemie van het reactieprodukt.

I   II

I en II ontstaan door de twee mogelijkheden van transadditie (Br bovenaan naar voren en onderaan naar achteren en omgekeerd). Nadere inspectie laat zien dat beide moleculen gelijk zijn (omgekeerd getekend). Als je dat niet zo direct ziet dan an ook goed in elk produkt eerst de configuraties rond de beide chirale koolstofatomen benoemd worden. Let er hierbij op dat de substituenten aan de beide chirale koolstofatomen dezelfde zijn zodat we rekening moeten houden met eventueel een mesoprodukt.

N.B.: Beide structuren I en II zijn dus één en dezelfde verbinding, namelijk de niet-optisch actieve mesoverbinding.

De kruisjes moeten staan bij:

- vorming van een mesoverbinding.

- vorming van een nieuw chiraal koolstofatoom (twee C* die elkaar opheffen).

Dus in dit geval wordt geen mengsel van diastereomeren of een racemaat gevormd. De rotatie verandert niet want er was geen optische activiteit en er komt geen optische activiteit. Een meso verbinding heeft een intramoleculair spiegelvlak en de rotatie van de bovenste helft van het molecuul wordt opgeheven door de evengrote maar tegengestelde rotatie van de onderste helft van het molecuul.

Reactie d:

Dit is een waterstofadditie (reduktie). Een waterstofadditie verloopt *syn*. Er wordt een nieuw chiraal koolstofatoom gevormd naast een reeds bestaand chiraal koolstofatoom (met de C_2H_5-groep). Het bestaande chirale koolstofatoom beïnvloedt de produktverhouding $(R+S)$ van het nieuw te vormen chirale koolstofatoom. Hier treedt dus asymmetrische inductie op. Dit is in dit geval ook gemakkelijk in te zien want waterstof, gehecht aan het metaaloppervlak van de katalysator, kan de dubbele binding gemakkelijker van de onderkant naderen dan van de bovenkant. De bovenkant wordt namelijk ten dele afgeschermd door de C_2H_5-groep. Hier worden dus twee reactieprodukten gevormd die diasteromeren van elkaar zijn en in ongelijke hoeveelheden gevormd worden.

(Het C-atoom met de C_2H_5-groep houdt de R-configuratie, dus ontstaan er de verbindingen RR en RS waarbij $RR \neq RS$).

De kruisjes moeten staan bij:

- vorming van diastereomeren (RR en RS)

- asymmetrische inductie ($RR \neq RS$)

- vorming van een nieuw chiraal C-atoom (met R en S configuratie)

- de rotatie verandert (nieuwe optisch actieve produkten).

16 Carbonzuren

1) Schrijf de structuren op met de volgende namen:

    a   3-hydroxybutaanzuur

    b   2-chloorethaancarbonzuur

    c   3-fenyl-2-propeenzuur

2) Geef de systematische IUPAC naam van de volgende verbindingen:

$$\text{C}_6\text{H}_5-\overset{\overset{\displaystyle O}{\|}}{\text{C}}-\text{OH} \qquad \text{H}_3\text{C}-(\text{CH}_2)_4-\overset{\overset{\displaystyle O}{\|}}{\text{C}}-\text{OH} \qquad \text{H}_3\text{CO}-\text{CH}_2-\overset{\overset{\displaystyle \text{CH}_3}{|}}{\text{CH}}-\overset{\overset{\displaystyle O}{\|}}{\text{C}}-\text{OH} \qquad \text{H}_2\text{C}=\text{CH}-\text{CH}_2-\overset{\overset{\displaystyle O}{\|}}{\text{C}}-\text{OH}$$

3) Hoe kan ethaancarbonzuur, $\text{H}_5\text{C}_2-\text{COOH}$, uit ethanol gesynthetiseerd worden?

4) Geef het mechanisme van de decarboxylatie van $\text{HOOC}-\overset{\overset{\displaystyle O}{\|}}{\text{C}}-\text{CH}_2-\text{COOH}$

5) a   Welke van de volgende reactietypen komt *niet* voor in de citroenzuurcyclus?

    0: oxidatie (van het substraat)

    1: reductie (van het substraat)

    2: water additie

    3: dehydratatie

    4: decarboxylatie

    5: condensatie met $\overset{\ominus}{\text{H}_2\text{C}}-\overset{\overset{\displaystyle O}{\|}}{\text{C}}-\text{SCoA}$ of $\overset{\ominus}{\text{H}_2\text{C}}-\overset{\overset{\displaystyle O}{\|}}{\text{C}}-\text{SProt}$

b Geef bij de volgende tussenprodukten uit de citroenzuurcyclus steeds aan, welke van bovengenoemde reactietypen zij in de volgende stap van de citroenzuurcyclus ondergaan.

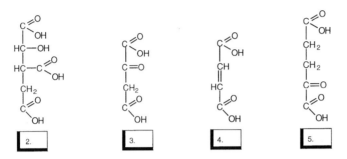

6) Welke van onderstaande structuren komen voor in de citroenzuurcyclus?

U hebt bij elke serie steeds de keuze uit de volgende mogelijkheden:

0: alleen a   4: a + c

1: alleen b   5: b + c

2: alleen c   6: a + b + c

3: a + b   7: geen van de drie structuren.

serie A   1.

$$
\begin{array}{ccc}
\text{COOH} & \text{COOH} & \text{COOH} \\
| & | & | \\
\text{CH} & \text{HO—C—COOH} & \text{CH}_2 \\
\| & | & | \\
\text{C—COOH} & \text{CH} & \text{HO—C—COOH} \\
| & \| & | \\
\text{CH}_2 & \text{CH} & \text{CH}_2 \\
| & | & | \\
\text{COOH} & \text{COOH} & \text{COOH} \\
a & b & c
\end{array}
$$

serie B

2.

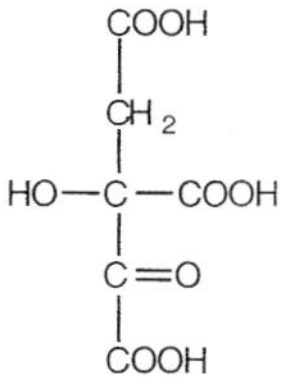

```
    COOH            COOH            COOH
     |               |               |
    CH₂             CH₂             CH₂
     |               |               |
HO—C—COOH       H—C—COOH          CH₂
     |               |               |
    C=O         HO—C—H            C=O
     |               |               |
    COOH            COOH            COOH
     a               b               c
```

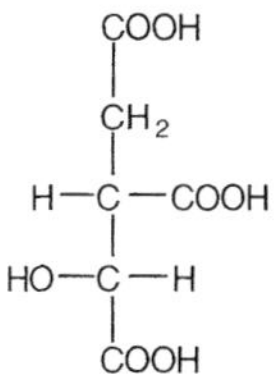

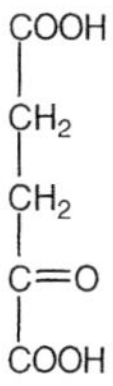

serie C

3.

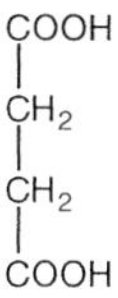

```
    COOH            COOH            COOH
     |               |               |
    CH₂         H—C—OH             C=O
     |               |               |
    CH₂             CH₂             CH₂
     |               |               |
    COOH            COOH            COOH
     a               b               c
```

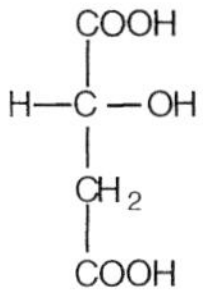

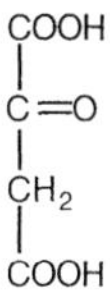

16 Antwoorden

1) $H_3C-CH-CH_2-\overset{\overset{\displaystyle O}{\|}}{C}-OH$ $Cl-CH_2-CH_2-\overset{\overset{\displaystyle O}{\|}}{C}-OH$ [benzeenring]$-CH=CH-\overset{\overset{\displaystyle O}{\|}}{C}-OH$
      $|$
      OH

    3-hydroxybutaanzuur   2-chloorethaancarbonzuur   3-fenyl-2-propeenzuur

                    (3-chloorpropaanzuur)

                    (monochloorazijnzuur)   (kaneelzuur)

2) [benzeenring]$-\overset{\overset{\displaystyle O}{\|}}{C}-OH$ $H_3C-(CH_2)_4-\overset{\overset{\displaystyle O}{\|}}{C}-OH$ $H_3CO-CH_2-\overset{\overset{\displaystyle CH_3}{|}}{CH}-\overset{\overset{\displaystyle O}{\|}}{C}-OH$ $H_2C=CH-CH_2-\overset{\overset{\displaystyle O}{\|}}{C}-OH$

    benzoëzuur   hexaanzuur   2-methyl-3-methoxypropaanzuur   3-buteenzuur

3) Bij de synthese van ethaancarbonzuur uit ethanol moet de koolstofketen met één koolstofatoom verlengd worden.

Dit kan op twee manieren gebeuren:

a $H_5C_2-OH + HBr \xrightarrow{S_N2} H_5C_2-Br + H_2O$

    $H_5C_2-Br + Mg \longrightarrow H_5C_2-MgBr$

    $H_5C_2-MgBr + CO_2 \longrightarrow H_5C_2-\overset{\overset{\displaystyle O}{\|}}{C}-O^{\ominus} {}^{\oplus}MgBr \xrightarrow{H_2O} H_5C_2-COOH + Mg(OH)Br$

b $H_5C_2-OH + HBr \xrightarrow{S_N2} H_5C_2-Br + H_2O$

    $H_5C_2-Br + {}^{\ominus}CN \xrightarrow{S_N2} H_5C_2-CN + {}^{\ominus}Br$

    $H_5C_2-CN \xrightarrow[H_3O^{\oplus}(\text{of } OH^{\ominus}/H_2O)]{\text{hydrolyse}} H_5C_2-\overset{\overset{\displaystyle O}{\|}}{C}-OH + NH_4^{\oplus} \; {}^{\ominus}$ (in $OH^{\ominus}/H_2O$: $H_5C_2-\overset{\overset{\displaystyle O}{\|}}{C}-O^{\ominus} + NH_3$)

4) De carbonzuurgroep β t.o.v. de carbonylgroep wordt het gemakkelijkst afgesplitst door een gunstig cyclisch mechanisme waarbij geen (hoog energetische) geladen deeltjes of radikalen ontstaan.

N.B.: Denk om de *richting* van de pijlen. Op deze wijze verhuist H zonder zijn elektronen naar de carbonylgroep (dus als $H^{\oplus}$). Indien men de pijlen tegengesteld zou tekenen, zou er een hoog energetisch $H^{\ominus}$ deeltje verhuizen: dit is hier niet mogelijk!

5) Voor het oplossen van deze opgave dient de cyclus van de biosynthese van vetzuren uitgeschreven te worden. Daarnaast moeten we in de gaten houden dat een vetzuurketen altijd een even aantal koolstofatomen bevat (inclusief de COOH groep). De goede antwoorden zijn: 1.3; 2.3; 3.0; 4.3; 5.0 en 6.3.

6) De citroenzuurcyclus is een oxidatieproces; een reduktie komt in de cyclus niet voor (1.1). Voor het beantwoorden van de rest van de vraag moeten we de citroenzuurcyclus uitschrijven:

$$
\begin{array}{c}
\text{CO}_2\text{H} \\
|\\
\text{CH}_2 \\
|\\
\text{HO}-\text{C}-\text{CO}_2\text{H} \\
|\\
\text{CH}_2 \\
|\\
\text{CO}_2\text{H}
\end{array}
\xrightarrow[\text{dehydratatie}]{-\text{H}_2\text{O}}
\begin{array}{c}
\text{CO}_2\text{H} \\
|\\
\text{CH} \\
\|\\
\text{C}-\text{CO}_2\text{H} \\
|\\
\text{CH}_2 \\
|\\
\text{CO}_2\text{H}
\end{array}
\xrightarrow[\text{wateradditie}]{+\text{H}_2\text{O}}
\begin{array}{c}
\text{CO}_2\text{H} \\
|\\
\text{HO}-\text{C}-\text{H} \\
|\\
\text{H}-\text{C}-\text{CO}_2\text{H} \\
|\\
\text{CH}_2 \\
|\\
\text{CO}_2\text{H}
\end{array}
\xrightarrow[\text{oxidatie}]{}
\begin{array}{c}
\text{CO}_2\text{H} \\
|\\
\text{C}=\text{O} \\
|\\
\text{H}-\text{C}-\text{CO}_2\text{H} \\
|\\
\text{CH}_2 \\
|\\
\text{CO}_2\text{H}
\end{array}
$$

citroenzuur   secundaire OH   β-ketozuur

Citroenzuur moet afgebroken worden om energie te leveren, die opgeslagen wordt in NADH. Citroenzuur is zelf niet te oxideren vanwege de tertiaire OH-groep. Daarom wordt deze eerst omgezet in een secundaire OH-groep. Bekijken we aan de hand van dit schema de gegeven structuren dan komen we tot de volgende antwoorden: 2.0; 3.5; 4.2 en 5.4.

17 Derivaten van carbonzuren

1) Schrijf de structuren op met de volgende namen:

   a propaanzuurchloride

   b 2-methyl-2-methoxybutaanamide

   c ethylpropanoaat

2) Geef de systematische IUPAC naam van de volgende verbindingen:

$$H_3C-\overset{\overset{\displaystyle O}{\|}}{C}-SH \qquad H_3C-(CH_2)_4-\overset{\overset{\displaystyle O}{\|}}{C}-OC_2H_5 \qquad H_3C-CH_2-\overset{\overset{\displaystyle C_2H_5}{|}}{CH}-\overset{\overset{\displaystyle O}{\|}}{C}-NH_2$$

3) Verklaar waarom een carbonzuur minder reactief is ten opzichte van een negatief geladen nucleofiel deeltje dan een carbonamide, terwijl $OH^{\ominus}$ toch een beter vertrekkende groep is dan $NH_2^{\ominus}$.

4) Rangschik de volgende carbonzuurderivaten naar toenemende gevoeligheid voor hydrolyse met $OH^{\ominus}$.

$$H_3C-\overset{\overset{\displaystyle O}{\|}}{C}-OC_2H_5\,;\, H_3C-\overset{\overset{\displaystyle O}{\|}}{C}-NH_2\,;\, H_3C-\overset{\overset{\displaystyle O}{\|}}{C}-Cl\,;\, H_3C-\overset{\overset{\displaystyle O}{\|}}{C}-O-\overset{\overset{\displaystyle O}{\|}}{C}-CH_3\,;\, H_3C-\overset{\overset{\displaystyle O}{\|}}{C}-N\overset{\displaystyle CH_3}{\underset{\displaystyle CH_3}{<}}\,;\, H_3C-\overset{\overset{\displaystyle O}{\|}}{C}-Br$$

5) In een poging *tert*-butylacetaat te bereiden, wordt een mengsel van azijnzuur en *tert*-butanol gekookt in aanwezigheid van $H^{\oplus}$. Het reactieprodukt levert echter geen *tert*-butylacetaat op.

   a Wat gebeurt er tijdens de reactie?

   b Geef een betere methode om *tert*-butylacetaat te bereiden.

6) Geef het mechanisme van de volgende reactie:

$$\begin{array}{c} H_3C-\overset{\overset{\displaystyle O}{\|}}{C}\diagdown \\ \qquad O \;+\; H_3C-NH_2 \longrightarrow \\ H_3C-\underset{\underset{\displaystyle O}{\|}}{C}\diagup \end{array}$$

7) Geef het mechanisme voor de omestering van ethylacetaat ($H_3C-\overset{\overset{\displaystyle O}{\|}}{C}-OC_2H_5$) met methanol onder invloed van $H^{\oplus}$.

8) Aceetamide $H_3C-\overset{\overset{\displaystyle O}{\|}}{C}-NH_2$ laat men reageren met $^{18}OH^{\ominus}$ ($*OH^{\ominus}$).

   Waar kan men $*O$ aantreffen gedurende het verloop van de reactie?

9) a Beschrijf het mechanisme van de Claisencondensatie van ethylacetaat met natriumethanolaat in ethanol als base.

   b Kunnen de volgende basen ook gebruikt worden voor deze reactie? Verklaar uw antwoord.

   1 natriumpropionaat in propanol   3 natriumethanol in methanol

   2 natriumhydroxide in water   4 natriumhydroxyde in ethanol.

10) Een verbinding a wordt gevormd via een Claisencondensatie van één methylester. De brutoformule van a is $C_7H_{12}O_3$. Geef de structuur van a.

11) Welk van onderstaande intermediairen komen voor tijdens de zuurgekatalyseerde verestering van propaanzuur met methanol?

serie A

    a   b   c

serie B

    a   b   c

U hebt bij deze vraag steeds de keuze uit de volgende antwoordmogelijkheden:

0 : a   4 : a + c

1 : b   5 : b + c

2 : c   6 : a + b + c

3 : a + b   7 : geen van deze intermediairen

12) Als de methylester van propaanzuur wordt verzeept met radioactief gemerkt natronloog (Na * OH), welke van onderstaande produkten wordt (worden) dan als eindprodukten gevormd?

(U hebt de keuze uit dezelfde antwoordmogelijkheden als de vorige vraag).

    a   b   c

13) Welke van de volgende structuren kunnen voorkomen tijdens de reactie van

azijnzuurethylester met dimethylamine?

a $H_3C-\overset{\overset{\displaystyle O^{\ominus}}{|}}{\underset{\underset{\underset{CH_3}{|}}{HN^{\oplus}-CH_3}}{C}}-OC_2H_5$ $H_3C-\overset{\overset{\displaystyle O}{\|}}{C}-OCH_3$ beide   geen van beide   [1.]

   0   1   2   3

b $H_3C-\overset{\overset{\displaystyle O}{\|}}{C}-O^{\ominus}$ $H_2N^{\oplus}\overset{\displaystyle CH_3}{\underset{\displaystyle CH_3}{}}$ $H_3C\overset{\oplus}{\underset{\|}{N}}CH_3$ beide   geen van beide   [2.]
                                                   $H_3C-C-OC_2H_5$

   0   1   2   3

c $H_2C=C\overset{\displaystyle N(CH_3)_2}{\underset{\displaystyle N(CH_3)_2}{}}$ $H_3C-\overset{\overset{\displaystyle O}{\|}}{C}-O-N(CH_3)_2$ beide   geen van beide   [3.]

   0   1   2   3

d $H_3C-\overset{\overset{\displaystyle OH}{|}}{\underset{\underset{\displaystyle N(CH_3)_2}{|}}{C}}-N(CH_3)_2$ $H_3C-\overset{\overset{\displaystyle OH}{|}}{\underset{\underset{\displaystyle N(CH_3)_2}{|}}{C}}-OC_2H_5$ beide   geen van beide   [4.]

   0   1   2   3

14) De ethylester van pivalinezuur $H_3C-\overset{\overset{\displaystyle CH_3}{|}}{\underset{\underset{\displaystyle CH_3}{|}}{C}}-\overset{\overset{\displaystyle O}{\|}}{C}-OC_2H_5$ geeft met $NaOC_2H_5$ in ethanol geen

Claisencondensatie met zichzelf omdat: [1.]

0: a   Er in dit milieu een snelle omestering optreedt in plaats van een condensatie.

1: b   Door mesomerie in de estergroep de polarisatie van de carbonylgroep gering is.

2: c   De ethylester van pivalinezuur in dit milieu geen carbanion kan vormen.

3: d   De *tert*-butylgroep te veel sterische hinder geeft, waardoor aanval van een tweede
       estermolecuul verhinderd wordt.

4: e   Het evenwicht tussen uitgangsstof en condensatieprodukt te ver naar de kant van de
       uitgangsstof ligt.

5: a + d   6: b + d   7: b + d + e   8: b + e   9: d + e

15) De *ethyl*-ester van propaanzuur laat men reageren met Na $\oplus$ $\ominus$ OCH$_3$ in methanol.
Welke verbindingen/intermediairen kunnen na enige tijd in het reactiemengsel voorkomen?

serie a

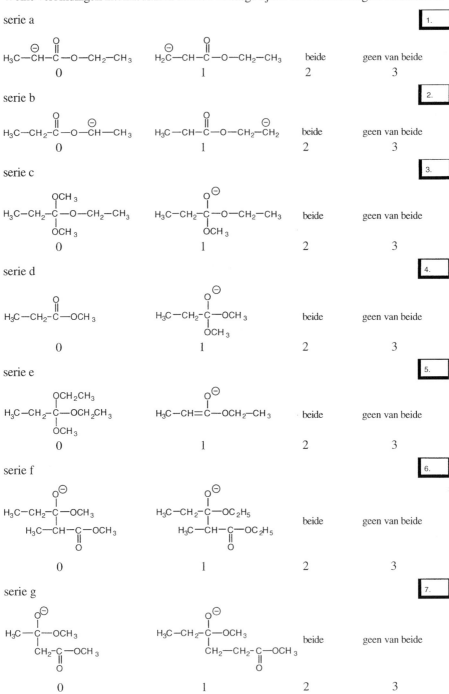

serie b

serie c

serie d

serie e

serie f

serie g

16) Een cyclische verbinding I met formule $C_4H_4O_3$ wordt behandeld met verdund zuur waarbij een mol water wordt opgenomen en de ring open gaat. De nieuwe verbinding splitst gemakkelijk CO_2 af, waarbij hydroxyaceton ($HO-CH_2-\overset{\overset{O}{\|}}{C}-CH_3$) ontstaat.

De structuur van I is:

1. ☐

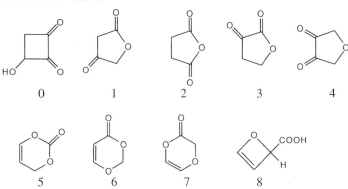

0   1   2   3   4

5   6   7   8

17) I. Verbinding A kan gesynthetiseerd worden door:

1. ☐

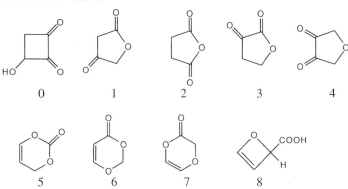 $\overset{OH}{\underset{H}{\overset{|}{C}}}-CH_2-\overset{\overset{O}{\|}}{C}-CH_3$ A

0: a reactie van ⬡ $-\overset{OCH_3}{\underset{H}{\overset{|}{C}}}-CH_2-\overset{\overset{O}{\|}}{C}-CH_3$ met verdund zwavelzuur.

1: b reactie van ⬡ $-\overset{\overset{O}{\|}}{C}-CH_3$ met $H-\overset{\overset{O}{\|}}{C}-CH_3$ onder invloed van $^{\ominus}OH/H_2O$.

2: c reactie van ⬡ $-\overset{\overset{O}{\|}}{C}-H$ met $H_3C-\overset{\overset{O}{\|}}{C}-CH_3$ onder invloed van $^{\ominus}OH/H_2O$.

3: a + b   4: a + c   5: b + c   6: a + b + c   7: geen van bovenstaande reacties.

II. Verbinding B kan gesynthetiseerd worden door:

2. ☐

$H_3C-\overset{\overset{O}{\|}}{C}-CH_2-\overset{\overset{O}{\|}}{C}-OCH_3$ B

0: a   reactie van ethanal met ethylacetaat in $CH_3O^{\ominus}/CH_3OH$, gevolgd door toevoeging van $H^{\oplus}$.

1: b   reactie van propanon met $H-\overset{\overset{O}{\|}}{C}-OCH_3$ in $CH_3O^{\ominus}/CH_3OH$, gevolgd door toevoeging van $H^{\oplus}$.

2: c   reactie van methylacetaat in $CH_3O^{\ominus}/CH_3OH$, gevolgd door toevoeging van $H^{\oplus}$.

3: a + b   4: a + c   5: b + c   6: a + b + c   7: geen van bovenstaande reacties.

17 Antwoorden

1) 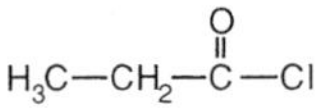 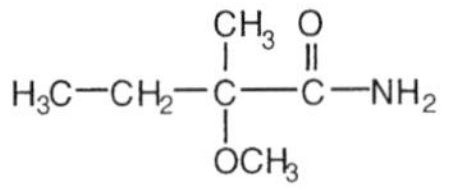 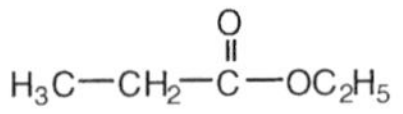 $H_3C-CH_2-\overset{\overset{O}{\|}}{C}-Cl$ $H_3C-CH_2-\overset{\overset{CH_3}{|}}{\underset{OCH_3}{C}}-\overset{\overset{O}{\|}}{C}-NH_2$ $H_3C-CH_2-\overset{\overset{O}{\|}}{C}-OC_2H_5$

propaanzuurchloride   2-methyl-2-methoxybutaanamide   ethylpropanoaat

(propionylchloride)   (ethylpropionaat)

2)

$H_3C-\overset{\overset{O}{\|}}{C}-SH$ $H_3C-(CH_2)_4-\overset{\overset{O}{\|}}{C}-OC_2H_5$ $H_3C-CH_2-\overset{\overset{C_2H_5}{|}}{CH}-\overset{\overset{O}{\|}}{C}-NH_2$

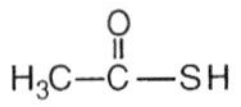

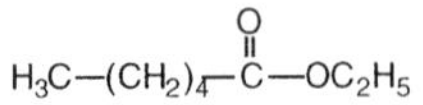

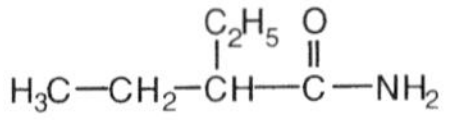

thioazijnzuur   ethylhexanoaat   2-ethylbutaanamide

3) Een negatief geladen nucleofiel bestaat meestal alleen in basisch milieu. In dat basisch milieu dissocieert een carbonzuur tot een anion (R-$COO^{\ominus}$). Het nucleofiele deeltje zal nu moeilijk kunnen aanvallen op het negatief geladen carboxylaat anion. Bovendien kan bij een eventuele aanval nooit het zeer onstabiele $O^{2\ominus}$-ion als vertrekkende groep optreden.

4) De basesterkte van de vertrekkende groep is de bepalende factor voor de snelheid van hydrolyse ($(CH_3)_2N^{\ominus}$ is een zeer sterke base en vertrekt moeilijk (N is relatief het minst elektronegatief, de beide methylgroepen zijn bovendien nog zwakke elektronenstuwers), dan volgt: $NH_2^{\ominus}$ en vervolgens OC_2H_5, dan $\overset{\overset{O}{\|}}{\underset{}{^{\ominus}O-C}}-CH_3$ (negatieve lading is gestabiliseerd door mesomerie) en tenslotte $Cl^{\ominus}$ en als laatste $Br^{\ominus}$ (negatieve lading is op het grote Br-atoom meer uitgesmeerd dan op het Cl atoom).

5) a *tert*-Butanol zal bij verhitten in zuur milieu gemakkelijk H_2O kunnen afsplitsen en een eliminatiereactie geven:

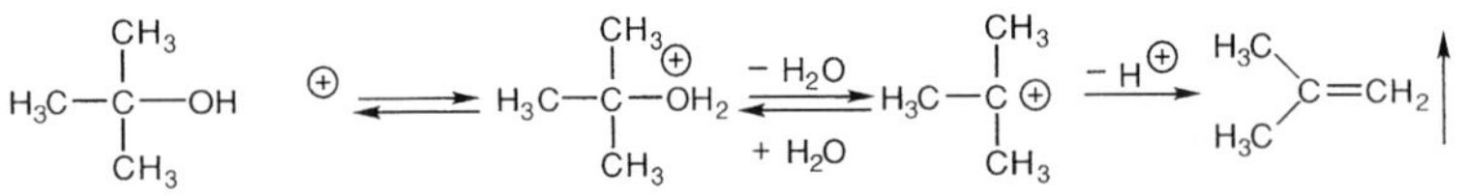

$H_3C-\overset{\overset{CH_3}{|}}{\underset{CH_3}{C}}-OH \quad \overset{\oplus}{\rightleftharpoons} \quad H_3C-\overset{\overset{CH_3}{|}}{\underset{CH_3}{C}}-\overset{\oplus}{O}H_2 \quad \underset{+H_2O}{\overset{-H_2O}{\rightleftharpoons}} \quad H_3C-\overset{\overset{CH_3}{|}}{\underset{CH_3}{C}}\oplus \quad \overset{-H^{\oplus}}{\longrightarrow} \quad \overset{H_3C}{\underset{H_3C}{>}}C=CH_2\uparrow$

b Een betere methode is *tert*-butanol in afwezigheid van zuur te laten reageren. Het azijnzuur zelf is dan niet geschikt, het is niet reactief genoeg en het kan bovendien $H^{\oplus}$ afsplitsen, met kans op boven beschreven eliminatiereactie. We kunnen het beste uitgaan van de veel reactievere zuurchloriden of anhydriden. Om het ontstane zoutzuur weg te nemen wordt een niet nucleofiele base toegevoegd, b.v. dimethylaniline.

b.v. $H_3C-\overset{\overset{CH_3}{|}}{\underset{CH_3}{C}}-OH + H_3C-\overset{\overset{O}{\|}}{C}-Cl \longrightarrow H_3C-\overset{\overset{CH_3}{|}}{\underset{CH_3}{C}}-O-\overset{\overset{O}{\|}}{C}-CH_3 + HCl$

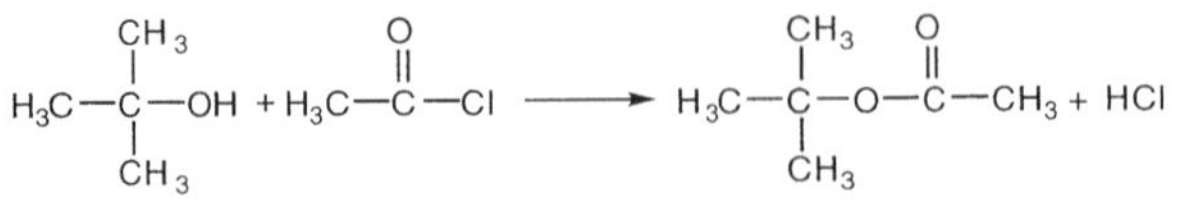

6)

$$H_3C-\underset{\underset{H_2N-CH_3}{}}{\overset{O}{\overset{\|}{C}}}-O-\overset{O}{\overset{\|}{C}}-CH_3 \;\rightleftharpoons\; H_3C-\underset{\underset{\overset{|}{CH_3}}{\oplus NH_2}}{\overset{\overset{O^{\ominus}}{|}}{C}}-O-\overset{O}{\overset{\|}{C}}-CH_3$$

$$\rightleftharpoons\; H_3C-\underset{\underset{\overset{|}{CH_3}}{NH}}{\overset{\overset{OH}{|}}{C}}-O-\overset{O}{\overset{\|}{C}}-CH_3$$

$$\rightleftharpoons\; H_3C-\underset{\underset{\overset{|}{CH_3}}{NH}}{\overset{\overset{O^{\ominus}}{\overset{\oplus}{|}}}{C}}-O-\overset{O}{\overset{\|}{C}}-CH_3 \;\longrightarrow\; H_3C-\overset{O}{\overset{\|}{C}}-\underset{H}{\overset{}{N}}-CH_3 \;+\; H_3C-\overset{O}{\overset{\|}{C}}-OH$$

Het verhuizen van een proton van het ene "basische" elektronenpaar naar het andere is een snel evenwicht.

7) Het zuur gekatalyseerde omesteringsmechanisme verschilt niet van het mechanisme van de zuur gekatalyseerde esterhydrolyse. Alleen is het nucleofiel nu een alcohol i.p.v. water.

$$H_3C-\overset{O}{\overset{\|}{C}}-OC_2H_5 + H^{\oplus} \;\rightleftharpoons\; H_3C-\overset{\overset{\oplus}{\overset{|}{O}H}}{\overset{\|}{C}}-OC_2H_5 \;\underset{-CH_3OH}{\overset{+CH_3OH}{\rightleftharpoons}}\; H_3C-\underset{\underset{\overset{|}{CH_3}}{\oplus OH}}{\overset{\overset{OH}{|}}{C}}-OC_2H_5 \;\rightleftharpoons$$

$$H_3C-\underset{\underset{\overset{|}{CH_3}}{\overset{|}{O}}}{\overset{\overset{\ddot{O}H}{\overset{\oplus}{|}}}{C}}-\overset{\oplus}{\underset{H}{O}}C_2H_5 \;\underset{+C_2H_5OH}{\overset{-C_2H_5OH}{\rightleftharpoons}}\; H_3C-\overset{\overset{\oplus}{\overset{|}{O}H}}{\overset{\|}{C}}-OCH_3 \;\underset{+H^{\oplus}}{\overset{-H^{\oplus}}{\rightleftharpoons}}\; H_3C-\overset{O}{\overset{\|}{C}}-OCH_3$$

8) $*OH^{\ominus}$ zal aanvallen op de carbonylgroep (stap 1). Daarna kan dan door overdracht van een proton naar het negatief geladen zuurstofatoom van de carbonylgroep gemakkelijk een uitwisseling van de zuurstofatomenoptreden (stap 2 en 3). Het resultaat is dus dat het gemerkte zuurstofatoom na enige tijd zowel in aceetamide als in $*OH^{\ominus}$ voor kan komen. Ook niet-gemerkt zuurstof kan door de uitwisseling in beide deeltjes voorkomen. Het resultaat hiervan zal dus zijn dat het acetaat-ion dat uiteindelijk ontstaat een mengsel is dat gemerkt is op twee, een en geen van de zuurstofatomen.

$$H_3C-\overset{O}{\overset{\|}{C}}-NH_2 + {}^{\ominus}\,*OH \;\overset{\text{①}}{\rightleftharpoons}\; H_3C-\underset{*OH}{\overset{\overset{O^{\ominus}}{|}}{C}}-NH_2 \;\overset{\text{②}}{\rightleftharpoons}\; H_3C-\underset{*O^{\ominus}}{\overset{\overset{OH}{|}}{C}}-NH_2 \;\overset{\text{③}}{\rightleftharpoons}\; H_3C-\underset{*O}{\overset{O}{\overset{\|}{C}}}-NH_2 + {}^{\ominus}OH$$

($^{\ominus}OH$ uit stap 3)

zelfde structuren

9) a

Anion (I) kan gemakkelijk gevormd worden door de mogelijkheid van mesomere stabilisatie, met beide carbonylgroepen.

b 1 Natriumpropionaat $H_3C-CH_2-\overset{\overset{O}{\|}}{C}-O^{\ominus}\ Na^{\oplus}$ is een te zwakke base om een α-H van ethylacetaat te abstraheren.

2 Natriumhydroxide is een voldoende sterke base om een α-H te abstraheren, maar er treedt een snellere andere reactie op nl. de verzeping van de ester.

3 Natriummethanolaat in methanol is wel voldoende sterk basisch om een Claisen-condensatie te geven. Bij een Claisencondensatie met *ethyl*acetaat krijgen we echter nevenprodukten, doordat er ook omestering optreedt:

Door deze nevenreactie kunnen we een mengsel verwachten van:

4 Natriumhydroxide in ethanol:

$$^{\ominus}OH\ +\ C_2H_5OH \rightleftharpoons C_2H_5O^{\ominus}\ +\ H_2O$$

Het evenwicht ligt links ($OH^{\ominus}$ is een zwakkere base). Aangezien het reactiemengsel $^{\ominus}OH$ bevat, zal verzeping optreden (zie b.2).

10) Een structuurkenmerk van het reactieprodukt van een Claisencondensatie is de aanwezigheid
van een ketogroep β t.o.v. de estergroep, zodat de basisstructuur er altijd als volgt uitziet:

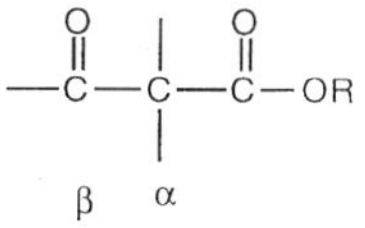

$$-\overset{\overset{O}{\|}}{C}-\overset{|}{\underset{\beta}{C}}-\overset{\overset{O}{\|}}{\underset{\alpha}{C}}-OR$$

Verder is gegeven dat het produkt ontstaat uit één methylester. Hieruit kunnen we dus concluderen dat $R = CH_3$. Beide carbonylgroepen moeten dezelfde koolstofketen bevatten en deze keten moet wel bestaan uit 3 koolstofatomen. Immers in totaal zijn er 7 koolstofatomen waarvan één in de CH_3-groep zit en er blijven dus 6 koolstofatomen over die over twee gelijke ketens verdeeld moeten worden. Hieruit volgt:

$$a = \ H_3C-CH_2-\overset{\overset{O}{\|}}{C}-\overset{\overset{H}{|}}{\underset{\underset{CH_3}{|}}{C}}-\overset{\overset{O}{\|}}{C}-OCH_3$$

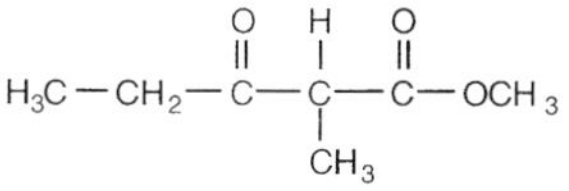

11) Om dit vraagstuk te kunnen beantwoorden, moeten we eerst de veresteringsreactie van propaanzuur met methanol volledig uitschrijven. Daarbij moeten we de functie van $H^{\oplus}$ als katalysator goed in de gaten houden.

Deze functie is tweeledig, nl.:

1 door protonering de carbonylgroep van het carbonzuur beter geschikt te maken voor nucleofiele aanval door de alkohol (stap 1 en 2),

2 door protonering de -OH groep om te zetten in een beter vertrekkende $-^{\oplus}OH_2$ groep (stap 3 en 4)

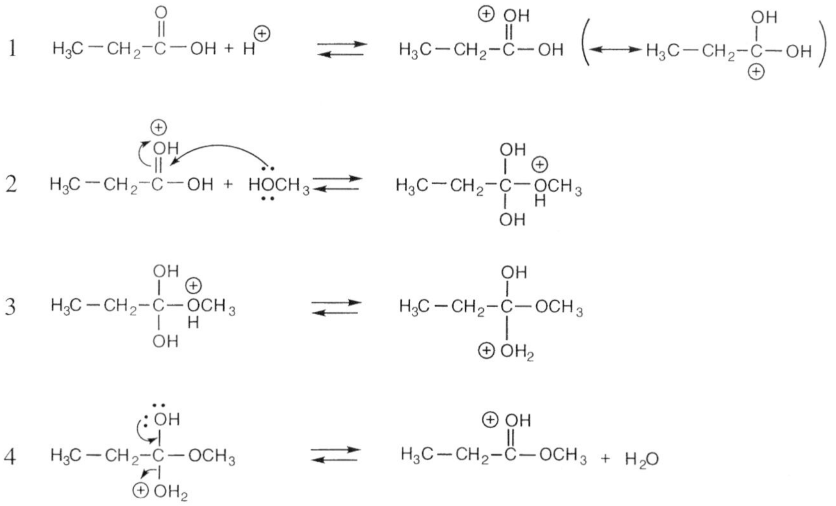

$$5 \quad H_3C-CH_2-\overset{\overset{\displaystyle\oplus OH}{\|}}{C}-OCH_3 \quad \rightleftharpoons \quad H_3C-CH_2-\overset{\overset{\displaystyle O}{\|}}{C}-OCH_3 \;+\; H^{\oplus}$$

Nadat we dit mechanisme volledig hebben uitgeschreven, lopen we stap voor stap de in elke serie gegeven structuren na. Bij de gegeven structuren letten we speciaal op de oxidatiestaat rond het carbonylkoolstofatoom (het koolstofatoom verzorgt *drie* bindingen naar zuurstof).

Voor elke serie komen we tot het volgende antwoord:

serie A: Structuur a is onzin. Dit negatief geladen deeltje komt in een *zuur* gekatalyseerde reactie niet voor. Structuur b is juist; het is de mesomere structuur van het geprotoneerde propaanzuur (stap 1). Structuur c is ook juist; het is de structuur voordat water als vertrekkende groep optreedt (stap 3).

Het goede antwoord is dus 1.5.

serie B: Structuur a is juist. Het is de structuur nadat methanol is aangevallen op het geprotoneerde propaanzuur (stap 2). Structuur b is juist! Het is een mesomere structuur van de geprotoneerde ester, die in stap 4 gevormd wordt. Let op dit soort mesomere structuren. Structuur c is onjuist (zie Aa).

Het juiste antwoord is 2.3.

12) We moeten ons goed realiseren dat de aanval van een nucleofiel op een carbonylgroep een evenwichtsreactie is.

$$1 \quad H_3C-CH_2-\overset{\overset{\displaystyle O}{\|}}{C}-OCH_3 \;+\; {}^{\ominus*}OH \quad \rightleftharpoons \quad H_3C-CH_2-\underset{\underset{\displaystyle *\,OH}{|}}{\overset{\overset{\displaystyle O^{\ominus}}{|}}{C}}-OCH_3$$

Na aanval van $*OH^{\ominus}$ op de carbonylgroep zijn in het additieprodukt de beide zuurstofatomen gelijkwaardig aan elkaar en protonuitwisseling (vaak via het oplosmiddel) kan gemakkelijk kan optreden:

$$2 \quad H_3C-CH_2-\underset{\underset{\displaystyle *\,OH}{|}}{\overset{\overset{\displaystyle O^{\ominus}}{|}}{C}}-OCH_3 \quad \rightleftharpoons \quad H_3C-CH_2-\underset{\underset{\displaystyle *\,O^{\ominus}}{|}}{\overset{\overset{\displaystyle OH}{|}}{C}}-OCH_3$$

Evenwichtsreactie (1) treedt natuurlijk ook op met het bij (2) ontstane intermediair.

$$3 \quad H_3C-CH_2-\underset{\underset{\displaystyle *\,OH}{|}}{\overset{\overset{\displaystyle O^{\ominus}}{|}}{C}}-OCH_3 \quad \rightleftharpoons \quad H_3C-CH_2-\overset{\overset{\displaystyle O}{\|}}{C}-OCH_3 \;+\; OH^{\ominus} \quad *O$$

Het radioactief gemerkte zuurstof kan dus gedeeltelijk in de ester terecht komen. Door deze uitwisseling ontstaat er ook niet-radioactief $OH^{\ominus}$ in de oplossing. De radioactieve ester kan met al dan niet radioactief gemerkt $*OH^{\ominus}$ reageren, zodat alle mogelijk combinaties van gemerkt en niet-gemerkt zuurstof kunnen voorkomen:

$$H_3C-CH_2-\overset{\overset{(*)\,O}{\|}}{C}-OCH_3 + \overset{\ominus\,(*)}{OH} \;\rightleftharpoons\; H_3C-CH_2-\overset{\overset{(*)\,O^{\ominus}}{|}}{\underset{\underset{(*)\,OH}{|}}{C}}-OCH_3 \;\rightleftharpoons\; H_3C-CH_2-\overset{\overset{(*)O}{\|}}{C}-OH + \overset{\ominus}{\underset{(*)}{OCH_3}}$$

$$\longrightarrow H_3C-CH_2-\overset{\overset{(*)\,O}{\|}}{C}-\overset{(*)\ominus}{O} + HOCH_3$$

Dus zowel a, b als c komen voor. Het goede antwoord is 1.6

13) Deze aminolysereactie verloopt geheel analoog aan de omesteringsreactie. Voor de beantwoording van deze vraag is het nodig het mechanisme geheel uit te schrijven.

$$H_3C-\overset{\overset{O}{\|}}{C}-OC_2H_5 \;+\; HN\overset{CH_3}{\underset{CH_3}{}} \;\rightleftharpoons\; H_3C-\overset{\overset{O^{\ominus}}{|}}{\underset{\underset{\underset{CH_3}{|}}{HN\overset{\oplus}{-}CH_3}}{C}}-OC_2H_5 \;\rightleftharpoons\; H_3C-\overset{\overset{OH}{|}}{\underset{\underset{\underset{CH_3}{|}}{N-CH_3}}{C}}-OC_2H_5 \;\rightleftharpoons$$

ethylethanoaat   dimethylamine
(azijnzure ethylester)
(ethylacetaat)

$$H_3C-\overset{\overset{O^{\ominus}}{|}}{\underset{\underset{\underset{CH_3}{|}}{N-CH_3}}{C}}\underset{\oplus}{\overset{H}{\underset{\nwarrow}{}}}OC_2H_5 \;\rightleftharpoons\; H_3C-\overset{\overset{O}{\|}}{C}-N(CH_3)_2 \;+\; C_2H_5OH$$

Uit bovenstaand mechanisme kan geconcludeerd worden dat de volgende antwoorden juist zijn:

a: 1.0 is juist   b: 2.3 is juist   c: 3.3 is juist   d: 4.1 is juist

14) Voor een Claisencondensatie is het nodig dat een proton wordt gehaald van de positie α-ten opzichte van de carbonylgroep. Daarbij ontstaat dan een door mesomerie gestabiliseerd anion dat verder moet reageren.

$$-\overset{\overset{H}{|}}{\underset{|}{C}}-\overset{\overset{O}{\|}}{C}-OC_2H_5 \;\xrightarrow{\text{sterke base}}\; -\overset{\overset{\ominus}{|}}{C}-\overset{\overset{O}{\|}}{C}-OC_2H_5 \left(\longleftrightarrow\; -C=\overset{\overset{O^{\ominus}}{|}}{C}-OC_2H_5\right)$$

De ethylester van pivalinezuur heeft geen α-H atomen, en kan dus geen carbanion vormen.

Antwoord c is juist (1.2).

15) Wanneer een ester wordt behandeld met een sterke base zoals $^{\ominus}OCH_3$, dan zal - indien aanwezig- een α-H atoom afsplitsen, waarbij een mesomeer gestabiliseerd carbanion ontstaat.

$$H_3C-CH_2-\overset{\overset{O}{\|}}{C}-OC_2H_5 + {}^{\ominus}OCH_3 \rightleftharpoons H_3C-\overset{\ominus}{C}H-\overset{\overset{O}{\|}}{C}-OC_2H_5 \longleftrightarrow \left(H_3C-CH=\overset{\overset{O^{\ominus}}{|}}{C}-OC_2H_5 \right)$$

Dit anion kan vervolgens een Claisencondensatie geven door te reageren met een tweede estermolecuul.

$$H_3C-CH_2-\overset{\overset{O}{\|}}{C}-OC_2H_5 + {}^{\ominus}\overset{\underset{H_3C}{|}}{C}H-\overset{\overset{O}{\|}}{C}-OC_2H_5 \rightleftharpoons H_3C-CH_2-\overset{\overset{O^{\ominus}}{|}}{\underset{\underset{H_3C}{|}}{\underset{CH-C-OC_2H_5}{|}}}C-OC_2H_5 \longrightarrow H_3C-CH_2-\overset{\overset{O}{\|}}{C}-\overset{\underset{CH_3}{|}}{C}H-\overset{\overset{O}{\|}}{C}-OC_2H_5 + {}^{\ominus}OC_2H_5$$

Dit produkt bevat een C-H naast *twee* carbonylgroepen en splitst dus nog gemakkelijker een proton af dan de uitgangsstof:

$$H_3C-CH_2-\overset{\overset{O}{\|}}{C}-\overset{\underset{CH_3}{|}}{C}H-\overset{\overset{O}{\|}}{C}-OC_2H_5 \xrightarrow{CH_3O^{\ominus}} H_3C-CH_2-\overset{\overset{O}{\|}}{C}-\overset{\underset{CH_3}{|}}{\overset{\ominus}{C}}-\overset{\overset{O}{\|}}{C}-OC_2H_5 + CH_3OH$$

Hierdoor ontstaat een anion dat niet verder reageert.

Het speciale van deze opgave zit in het feit, dat als base het $^{\ominus}OCH_3$ gebruikt wordt. Behalve als base kan een alcoholaat anion (in dit geval $^{\ominus}OCH_3$) ook optreden als *nucleofiel*. Daardoor treedt tevens een *omesteringsreactie* op.

$$H_3C-CH_2-\overset{\overset{O}{\|}}{C}-OC_2H_5 + CH_3O^{\ominus} \rightleftharpoons H_3C-CH_2-\overset{\overset{O^{\ominus}}{|}}{\underset{\underset{OCH_3}{|}}{C}}-OC_2H_5 \rightleftharpoons H_3C-CH_2-\overset{\overset{O}{\|}}{C}-OCH_3 + {}^{\ominus}OC_2H_5$$

Ook deze ester kan een Claisencondensatie geven.

Daardoor kan als produkt ook $H_3C-CH_2-\overset{\overset{O}{\|}}{C}-\overset{\underset{CH_3}{|}}{\overset{\ominus}{C}}-\overset{\overset{O}{\|}}{C}-OCH_3$ gevormd worden (ga dit na!).

In de gegeven structuren moeten we dus onderkennen dat de alkoholgroep in het estergedeelte zowel $-OC_2H_5$ als $-OCH_3$ kan zijn:

a 1.0 is juist; 1.1 kan niet, want dit anion is niet mesomerie gestabiliseerd door de estergroep.

b 2.3 is juist; zowel het anion bij 2.0 als bij 2.1 ondervinden geen mesomere stabilisatie en worden dus niet gevormd. Bij 2.0 kan de volgende mesomere vorm *niet* optreden:

$$H_3C-CH_2-\overset{\overset{\displaystyle :\overset{..}{O}:}{\|}}{C}-\overset{..}{\underset{\ominus}{\overset{..}{O}}}-\overset{..}{CH}-CH_3 \xleftarrow{\times} H_3C-CH_2-\overset{\overset{\displaystyle :\overset{..}{O}:}{\|}}{C}-\overset{O}{\overset{..}{O}}=CH-CH_3 \xleftarrow{\times} H_3C-CH_2-\overset{\overset{\displaystyle :\overset{..}{\overset{\ominus}{O}}:}{|}}{C}=\overset{..}{O}=CH-CH_3$$

beide structuren zijn onmogelijk
10 elektronen rond zuurstof

c 3.1 is juist; 3.0 kan onder deze omstandigheden niet gevormd worden.

d 4.2 is juist; beide produkten kunnen gevormd worden. Eerst treedt een omestering op (4.0) en daarna aanval van $\ominus$OCH$_3$ (4.1).

e 5.1 is juist; dit is de mesomere structuur van het in eerste instantie gevormde carbanion.

f 6.2 is juist; beide structuren ontstaan bij aanval van een carbanion op de ester (omgeësterd (6.0) en niet omgeësterd (6.1)).

g 7.3 is juist. 7.0 kan niet, want daar is de alkylrest van het *carbonzuurgedeelte* veranderd; dit is niet mogelijk. Bij 7.1 is een niet bestaand carbanion aangevallen op de door omestering ontstane methylester.

16) Bij dit type vraagstukken moet men de ingeklede gegevens eerst schematisch weergeven:

$$C_4H_4O_3 \xrightarrow[H^{\oplus}]{H_2O} C_4H_6O_4 \xrightarrow{-CO_2} C_3H_6O_2 \equiv HO-CH_2-\overset{\overset{\displaystyle O}{\|}}{C}-CH_3$$

Daarna kunnen we dit type opgave het beste van achter naar voren redenerend proberen op te lossen. Het laatste gegeven is dat de verbinding gemakkelijk CO$_2$ verliest, waarbij hydroxyaceton ontstaat. Gemakkelijk CO$_2$ verlies vindt plaats bij ß-ketocarbonzuren, dus het ligt voor de hand dat hydroxyaceton is ontstaan uit een ß-ketocarbonzuur:

$$HO-CH_2-\overset{\overset{\displaystyle O}{\|}}{C}-CH_3 \xleftarrow{-CO_2} HO-CH_2-\overset{\overset{\displaystyle O}{\|}}{C}-CH_2-\overset{\overset{\displaystyle O}{\|}}{C}-OH$$

C$_4$H$_6$O$_4$

Deze verbinding is ontstaan uit een cyclische verbinding door o.i.v. H$^{\oplus}$ één mol water op te nemen. We zien dat deze verbinding een alkohol en een zuurfunctie heeft. Een alkohol en een zuur kunnen een ester vormen onder afsplitsen van één mol water.

$$HO-CH_2-\overset{\overset{\displaystyle O}{\|}}{C}-CH_2-\overset{\overset{\displaystyle O}{\|}}{C}-OH \xleftarrow{+H_2O} O=C\underset{CH_2}{\overset{CH_2-C\diagup^{\displaystyle O}}{\diagdown\,\diagup_{\displaystyle O}}}$$

Hieruit blijkt dat 1.1 de juiste verbinding is.

17) Bij dit type opgave beginnen we met eerst de opbouw van het gegeven molecuul goed op te nemen en daarna de gegeven reactiemogelijkheden elk voor zich na te gaan. In structuur A zien we en alkoholgroep in een β-positie ten opzichte van een ketogroep, een structuurkenmerk van aldolcondensatieprodukten:

$$-\overset{\overset{\text{OH}}{|}}{\underset{|}{C}}-\overset{|}{\underset{|}{C}}-\overset{\overset{O}{\|}}{C}-$$

Gaan we de gegeven mogelijkheden na dan kunnen we het volgende over elk van de reacties zeggen:

a $R-OCH_3 \xrightarrow{H_3O^{\oplus}} R-OH$

Deze reactie is een ethersplitsing. Ethers laten zich zeer moeilijk splitsen. Alleen in aanwezigheid van een sterk zuur en een goed nucleofiel is dit mogelijk (b.v. met gec. HI). In zwavelzuur is geen goed nucleofiel aanwezig en deze ether kan dus niet op deze manier gesplitst worden.

b Condensatie van deze stoffen zal niet tot het juiste produkt leiden.

Eventueel kan de volgende reactie optreden:

$$C_6H_5-\overset{\overset{O}{\|}}{C}-CH_3 \underset{H_2O}{\overset{\ominus OH}{\rightleftharpoons}} C_6H_5-\overset{\overset{O}{\|}}{C}-CH_2{}^{\ominus} + H-\overset{\overset{O}{\|}}{C}-CH_3 \rightleftharpoons$$

$$C_6H_5-\overset{\overset{O}{\|}}{C}-CH_2-\overset{\overset{O^{\ominus}}{|}}{\underset{H}{C}}-CH_3 \underset{\ominus OH}{\overset{H_2O}{\rightleftharpoons}} C_6H_5-\overset{\overset{O}{\|}}{C}-CH_2-\overset{\overset{OH}{|}}{\underset{H}{C}}-CH_3$$

c Het koolstofskelet van de uitgangsstoffen is juist:

$$C_6H_5-\overset{\overset{O}{\|}}{C}-H + H_3C-\overset{\overset{O}{\|}}{C}-CH_3 \underset{H_2O}{\overset{OH^{\ominus}}{\rightleftharpoons}} C_6H_5-\overset{\overset{O}{\|}}{C}-H + H_2C^{\ominus}-\overset{\overset{O}{\|}}{C}-CH_3 \rightleftharpoons$$

$$C_6H_5-\overset{\overset{O^{\ominus}}{|}}{\underset{H}{C}}-CH_2-\overset{\overset{O}{\|}}{C}-CH_3 \underset{OH^{\ominus}}{\overset{H_2O}{\rightleftharpoons}} C_6H_5-\overset{\overset{OH}{|}}{\underset{H}{C}}-CH_2-\overset{\overset{O}{\|}}{C}-CH_3$$

gemengde aldolcondensatie
dit is het juiste product

Het juiste antwoord is 1.2.

Voor verbinding B geldt dat het koolstofskelet de kenmerken vertoont van een Claisencondensatieprodukt (β-keto-ester) $-\overset{\overset{O}{\|}}{C}-\overset{|}{\underset{|}{C}}-\overset{\overset{O}{\|}}{C}-OR$

Gaan we de afzonderlijke reacties na dan concluderen we het volgende:

a $H_3C-\overset{O}{\overset{\|}{C}}-OCH_3 \xrightarrow[CH_3OH]{CH_3O^{\ominus}} {}^{\ominus}H_2C-\overset{O}{\overset{\|}{C}}-OCH_3 + H_3C-\overset{O}{\overset{\|}{C}}-H \longrightarrow$

$H_3C-\underset{O^{\ominus}}{\overset{}{CH}}-CH_2-\overset{O}{\overset{\|}{C}}-OCH_3 \xrightarrow{H^{\oplus}} H_3C-\underset{OH}{\overset{}{CH}}-CH_2-\overset{O}{\overset{\|}{C}}-OCH_3$

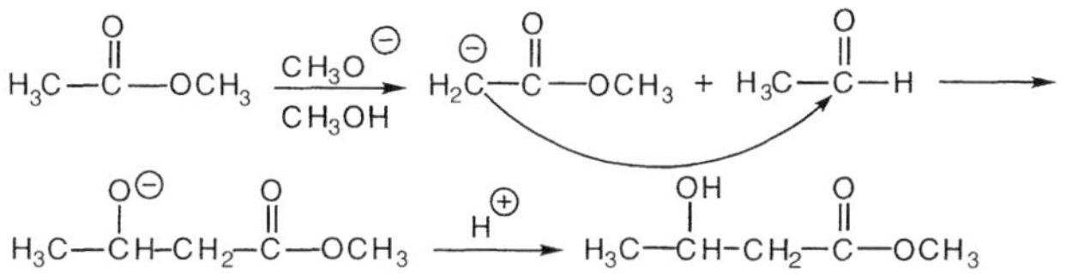

Reactie van het anion van methylacetaat met ethanal geeft dus niet het gewenste product. Een andere mogelijkheid is de reactie van het anion van ethanal met methylacetaat:

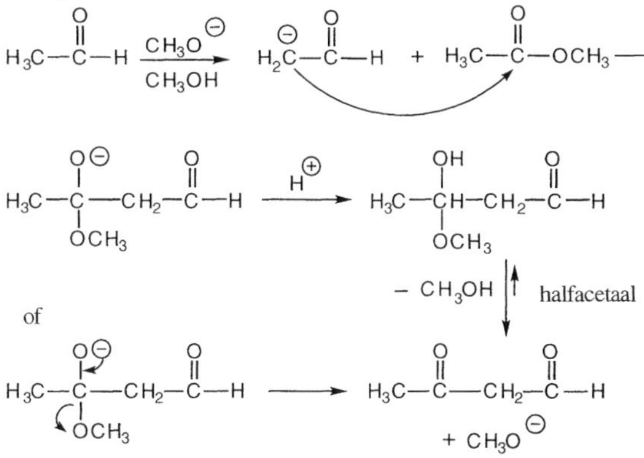

$H_3C-\overset{O}{\overset{\|}{C}}-H \xrightarrow[CH_3OH]{CH_3O^{\ominus}} {}^{\ominus}H_2C-\overset{O}{\overset{\|}{C}}-H + H_3C-\overset{O}{\overset{\|}{C}}-OCH_3 \longrightarrow$

$H_3C-\underset{OCH_3}{\overset{O^{\ominus}}{\overset{}{C}}}-CH_2-\overset{O}{\overset{\|}{C}}-H \xrightarrow{H^{\oplus}} H_3C-\underset{OCH_3}{\overset{OH}{\overset{}{CH}}}-CH_2-\overset{O}{\overset{\|}{C}}-H$

$\qquad\qquad\qquad\qquad\qquad - CH_3OH \updownarrow \text{ halfacetaal}$

of

$H_3C-\underset{OCH_3}{\overset{O^{\ominus}}{\overset{}{C}}}-CH_2-\overset{O}{\overset{\|}{C}}-H \longrightarrow H_3C-\overset{O}{\overset{\|}{C}}-CH_2-\overset{O}{\overset{\|}{C}}-H + CH_3O^{\ominus}$

Ook deze reactie leidt niet tot het gewenste product.

b   De volgende reactie treedt op:

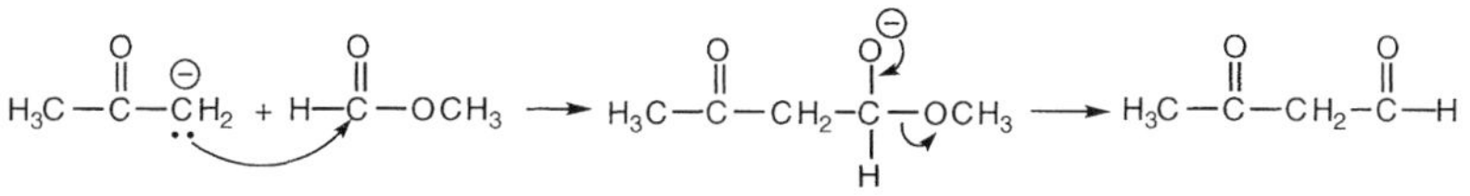

$H_3C-\overset{O}{\overset{\|}{C}}-\overset{\ominus}{CH_2} + H-\overset{O}{\overset{\|}{C}}-OCH_3 \longrightarrow H_3C-\overset{O}{\overset{\|}{C}}-CH_2-\underset{H}{\overset{O^{\ominus}}{\overset{|}{C}}}-OCH_3 \longrightarrow H_3C-\overset{O}{\overset{\|}{C}}-CH_2-\overset{O}{\overset{\|}{C}}-H$

Ook hier wordt niet het juiste product gevormd.

c   De onderstaande reactie geeft wel het juiste product (B).

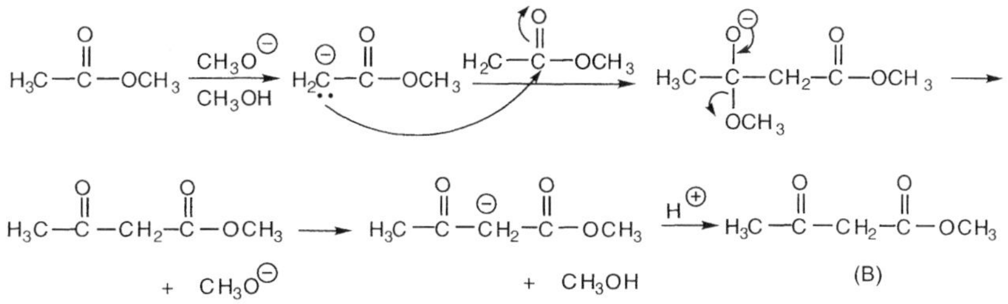

$H_3C-\overset{O}{\overset{\|}{C}}-OCH_3 \xrightarrow[CH_3OH]{CH_3O^{\ominus}} {}^{\ominus}H_2C-\overset{O}{\overset{\|}{C}}-OCH_3 \xrightarrow{H_2C-\overset{O}{\overset{\|}{C}}-OCH_3} H_3C-\underset{OCH_3}{\overset{O^{\ominus}}{\overset{}{C}}}-CH_2-\overset{O}{\overset{\|}{C}}-OCH_3 \longrightarrow$

$H_3C-\overset{O}{\overset{\|}{C}}-CH_2-\overset{O}{\overset{\|}{C}}-OCH_3 \longrightarrow H_3C-\overset{O}{\overset{\|}{C}}-\overset{\ominus}{CH}-\overset{O}{\overset{\|}{C}}-OCH_3 \xrightarrow{H^{\oplus}} H_3C-\overset{O}{\overset{\|}{C}}-CH_2-\overset{O}{\overset{\|}{C}}-OCH_3$

$\quad + CH_3O^{\ominus} \qquad\qquad\qquad + CH_3OH \qquad\qquad\qquad (B)$

Het juiste antwoord is 2.2.

18 Fosfaten en fosfaatesters

1) Benoem de onderstaande fosforderivaten.

a $(C_2H_5O)_3P{=}O$

b

$$\begin{array}{l} H_3C \\ \diagdown \\ C{=}CH{-}CH_2{-}O{-}\overset{\overset{O}{\|}}{\underset{\underset{OH}{|}}{P}}{-}O{-}\overset{\overset{O}{\|}}{\underset{\underset{OH}{|}}{P}}{-}OH \\ H_3C \end{array}$$

c $H_3OC{-}\overset{\overset{O}{\|}}{\underset{\underset{OH}{|}}{P}}{-}O{-}\overset{\overset{O}{\|}}{\underset{\underset{OH}{|}}{P}}{-}OCH_3$

d $HO{-}\overset{\overset{O}{\|}}{\underset{\underset{OH}{|}}{P}}{-}OC_2H_5$

2) Men laat een overmaat (gelabeld) $H_3CO^{\cdot}{}^{\ominus}$ met trimethylfosfaat reageren.

a Welke intermediairen zullen ontstaan tijdens de reactie en wat is het eindproduct?

b Waar zal het gelabelde zuurstofatoom *niet* teruggevonden worden in het eindproduct? Waarom niet?

c Hoe noemt men een dergelijke reactie?

Laat een en ander zien met behulp van reactiemechanismen.

3) Kunt u het oorspronkelijke trimethylfosfaat uit de vorige vraag (dus zonder label) in *zuur* milieu weer terugwinnen met $H^{\oplus}/$ CH_3OH, zoals in de onderstaande reactie is weergegeven?

$$H_3C\overset{*}{O}{-}\overset{\overset{O}{\|}}{\underset{\underset{*OCH_3}{|}}{P}}{-}\overset{*}{O}CH_3 + H^{\oplus} \rightleftharpoons H_3C\overset{\overset{\oplus}{O}*}{\underset{\underset{*OCH_3}{|}}{\underset{H}{\overset{\|}{P}}}}{-}OCH_3 + CH_3\overset{..}{\underset{..}{O}}H \rightleftharpoons$$

$$H_3CO{-}\overset{\overset{O}{\|}}{\underset{\underset{*OCH_3}{|}}{P}}{-}\overset{*}{O}CH_3 \overset{etc}{\rightleftharpoons} H_3CO{-}\overset{\overset{O}{\|}}{\underset{\underset{OCH_3}{|}}{P}}{-}OCH_3$$

4) Geef de plaatsen aan waar een P-O binding het gemakkelijkst kan breken in het ADP en in het ATP.

5) Het bekende gewasbeschermingsmiddel malathion (I) wordt gesynthetiseerd via onderstaande reactie.

$$(CH_3O)_2{-}\overset{\overset{O}{\|}}{P}{-}SH + \begin{array}{l} \overset{\overset{O}{\|}}{CH}{-}C{-}OC_2H_5 \\ \| \\ CH{-}C{-}OC_2H_5 \\ \| \\ O \end{array} \quad \overset{H_5C_2{-}O^{\ominus}}{\longrightarrow} \quad I$$

a Geef het mechanisme van de reactie en geef het eindproduct (malathion).

b Wat is de naam van de additiereactie die hier plaats vindt.

c We willen dezelfde reactie uitvoeren, maar nu met een zuurstofatoom i.p.v. het zwavelatoom. Zal de reactie verlopen? Waarom (niet)?

6) Hoe heet het mechanisme waarbij methionine met ATP reageert?

18 Antwoorden

1) a triethylfosfaat

   b Δ–2-isopentenylpyrofosfaat

   c dimethylpyrofosfaat

   d monoethylfosfaat

2) a

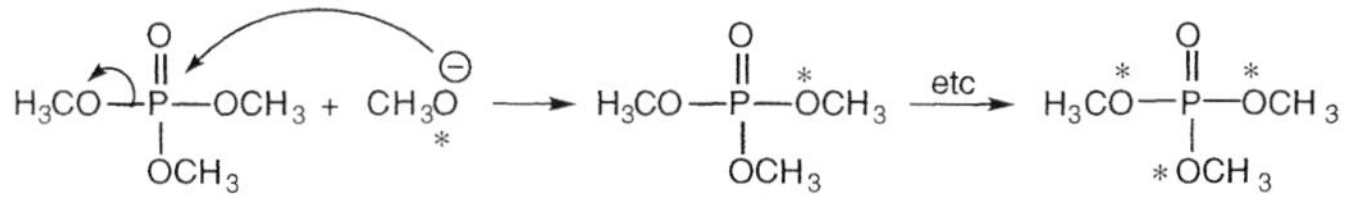

   b Het gelabelde zuurstofatoom zal niet terecht komen op de plaats van het dubbel gebonden zuurstofatoom in de fosforester. Dit gebeurt alleen als de reactie volgens een veresteringsmechanisme zou verlopen (zie boek).

   c Een nucleofiele substitutie.

3) Nee. Reactie met een overmaat $H^{\oplus}$/ CH_3OH geeft het overeenkomstige gemerkte fosforzuur. Wel zullen de vervolgstappen steeds langzamer verlopen.

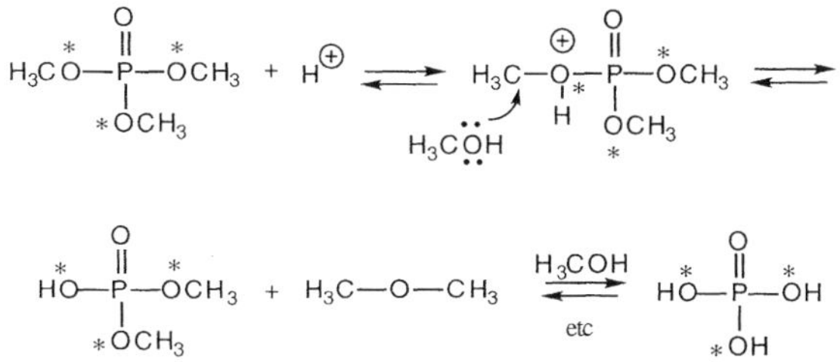

   (zie boek voor de reactie van water met trimethylfosfaat).

4)

ADP   ATP

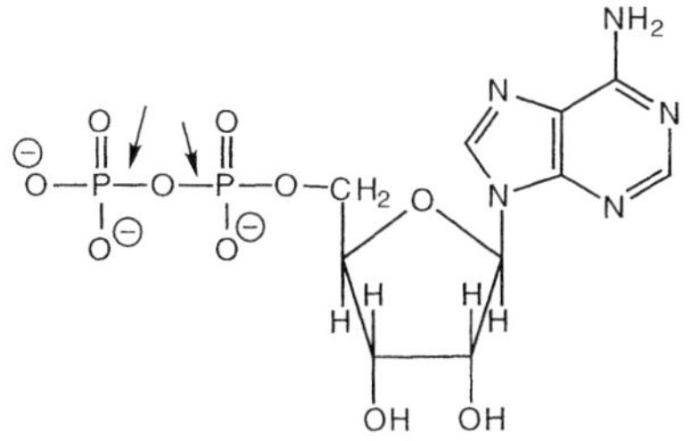

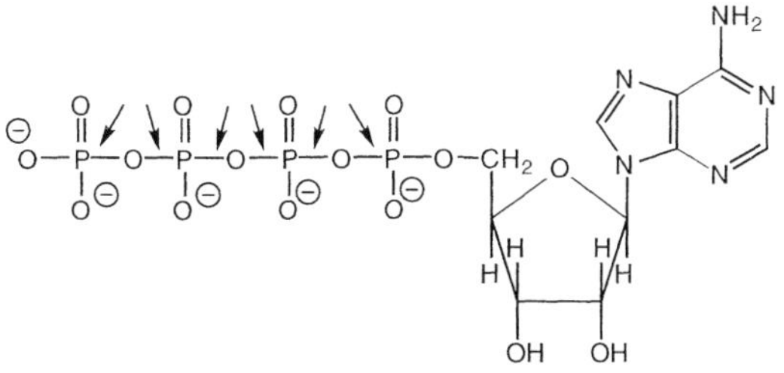

5) a

$$(CH_3O)_2{-}\overset{\overset{O}{\|}}{P}{-}SH \;+\; H_5C_2{-}\overset{\ominus}{O} \longrightarrow (CH_3O)_2{-}\overset{\overset{O}{\|}}{P}{-}\overset{\ominus}{S} \;+\; H_5C_2{-}OH$$

$$(CH_3O)_2{-}\overset{\overset{O}{\|}}{P}{-}\overset{\ominus}{S} \;+\; \begin{array}{c} H\!\!\diagdown\!\!\overset{}{C}{-}\overset{\overset{O}{\|}}{C}{-}OC_2H_5 \\[2pt] \| \\[2pt] H\!\!\diagup\!\!\overset{}{C}{-}\overset{}{\underset{\|}{C}}{-}OC_2H_5 \\[2pt] O \end{array} \xrightarrow{\;+\;H^{\oplus}\;} (CH_3O)_2{-}\overset{\overset{O}{\|}}{P}{-}S{-}\underset{\underset{\displaystyle CH_2{-}\overset{}{\underset{\|}{C}}{-}OC_2H_5}{|}}{C}H{-}\overset{\overset{O}{\|}}{C}{-}OC_2H_5$$

   b Michael additie.

   c Nee. De $R{-}\overset{\overset{O}{\|}}{P}{-}\overset{\ominus}{O}$ groep is net als de carboxylaatgroep niet nucleofiel genoeg.

6) Een S_N2 reactie.

$$\overset{\ominus}{O}{-}\overset{\overset{O}{\|}}{\underset{\underset{O^\ominus}{|}}{P}}{-}O{-}\overset{\overset{O}{\|}}{\underset{\underset{O^\ominus}{|}}{P}}{-}O{-}\overset{\overset{O}{\|}}{\underset{\underset{O^\ominus}{|}}{P}}{-}O{-}\overset{\overset{O}{\|}}{\underset{\underset{O^\ominus}{|}}{P}}{-}O{-}CH_2$$

19 Lipiden

1) a Geef een verklaring voor het verschijnsel dat de natuurlijke vetzuren meestal bestaan uit
   moleculen met een even aantal C-atomen.

   b Geef aan met structuurformules hoe in de natuur het tussenprodukt I wordt omgezet in
   een verzadigd vetzuur met 8 C-atomen.

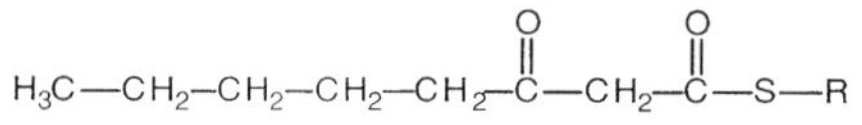

$$H_3C-CH_2-CH_2-CH_2-CH_2-\overset{\overset{O}{\|}}{C}-CH_2-\overset{\overset{O}{\|}}{C}-S-R \quad R= \text{coenzym A een synthese enzym}$$

I

   c Welke soorten stereo-isomerie zijn mogelijk in de intermediairen van de onder b
   gevraagde omzettingen?

   d Als het mogelijk zou zijn om tijdens de *biosynthese* de onder b bedoelde intermediairen
   te isoleren en men zou deze intermediairen in een polarimeter onderzoeken op hun
   vermogen om het vlak van gepolariseerd licht te draaien, wat neemt men dan waar?
   Motiveer kort Uw antwoord.

2)   In de biosynthese van vetzuren komen een aantal reactietypen voor:

0: (Claisen)condensatie   4: CO_2 afsplitsing
1: reductie   5: CO_2 additie
2: dehydratatie   6: hydrolyse
3: omestering

Geef steeds aan welke reactie de onderstaande verbindingen zullen ondergaan in de
eerstvolgende stap in de biosynthese:

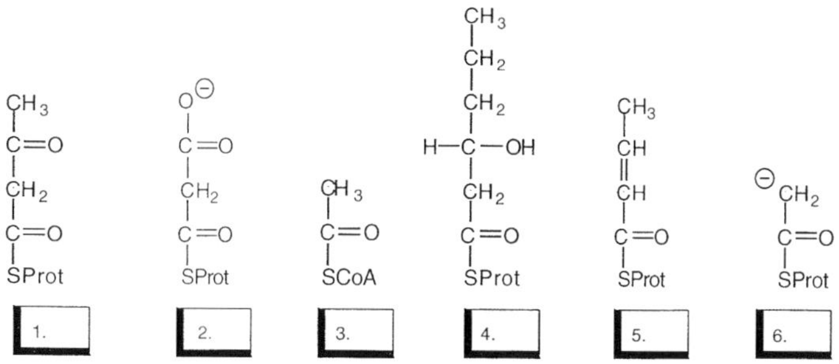

3) Bij de analyse van vetten is het belangrijk om de vetten om te zetten in de meer vluchtige methylesters van de afzonderlijke vetzuren. Een zuur of base gekatalyseerde omestering van het vet is daarvoor de meest geëigende methode.

Gegeven is het onderstaande natuurlijke vet. I.

A Welke van onderstaande intermediairen spelen een essentiële rol in de zuur gekatalyseerde omestering van de esterbinding van het C14 carbonzuur in bovenstaand vet. (De rest van het vet is weergegeven als —CH₂R).

serie 1

serie 2

B Welke van de onderstaande beweringen over het vet I zijn juist?

   a Reductie van de dubbele bindingen geeft een racemaat.

   b De optische rotatie verandert bij reductie van de dubbele bindingen.

   c Omestering van alle drie de vetzuren met methanol geeft een optische rotatie van 0° van de oplossing.

C Welke van onderstaande beweringen over het vet I zijn juist?

   a Het meest onverzadigde vetzuur is het gevoeligst voor oxidatie door zuurstof

   b Oxidatie door zuurstof treedt bij voorkeur op aan de minst gehinderde eindstandige methylgroep

   c Het smeltpunt van dit vet wordt hoger na reductie van de dubbele bindingen

U hebt bij de onderdelen A, B en C de keuze uit de volgende antwoordmogelijkheden:

0: alleen a	3: a + b	6: a + b + c
1: alleen b	4: a + c	7: geen van de drie
2: alleen c	5: b + c	

D Hoeveel geometrische isomeren zijn er mogelijk in bovenstaand enantiomeer

van het vet?   5.

U kunt kiezen uit de volgende mogelijkheden:

| 0: geen | 2: vier | 4: acht | 6: zestien |
| 1: twee | 3: zes | 5: twaalf | 7: twintig |

4) Welke van de volgende verbindingen of intermediairen komen voor in de biosynthese van
palmitinezuur, $H_3C(CH_2)_{14}COOH$? R = Proteïne of CoA.

a $HOOC-\overset{\overset{O}{\parallel}}{C}-S-R$ $H_3C-CH_2-\overset{\overset{O}{\parallel}}{C}-S-R$ beide geen van beide   1.

     0   1   2   3

b $H_3C-\overset{\overset{O}{\parallel}}{C}-CH_2-\overset{\overset{O}{\parallel}}{C}-CH_2-SR$ $H_3C-\overset{\overset{O}{\parallel}}{C}-CH_2-CH_2-CH_2-\overset{\overset{O}{\parallel}}{C}-SR$ beide geen van beide   2.

     0   1   2   3

c $RS-\overset{\overset{O}{\parallel}}{C}-CH_2-\underset{\underset{CH_3}{\mid}}{\overset{\overset{O^{\ominus}}{\mid}}{C}}-SR$ $RS-CH_2-\underset{\underset{CH_3}{\mid}}{\overset{\overset{O^{\ominus}}{\mid}}{C}}-CH_2-\overset{\overset{O}{\parallel}}{C}-SR$ beide geen van beide   3.

     0   1   2   3

d $RS-\underset{\underset{CH_3}{\mid}}{\overset{\overset{\overset{\ominus}{O}\ \ O}{\mid\ \ \parallel}}{C}}-C-SR$ $H_3C-CH_2-CH=CH-(CH_2)_7-\overset{\overset{O}{\parallel}}{C}-SR$ beide geen van beide   4.

     0   1   2   3

e $H_3C-(CH_2)_8-\underset{\underset{H}{\mid}}{\overset{\overset{OH}{\mid}}{C}}-CH_2-\overset{\overset{O}{\parallel}}{C}-SR$ $H_3C-CH_2-CH=CH-(CH_2)_7-\overset{\overset{O}{\parallel}}{C}-SR$ beide geen van beide   5.

     0   1   2   3

f $H_3C-\overset{\overset{O}{\parallel}}{C}-(CH_2)_9-\overset{\overset{O}{\parallel}}{C}-S-R$ $H_3C-(CH_2)_9-\overset{\overset{O}{\parallel}}{C}-S-R$ beide geen van beide   6.

     0   1   2   3

19 Antwoorden

1) a Natuurlijke vetzuren worden in vivo opgebouwd uit azijnzuurresten van twee koolstofatomen.

b en c

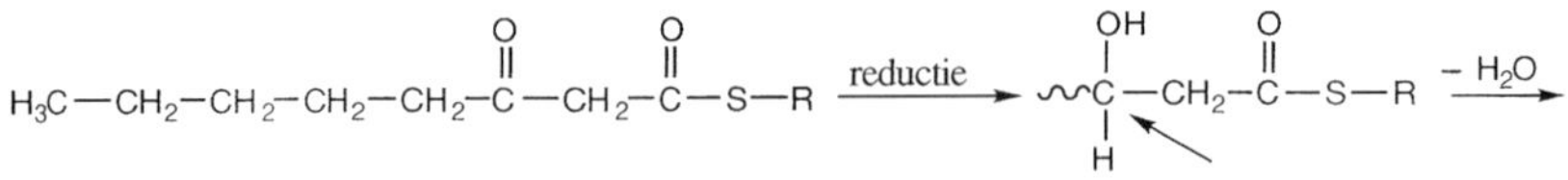

I

Het met een pijl gemerkte koolstofatoom is nu chiraal en er kunnen twee enantiomeren gevormd worden.

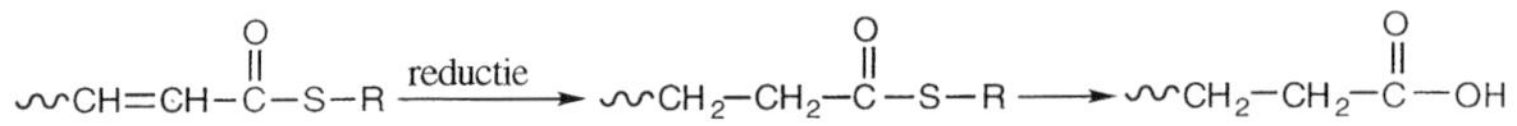

Er ontstaat een dubbele binding: mogelijkheid van E,Z isomerie | geen isomerie mogelijk | geen isomerie mogelijk

d Laat men de draaiing die veroorzaakt wordt door de enzymen buiten beschouwing, dan zal het alkohol wat ontstaat na reduktie van de carbonylgroep optisch actief zijn. Bij deze reduktie wordt namelijk een chiraal koolstofatoom gevormd, waarbij onder invloed van enzymen slechts één enantiomeer ontstaat. De optische activiteit zal weer verdwijnen bij de dehydratatie-reactie.

2) Bij het oplossen van deze opgave kan men het beste eerst één cyclus van de biosynthese van een vetzuur opschrijven:

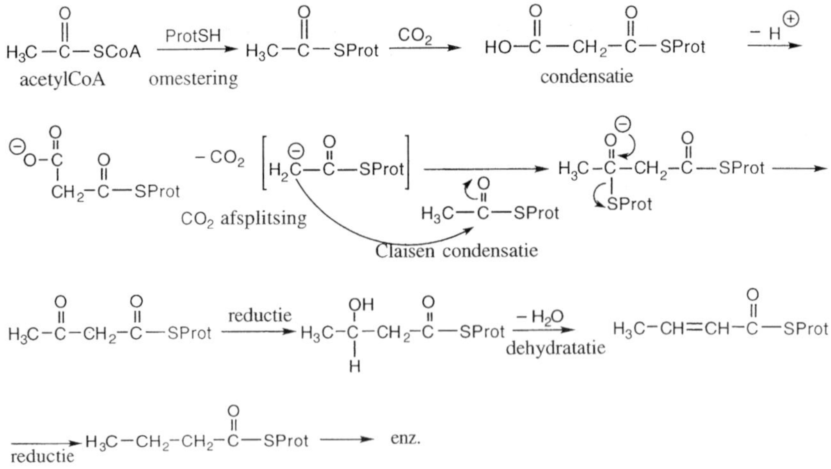

Steeds wordt de keten met *twee* koolstofatomen verlengd. Met behulp van dit schema kunnen we gemakkelijk nagaan welke reactie de verbindingen die in de opgave gegeven zijn, zullen ondergaan:

1.1: reduktie

2.4: CO_2 afsplitsing (evt. Claisencondensatie)

3.3: omestering

4.2: dehydratatie

5.1: reduktie

6.0: (Claisen)condensatie

3) A. We moeten om deze vraag op te lossen de omestering volledig uitschrijven.

We zien uit het reactiemechanisme dat voor serie 1 de structuren a en b goed zijn. Ook is structuur c goed, omdat dit een mesomere structuur van structuur a is. Het juiste antwoord is 1.6. In serie 2 zijn a en c goed (zie schema). Het antwoord 2.4 is juist.

B. a Bij reductie van de dubbele bindingen ontstaat er een verzadigd vet, maar de configuratie rondom het chirale koolstofatoom wordt hierdoor niet aangetast.

b De optische rotatie van een verbinding verandert altijd na een reactie. De configuratie volgens de R,S nomenclatuur verandert niet.

c De omestering geeft uiteindelijk een draaiing van te zien van 0°. Er ontstaan drie verschillende zuren die geen draaiing vertonen en het glycerol dat ontstaat is niet meer chiraal, want twee van de groepen in glycerol zijn equivalent.

De goede antwoorden zijn dan b + c (4.5)

C. a Juist. Omdat de allylplaatsen dubbel geactiveerd zijn, zal er sneller oxidatie optreden.

b Nee. De methylgroep wordt in het geheel niet geactiveerd.

c Ja. Na reductie blijven er verzadigde alkylketens over, die een goede rangschikking hebben en daarom is een hoger smeltpunt het resultaat.

D. Elke dubbele binding kan twee geometrische isomeren geven. In totaal zijn er drie dubbele bindingen. Het aantal mogelijkheden wordt dan 2^3 is 8 isomeren (5.4).

4)   Voor het oplossen van deze opgave dient de cyclus van de biosynthese van vetzuren uitgeschreven te worden. Daarnaast moeten we in de gaten houden dat een vetzuurketen altijd een even aantal koolstofatomen bevat (inclusief de COOH groep). De goede antwoorden zijn: 1.3; 2.3; 3.0; 4.3; 5.0 en 6.3.

20 Aminozuren en eiwitten

1) Hoe kunt U aantonen dat in het dipeptide Lys-Asp de genoemde aminozuren in de aangegeven volgorde gekoppeld zijn?
Licht Uw antwoord toe met structuurformules.

2) Hoe ontstaat de scheiding van een aminozuurmengsel m.b.v. ionenuitwisselings-chromatografie?

3) Beschrijf de peptide analyse volgens de methode van Edman voor het tripeptide Val-Gly-Asp.

4) Wat verstaat men bij eiwitten onder de volgende begrippen:

   a primaire structuur   d quaternaire structuur
   b secundaire structuur   e peptide binding
   c tertiaire structuur

5) a Welke twee vormen van secundaire structuur komen voor bij polypeptiden?
   b Kunt U iets zeggen over de structuur van de aminozuren die voorkomen in beide typen secundaire structuren?
   c Geef aan welke soorten interactie een rol spelen bij het in stand houden van de tertiaire structuur van eiwitten. Illustreer elk geval schematisch.

6) Zal een polypeptide welke veel leucine-eenheden bevat een voorkeur hebben voor de helix- of voor de plaatstructuur? Licht uw antwoord toe.

7) a Geef de structuur van het tripeptide Cys-Phe-Asp.
   b Zal genoemd tripeptide een isoelektrisch punt hebben van ongeveer 7, kleiner dan 7 of groter dan 7. Motiveer kort Uw antwoord.
   c Hydrolyse van bovenstaand tripeptide geeft de aminozuren Cys, Phe en Asp.
   Om deze te scheiden kunnen we gebruik maken van ionenuitwisselingschromatografie. We brengen dan het aminozuurmengsel op een kolom met kolommateriaal bestaande uit polymeerketens die veel zure zijketens bevatten. Als we elueren met buffers van toenemende pH, welk aminozuur komt dan het eerst van de kolom?
   Motiveer Uw antwoord.

8) In een natuurlijk milieu kan alanine gedecarboxyleerd worden met behulp van het coenzym pyridoxaalfosfaat.
   a Welk product ontstaat er in eerste instantie?
   b Hoe verloopt de decarboxylering?
   c Welk gas ontstaat tijdens de reactie?
   d Hoe heten de basen die als tussenproduct ontstaan?

9) Men laat *tert*-butylcarbonylchloride (BOC) reageren met alanine. Het hierbij gevormde beschermde aminozuur laat men vervolgens reageren met CHC (cyclohexylcarbodiïmide) en deze verbinding reageert op zijn beurt met glycine.
   Het dan gevormde product wordt behandeld met watervrij zoutzuurgas.
   a Wat is het uiteindelijke product?
   b Welke bijproducten zijn bij de reacties ontstaan?
   c Geef de reactiemechanismen.

10) a Bij reactie van het aminozuur fenylalanine met ninhydrine ontstaat eerst een Schiffse base waarin vervolgens een decarboxyleringsreactie plaatsvindt.

   Welk reactieprodukt wordt *direct na* de CO_2 afsplitsing gevormd?   (ϕ = fenyl)   1.

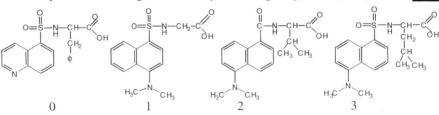

   b Welk van onderstaande produkten wordt gevormd als men het tetrapeptide

   Leu-Gly-Val-Phe laat reageren met dansylchloride, gevolgd door hydrolyse?   2.

   4: geen van deze structuren

11) Om het basische uiteinde van een peptide te identificeren, kan men de volgende

bewerkingen toepassen: 1.

0: reactie met dansylchloride en na hydrolyse met 6M HCl reactie met ninhydrine en daarna analyse m.b.v. ionenuitwisselingschromatografie met buffers van toenemende pH.

1: reactie met ninhydrine en na hydrolyse met 6M HCl analyse m.b.v. ionenuitwisselings-chromatografie met buffers van toenemende pH.

2: hydrolyse met 6M HCl en ionenuitwisselingschromatografie met buffers van toenemende pH.

3: reactie met dansylchloride en na hydrolyse met 6 M HCl analyse d.m.v. chromatografie.

4: reactie met 2,4-dinitrofluorbenzeen en daarna analyse met Edman reagens.

12) Wanneer we het dipeptide Lys-Lys behandelen met 2,4-dinitrofluorbenzeen en vervolgens de verkregen stof langdurig behandelen met 6M HCl, dan vinden we na afloop in de oplossing: 1.

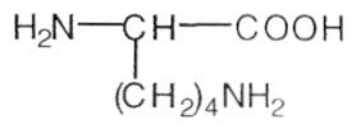

a

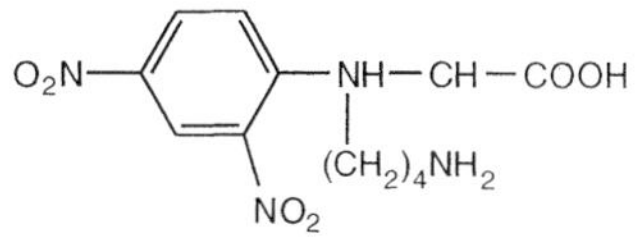

b

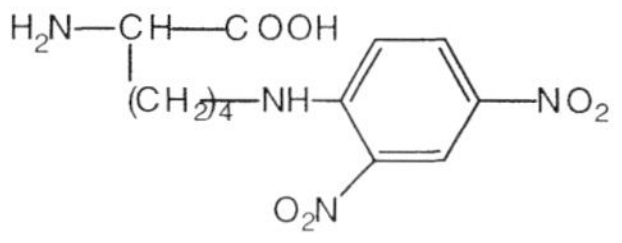

c

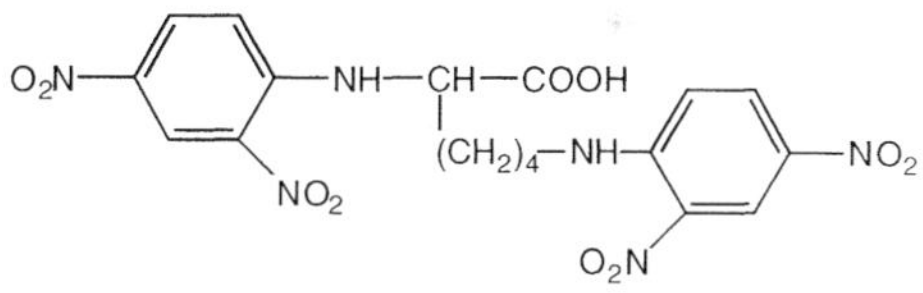

d

U hebt de keuze uit de onderstaande mogelijkheden:

0: a + b	4: b + d	8: a + c + d
1: a + c	5: c + d	9: b + c + d
2: a + d	6: a + b + c	
3: b + c	7: a + b + d	

13) Welk van onderstaande structuren kan ontstaan bij herhaalde Edman reactie van

het tripeptide Phe-Ser-Asp?　　　　　　　(ϕ = fenyl)

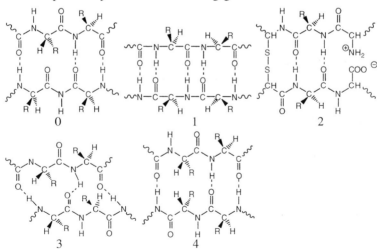

geen van
deze
structuren

0　　　　　　1　　　　　　2　　　　　　3　　　　　　4　　　　　　5

14) a　De plaatstructuur in een eiwit is een voorbeeld van de:

　　　0: primaire structuur　　　　　　　2: tertiaire structuur

　　　1: secundaire structuur　　　　　　3: quaternaire structuur

　b　In welke van de onderstaande polypeptiden kan het beste een plaatstructuur

　　gevormd worden?

　　Polypeptide bestaande uit:

　　0: tyrosine en serine　　　　　　　3: leucine en proline

　　1: fenylalanine en lysine　　　　　　4: alanine en glycine

　　2: glutamine en glutaminezuur

　c　De antiparallelle plaatstructuur kan weergegeven worden door:

20 Antwoorden

1)

Lys-Asp

Reactie met 2,4-dinitrofluorbenzeen (DNFB) en splitsing van dit dipeptide geeft de volgende verbindingen.

Na splitsing van de peptideband kan alleen asparaginezuur als vrij zuur gevormd. Door het reactiemengsel op een DLC-plaatje te brengen en te vergelijken met asparaginezuur en lysine kan vastgesteld worden welk vrij zuur aanwezig is na splitsing.

Dezelfde analyse kan ook uitgevoerd worden met dansylchloride.

2) Bij ionenuitwisselingschromatografie bestaat het kolommateriaal uit gepoederd polymeer. Dit polymeer bevat ionogene zijgroepen, zoals b.v. sulfonaatgroepen, $\sim SO_3H$

Als de aminozuren op de kolom gebracht worden, zullen de $H^{\oplus}$-ionen aan de sulfaatgroepen vervangen worden door $H_3N^{\oplus}$-ionen van de aminozuren (= ionenuitwisseling). Er ontstaan dan dus $\sim SO_3^{\ominus}$ $H_3N^{\oplus}$-R ionbindingen. Al naar gelang een aminozuur meer $H_3N^{\oplus}$-groepen heeft, zal het beter gehecht worden aan het kolommateriaal. Door te elueren met buffers met toenemende pH ($-H_3N^{\oplus}$ wordt bij toenemende pH omgezet in het niet hechtende $-NH_2$), zullen de aminozuren in volgorde van toenemende basiciteit de kolom verlaten. Ook de "normale" absorptieverschijnselen zoals dipoolinteracties en Van der Waalskrachten blijven natuurlijk invloed uitoefenen op de scheiding van de aminozuren.

De vloeistof die uit de kolom druppelt, wordt gemengd met ninhydrine-oplossing en de intensiteit van de blauwe kleur is een maat voor het percentage van het betreffende aminozuur.

3) Het tripeptide Val-Gly-Asp heeft de volgende structuur:

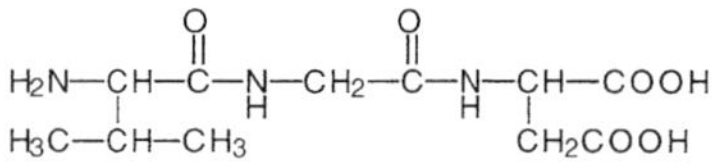

In de Edman reactie reageert fenylisothiocyanaat (ϕ-N=C=S) met de vrije aminogroep van het basische uiteinde. Het vet getekende structuuronderdeel in het eindproduct is afkomstig van fenylisothiocyanaat.

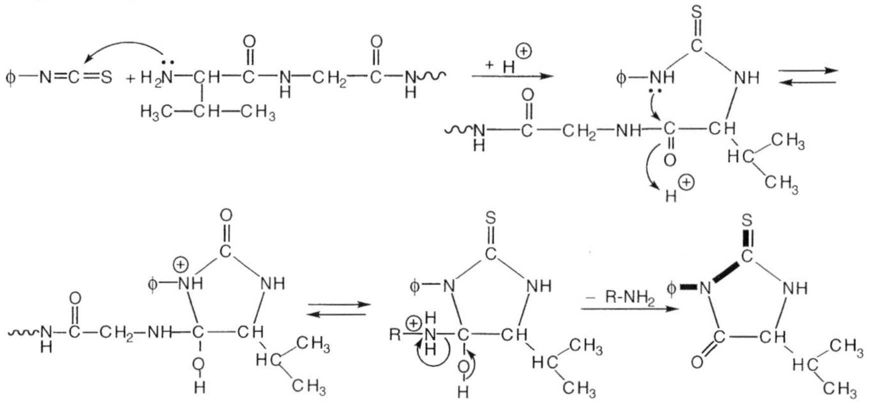

fenylthiohydantoïne

Er is dus één aminozuur van het basische uiteinde van de keten afgesplitst. Dit aminozuur heeft met fenylisothiocyanaat een fenylthiohydantoïne gevormd. Aangezien in dat fenylthiohydantoïne de karakteristieke restgroep van het aminozuur bewaard is gebleven, is aan de hand van de structuur van het thiohydantoïne dus het eerste aminozuur te identificeren. De rest van de peptide keten is tijdens deze reactie intact gebleven en kan opnieuw aan dezelfde bewerking onderworpen worden.

4) a *primaire structuur:* aminozuur volgorde in de eiwitketen.

   b *secundaire structuur:* conformatie van de eiwitketen. Deze wordt voornamelijk bepaald door H-brug interacties. Dit kan leiden tot de vorming van een plaatstructuur of een α-helix.

   c *tertiaire structuur:* hieronder verstaat men de wijze waarop de lange ketens opgevouwen zijn. Hier spelen talrijke interacties een rol, zowel tussen groepen in de eiwitketen (H-bruggen, S-S bindingen, elektrostatische interacties, Van der Waalskrachten) als tussen groepen in de keten en de omgeving (oplosmiddel, naburige eiwitketens).

d *quaternaire structuur*: de wijze waarop de everschillende eiwitmoleculen t.o.v. elkaar georganiseerd zijn in een groter geheel.

e *peptide binding*: de amidebinding die gevormd wordt bij reactie van de NH$_2$-groep van het ene aminozuur met een COOH-groep van een tweede aminozuren wordt een peptide binding genoemd.

5) a Plaatstructuren en de α-helix-structuur.

b De plaatstructuren komen voor als de eiwitketen is opgebouwd uit aminozuren met kleine zijketens, b.v. glycine, alanine, serine. Zijn de zijketens groot dan krijgt de α–helixstructuur de voorkeur b.v. bij aminozuurketens bestaande uit fenylalanine, tyrosine, leucine, lysine enz.

c 1 zoutbruggen   2 H-bruggen   3 Disulfide bruggen   4 v.d. Waals interactie   5 dipool attraktie tussen polariseerbare groepen

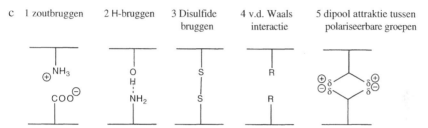

6) Leucine bevat een vrij grote alkylrest. De plaatstructuur is dus ongunstig door teveel sterische hindering. Het is waarschijnlijk dat een polypeptide met veel leucine-eenheden de α-helix structuur zal hebben.

7) a

H$_2$N—CH—C(=O)—N(H)—CH$_2$—C(=O)—N(H)—CH—COOH, CH$_2$—SH, CH$_2$(benzeenring), CH$_2$—COOH

b I.e.p. < 7: De ionisatie van de extra zuurgroep van Asp moet teruggedrongen worden door toevoegen van zuur. Dit leidt dus tot een lagere pH waarbij evenveel ⊕ als ⊖ lading in het tripeptide aanwezig is.

c Asparaginezuur komt het eerst van de kolom. Op een zure kolom zullen de elektrostatische krachten met een zure verbinding het zwakst zijn. De zure aminozuren zullen dus als eerste met de loopvloeistof meegevoerd worden.

8) a   Een Schiffse base van alanine en pyridoxalfosfaat (structuur I).

    b   Zie het mechanisme in structuur I.

    c CO_2

    d   Schiff basen.

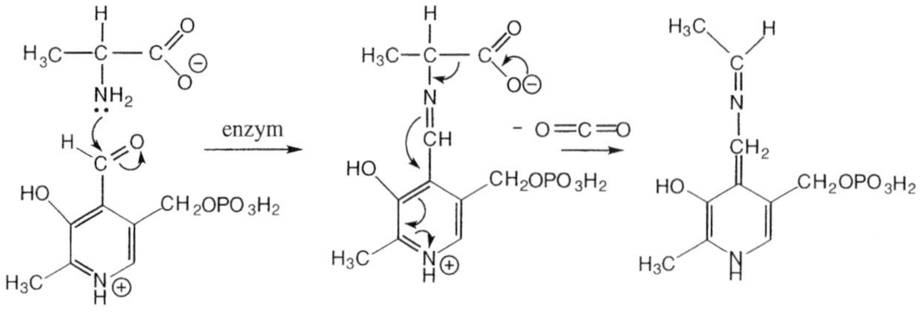

I

9) a   Het dipeptide ala-gly.

    b
$$H_2C{=}\overset{\underset{\displaystyle CH_3}{|}}{C}{-}CH_3 \qquad H_{11}C_6{-}NH{-}\overset{\displaystyle O}{\overset{\|}{C}}{-}NH{-}C_6H_{11} \qquad O{=}C{=}O$$

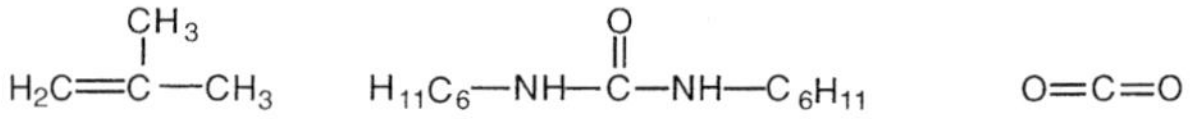

2-methylpropeen   N,N'-dicyclohexylureum   koolstofdioxide

    c

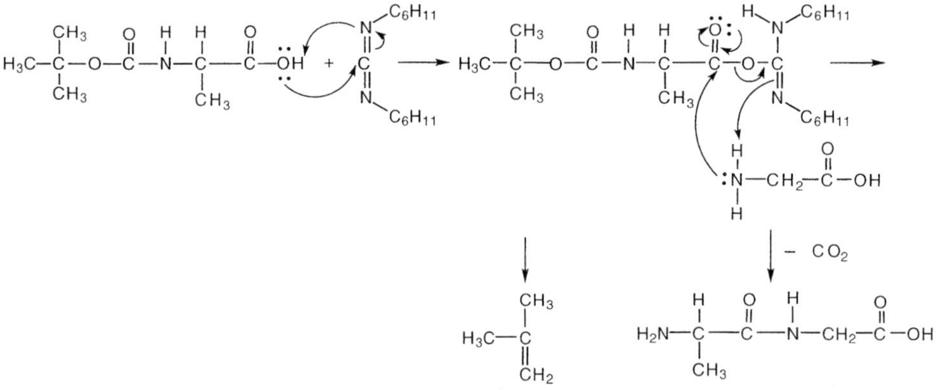

2-methylpropeen   dipeptide Ala-Gly

10) a   Voor het juist oplossen van deze opgave is het verstandig het mechanisme van de reactie met een aminozuur helemaal uit te schrijven. Het juiste antwoord is 1.6.

     b   Dansylchloride reageert met de vrije NH_2-groep van het aminozuur aan het basische uiteinde. In dit geval is dat dus leucine. Het juiste antwoord is 2.3.

11) Het juiste antwoord is 1.3.

12) Het dipeptide Lys-Lys heeft de volgende structuur:

$$H_2N-\overset{\overset{H}{|}}{C}-\overset{\overset{O}{||}}{C}-\overset{\overset{H}{|}}{N}-\overset{\overset{H}{|}}{C}-COOH$$

met zijketens $(CH_2)_4$ en NH_2 aan beide α-koolstofatomen.

Bij reactie met 2,4-dinitrofluorbenzeen reageren *alle vrije NH₂-groepen.*

Bij hydrolyse met 6 M HCl wordt de peptide binding verbroken, zodat de volgende twee brokstukken ontstaan:

Het juiste antwoord is dus c + d (1.5).

13) Bij herhaalde Edman degradatie ontstaat een thiohydantoine met de structuur:

Dit structuurelement is in geen van de gegeven structuren terug te vinden;

1.5 is het juiste antwoord.

14) a De plaatstructuur is een voorbeeld van de secundaire structuur (1.1)

b Plaatstructuren worden gevormd als de zijketens van de aminozuren niet al te groot zijn. Dus een polypeptide bestaande uit alanine ($R = CH_3$) en glycine ($R = H$) vormt het gemakkelijkst een plaatstructuur (2.4)

c In een antiparallelle plaatstructuur is de richting van naast elkaar liggende ketens tegengesteld. 3.4 is het juiste antwoord.

21 Enzymen, coënzymen en vitaminen

1) Geef de functie aan van de volgende enzymhoofdgroepen:

   a transferasen

   b lyasen

   c oxidoreductasen

2) a Bij welke pH functoneert het enzym pepsine maximaal?

   b Bij welke pH functoneert het enzym trypsine maximaal?

3) Aceetamide (ethaanamide) wordt door chymotrypsine gehydrolyseerd tot azijnzuur. Geef het mechanisme van deze omzetting en geef bij elke stap aan welk mechanisme een rol speelt, b.v. additie of eliminatie.

4) a Geef het mechanisme van de reactie van NAD$^\oplus$ met n-propanol.

   b De reactie met n-propylamine verloopt op analoge wijze. Geef ook hiervan het mechanisme.

5) Wat verstaat men onder een coënzym?

6) FAD is een oxidatiemiddel. De reductie van FAD verloopt via een stapsgewijze electronenoverdracht. Reductie kan echter ook via een hydrideoverdracht verlopen. Hieronder is het reactieverloop getekend, zonder de benodigde ladingen en pijlen. Maak het mechanisme compleet.

7) De omzetting van D-alanine tot een racemisch mengsel van D- en L-alanine wordt gekatalyseerd door het coenzym pyridoxaalfosfaat.Teken het product dat in eerste instantie gevormd wordt en geef aan welke binding in dit zout verbroken wordt voor de racemisatie.

8) Bij het pyridoxaalfosfaat uit de voorafgaande vraag kan ook een decarboxyleringsreactie optreden. Geef hiervan het reactiemechanisme. welke producten worden gevormd?

21 Antwoorden

1) a Deze enzymen katalyseren groepsoverdrachtsreacties zoals methyl-, carboxyl-, acyl-, glycosyl-, amino- of fosfaatgroepoverdracht.

   b Deze enzymen katalyseren de splitsing van $C-C$, $C-O$ en $C-N$ bindingen door middel van eliminatie-reacties.

   c Deze enzymen katalyseren redoxreacties.

2) a Bij pH 1,5   b Bij pH 7,5.

3)

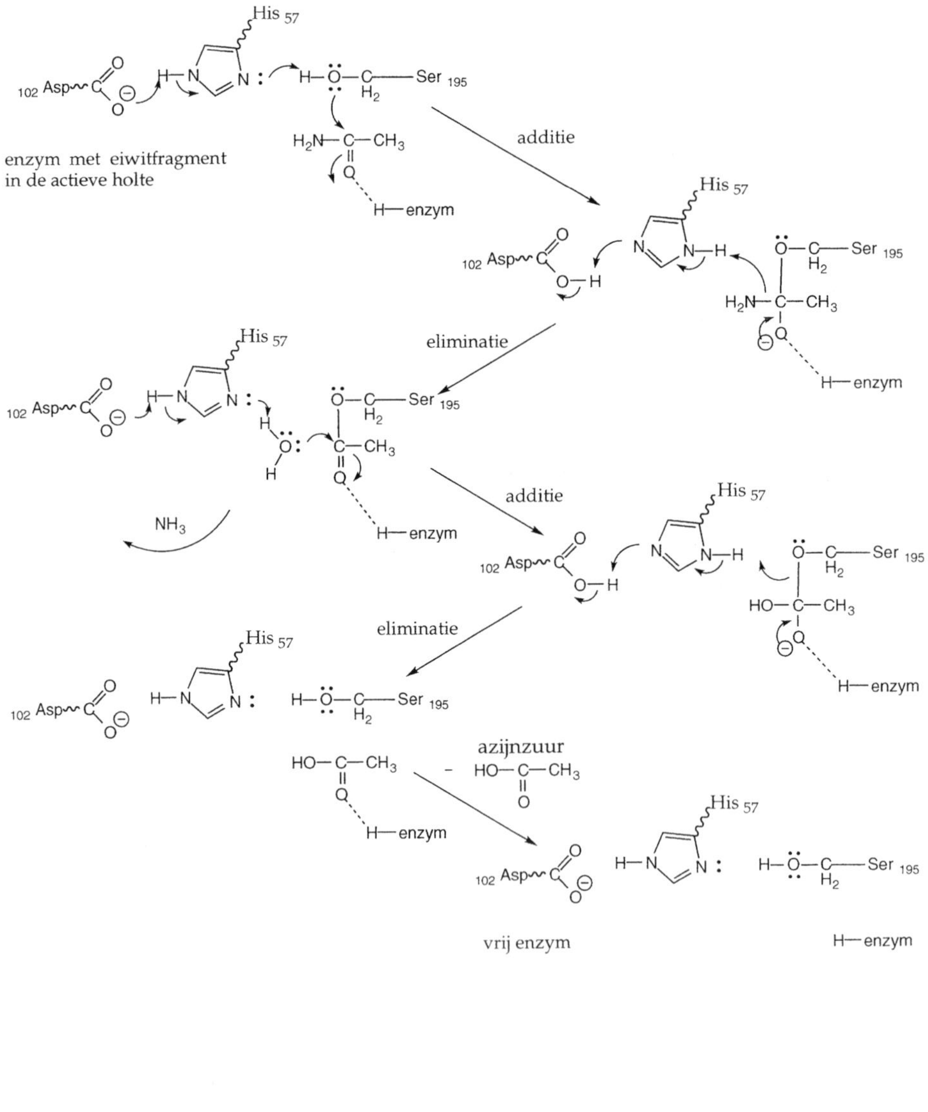

His 57

$_{102}$ Asp

enzym met eiwitfragment in de actieve holte

Ser 195

$H_2N-C-CH_3$

additie

$H-$enzym

His 57

$_{102}$ Asp

Ser 195

$H_2N-C-CH_3$

$H-$enzym

His 57

$_{102}$ Asp

eliminatie

Ser 195

$-CH_3$

NH_3

additie

$H-$enzym

$_{102}$ Asp

His 57

Ser 195

$HO-C-CH_3$

$H-$enzym

His 57

$_{102}$ Asp

eliminatie

Ser 195

$HO-C-CH_3$

azijnzuur

$HO-C-CH_3$

$H-$enzym

$_{102}$ Asp

His 57

Ser 195

vrij enzym

$H-$enzym

4) a Met *n*-propanol:

b Met *n*-proplamine (de grote restgroep aan het stikstofatoom is vervangen door R)

Het imine dat op deze wijze is ontstaan, hydrolyseert in dit milieu tot propionaldehyde.
Beide wegen leiden uiteindelijk tot hetzelfde eindproduct.

5) Een coënzym is een organisch molecuul dat t.o.v. het enzym relatief klein is. Veel
enzymen hebben deze coënzymen nodig om reacties tot stand te brengen die anders niet
zouden verlopen.

6)

7) Gegeven is dat er een racemisch mengsel ontstaat. Dan moet op de met de pijl aangegeven plaats een proton geabstraheerd worden. Herprotonering van het anion kan op twee manieren waarbij enantiomeren ontstaan. Uiteindelijk zal dit een racemisch mengsel van D en L -alanine geven.

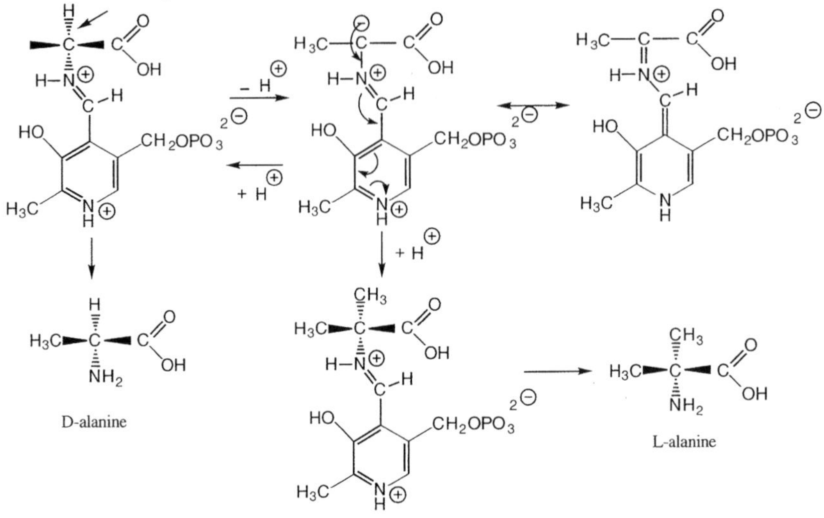

D-alanine

L-alanine

8) Mechanisme:

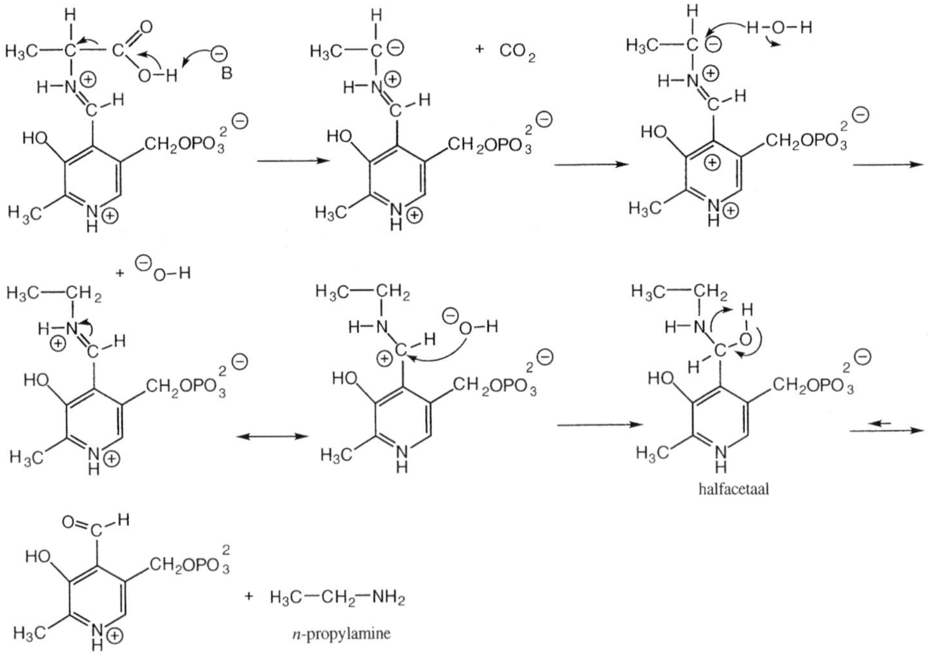

halfacetaal

$+ H_3C-CH_2-NH_2$

n-propylamine

Er wordt in de reactie CO_2 gevormd en het aminozuur alanine wordt omgezet in n-propylamine.

22 Aromaten

1) Welke van de volgende verbindingen is (zijn) aromatisch?

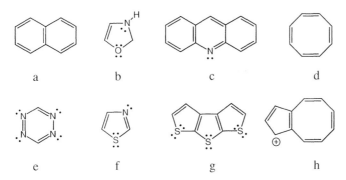

a   b   c   d

e   f   g   h

2) a Het anion van benzeen $C_6H_5^{\ominus}$ is aromatisch hoewel het in totaal 8 "vrije" elektronen bevat. Hoe is dit te verklaren? Maak een tekening van dit anion.

     fenylanion

b Tropolon kan bijzonder gemakkelijk een $H^{\oplus}$ ion opnemen. Waar zal protonering plaatsvinden en waarom gaat dit zo gemakkelijk?

     tropolon

3) Wanneer we *n*-propylbenzeen willen bereiden, zouden we de volgende drie bereidingswijzen kunnen toepassen. Welke methode heeft de voorkeur en waarom?

a

b

c

4) Geef het mechanisme van de reactie van 2-methylpropaanzuurchloride met benzeen o.i.v. AlCl$_3$.

5) De reactie van benzeen met 1-buteen o.i.v. H$^{\oplus}$ geeft:

CH$_2$-CH$_2$-CH$_2$-CH$_3$ CH=CH-CH$_2$-CH$_3$ CH / CH$_2$-CH$_3$ met CH$_3$

0   1   2

C(=CH$_2$)(CH$_2$-CH$_3$)   C(CH$_3$)(CH-CH$_3$)   geen van de producten

3   4   5

6) Bij de electrofiele aromatische ortho- en para substitutie is de invloed van de substituent aan de benzeenring van belang voor de reactiesnelheid. Zet de onderstaande structuren in de juiste volgorde met de snelst reagerende structuur vooraan.

-NO$_2$ -OCH$_3$ (benzeen)   -CH$_3$

7) Welk van onderstaande intermediairen en/of producten komt voor in de reactie van benzeen met Br$_2$ onder invloedvan FeBr$_3$ als katalysator?

serie 1

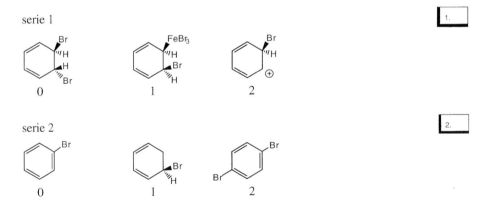

0   1   2

serie 2

0   1   2

8) Welke van de onderstaande groepen zijn meta richters in een aromatische
    electrofiele substitutie?

serie A

—CN   —OH   —SO$_3$H

  a   b   c

serie B

—NH$_2$ —CF$_3$ —N(CH$_3$)$_2$

  a   b   c

U hebt de keuze uit de volgende antwoordmogelijkheden:

0: geen van de structuren   2: alleen b   4: a + b   6: b + c
1: alleen a   3: alleen c   5: a + c   7: a+ b + c

22 Antwoorden

1) Aromatisch zijn
   a (10 π-el); c (14 π-el); e (6 π-el); f (6 π-el); g (14 π-el); h (10 π-el).
   b is niet aromatisch, het molecuul bevat wel 6 π-el, maar heeft een verzadigd (sp³ gehybridiseerd) koolstofatoom; het orbitalenstelsel is niet gesloten. In c, e ,f en g doen de
   buiten de ring geplaatste vrije electronenparen niet mee met het aromatische p-orbitalen
   systeem (zie ook vraag 2).

2) a De aromaticiteit wordt bepaald door het aantal elektronen in de p-orbitalen loodrecht op
   het vlak van de ring. Het vrije elektronenpaar van het fenylanion zit in een sp² orbitaal in
   hetzelfde vlak als de ring en doet dus niet mee aan de zijdelingse π overlap van de
   p-orbitalen (vergelijk het vrije elektronenpaar op het stikstofatoom in pyridine).

   6 π-el verdeeld over de 6 p-orbitalen

   b Wanneer tropolon geprotoneerd wordt op het zuurstofatoom van de carbonylgroep dan
   ontstaat er een carbokation met een zeer grote mesomere stabilisatie doordat een ring
   ontstaat met 6 π-elektronen (aromatisch carbokation).

   enz.

3) Methode a is niet geschikt om een *n*-propylketen aan benzeen te substitueren omdat
   propeen na protonering het meest stabiele *sec*-carbokation vormt. Reactie met benzeen geeft
   daarna isopropylbenzeen.
   Methode b is ook niet zo geschikt:

   $H_3C-CH_2-CH_2Cl + AlCl_3 \longrightarrow H_3C-CH_2-CH_2^{\oplus}$ $Cl\text{-}AlCl_3^{\ominus}$. Hier wordt in eerste instantie
   wel een primair carbokation gevormd, maar voordat dit met benzeen kan reageren,
   legt dit primaire carbokation voor een groot deel om tot een stabieler secundair carbokation:

   $H_3C-CH-CH_2^{\oplus} \longrightarrow H_3C-CH-CH_3^{\oplus}$

   Ook hier dus vooral vorming van isopropylbenzeen.

Hoewel deze methode één reactiestap langer is, is methode c het beste: het zuurchloride vormt met $AlCl_3$ een *acyl*kation en dit is mesomerie gestabiliseerd. Het legt dus niet om.

$$H_3C-CH_2-\overset{\cdot\cdot}{\underset{Cl}{C}}\overset{\cdot\cdot}{\overset{O}{\rVert}} \quad + \quad AlCl_3 \quad \longrightarrow \quad H_3C-CH_2-\overset{\oplus}{C}=\overset{\cdot\cdot}{\underset{\cdot\cdot}{O}} \quad AlCl_4^{\ominus}$$

$$\downarrow$$

$$H_3C-CH_2-C\equiv\overset{\oplus}{O}\colon \quad \text{(octet)}$$

Na reactie van het acylkation met benzeen kan het gevormde keton gereduceerd worden tot een alkylgroep (een geschikt reagens hiervoor is b.v. Zn/HCl).

4)

$$\begin{array}{c} H_3C \\ \\ H_3C \end{array}\!\!\!\diagdown\!\!\!CH\text{-}\overset{O}{\overset{\rVert}{C}}\!\!\diagdown\!\!\underset{Cl}{} \quad + \quad AlCl_3 \quad \longrightarrow \quad \begin{array}{c} H_3C \\ \\ H_3C \end{array}\!\!\!\diagdown\!\!\!CH\text{-}\overset{\oplus}{C}=O+ \quad AlCl_4^{\ominus} \quad \longrightarrow$$

$$\begin{array}{c} H_3C \\ \\ H_3C \end{array}\!\!\!\diagdown\!\!\!CH\text{-}\overset{O}{\overset{\rVert}{C}}\text{-} \quad \xrightarrow{-\ H^{\oplus}} \quad \begin{array}{c} H_3C \\ \\ H_3C \end{array}\!\!\!\diagdown\!\!\!CH\text{-}\overset{O}{\overset{\rVert}{C}}\text{-}$$

5) 1-buteen, $H_2C=CH-CH_2-CH_3$, wordt door $\overset{\oplus}{H}$ geprotoneerd tot een secundair carbokation

$H_3C-\overset{\oplus}{C}H-CH_2-CH_3$ waarna het π-elektronensysteem van benzeen hierop aanvalt.

Het juiste antwoord is dus 1.2.

$$H_3C-\overset{\oplus}{C}H-CH_2-CH_3 \quad + \quad \bigcirc \quad \longrightarrow \quad \begin{array}{c} H_3C \\ \\ H_3C-CH_2 \end{array}\!\!\!\diagdown\!\!\!CH\text{-} \quad \xrightarrow{-\ H^{\oplus}} \quad \begin{array}{c} H_3C \\ \\ H_3C-CH_2 \end{array}\!\!\!\diagdown\!\!\!CH\text{-}$$

6) De volgorde is :

$$\bigcirc\!\!-\!\!OCH_3 \quad > \quad \bigcirc\!\!-\!\!CH_3 \quad > \quad \bigcirc \quad > \quad \bigcirc\!\!-\!\!NO_2$$

a   b   c   d

Structuur a is een goede ortho-para richter door de mesomere stuwing van de lading naar de ortho en para plaats. In structuur b is de methylgroep een inductieve stuwer. Het inductief effect heeft minder invloed op de snelheid van de electrofiele substitutie dan de mesomeer stuwende methoxygroep. Benzeen zelf (c) regeert minder snel en structuur d is door de sterk electronen zuigende nitrogroep nagenoeg ongevoelig voor een electrofiele aromatische substitutie.

7) Bij de bromering wordt eerst het electrofiele deeltje $Br^\oplus$ gegenereerd volgens:

$$Br_2 \;+\; FeBr_3 \;\rightleftharpoons\; \overset{\oplus}{Br} \;+\; \overset{\ominus}{FeBr_4}$$

Dan valt het electronenpaar van een dubbele binding van benzeen op het $Br^\oplus$ -ion aan en vervolgens wordt een proton afgesplitst.

De goede antwoorden zijn dus 1.2 en 2.0.

8) Meta-richtende groepen zijn die substituenten die electronen uit de aromatische ring zuigen waardoor deze minder gevoelig wordt voor een electrofiele aanval. We moeten dus nagaan of zich onder de aangegeven structuren groepen bevinden met sterk electronegatieve atomen.

Bij serie A zijn dit a en c. Het goede antwoord is dus 1.5. De hydroxylgroep bevat weliswaar het electronegatieve zuurstofatoom maar het electronenpaar op het zuurstofatoom geeft een goede mesomere interactie met de benzeenring en dit heeft een gunstig effect op de substitutie.

Bij serie B is b een sterke meta-richter door de drie zeer electronegatieve fluoratomen. De beide stikstofbevattende groepen (a en c) hebben evenals het zuurstofatoom een vrij electronenpaar dat door mesomere interactie de substitutie bevordert. De dimethylaminegroep heeft door de twee methylgroepen nog een extra inductief stuwend effect, zodat substitutie hier wat sneller zal verlopen dan die bij de niet gesubstitueerde aminogroep. Het juiste antwoord is 2.2.

23 Fenolen en anilinen

1) Schrijf de structuren op met de volgende namen:

   a   4-fluorfenol

   b   2-ethylfenol

   c   4-isopropylaniline

2) Geef de systematische IUPAC naam van de volgende verbindingen:

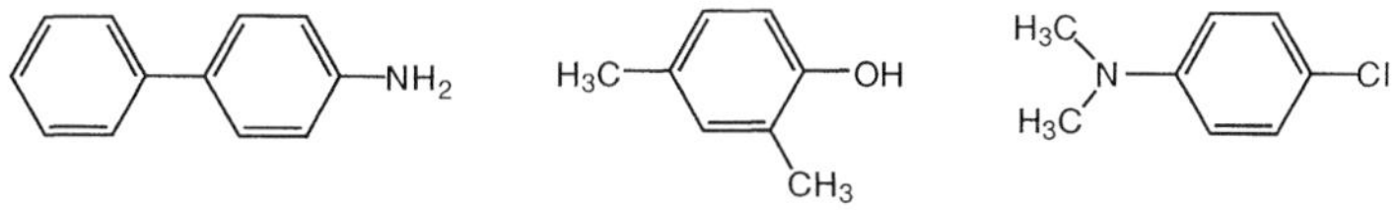

3) Waarom is fenol veel zuurder dan methanol en aniline juist minder basisch dan methylamine?

4) Geef de grensstructuren weer van de eerste stap van de electrofiele substitutie van Br_2 met 4-methylfenol.

5) De reactie van 2-methylpropaanzuurchloride met benzeen o.i.v. $AlCl_3$ geeft product I.

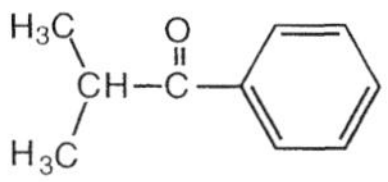

   I

   Als in plaats van benzeen uitgegaan wordt van fenol of aniline dan zal de bovenste reactie niet optreden. Er worden dan namelijk andere produkten gevormd. Welke?

6) Fenolen zijn zuren waarbij de zuurgraad wordt bepaald door de substituent aan de benzeenring. Zet de onderstaande fenolen naar zuurgraad in de juiste volgorde (het sterkste zuur vooraan).

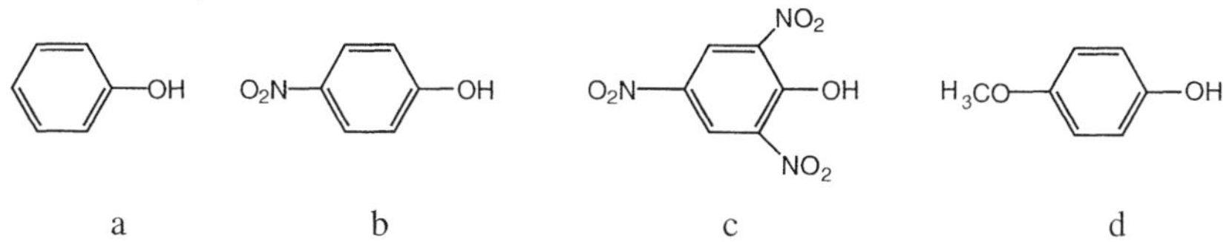

   a   b   c   d

7) Geef de reactie van dimethylaniline met salpeterig zuur bij 0-5°C en verklaar waarom slechts één verbinding wordt gevormd.

   a   Geef het mechanisme van de reactie.

   b   Waarom vindt er geen meta en ortho substitutie plaats?

23 Antwoorden

1)

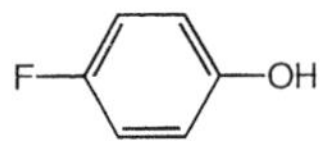

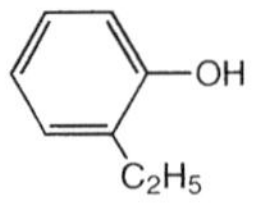

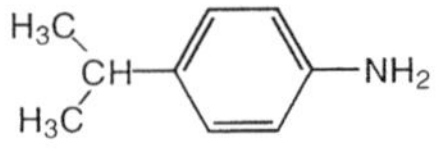

4-fluorfenol   2-ethylfenol   4-isopropylaniline

2)

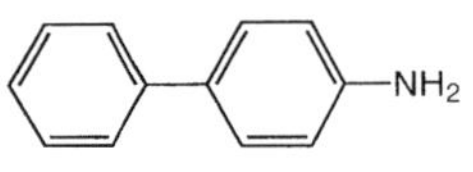

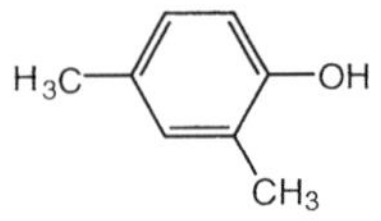

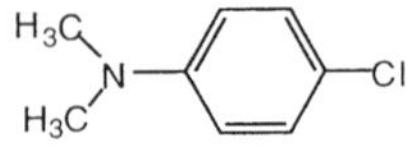

4-fenylaniline   2,4-dimethylfenol   4-chloor-N,N-dimethylaniline

3) Wanneer fenol een proton afstaat, kan de achterblijvende lading gedelocaliseerd ("uitgesmeerd") worden over de fenylring. Er treedt dus een aanzienlijke mesomere stabilisatie op. Methanol kan dit uiteraard niet, waardoor de op het atoom achterblijvende lading niet gestabiliseerd wordt.

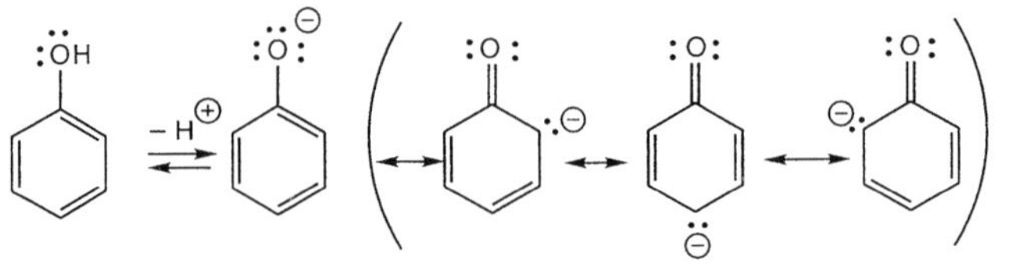

Bij aniline treedt juist het tegengestelde effect op:
Vóór protoneren kan het vrije elektronenpaar nog "meedoen" met de mesomerie

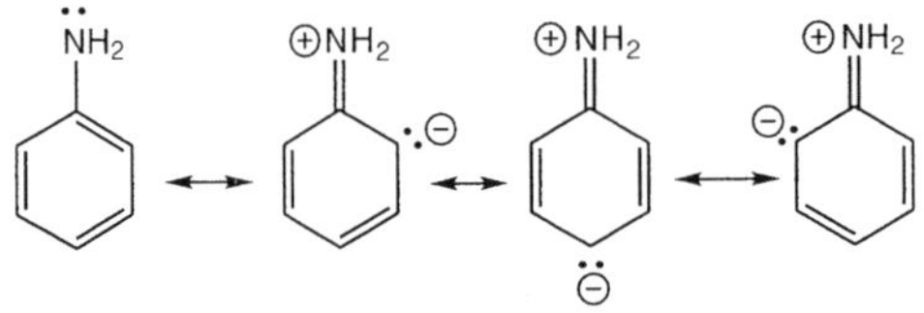

Hoewel de bijdrage van de geladen mesomere structuren niet zo heel groot is, treedt toch verlies op van mesomerie als deze mogelijkheid niet meer mogelijk is na protonering van aniline.

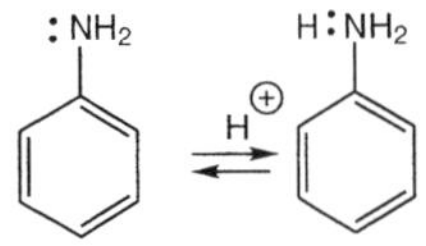

vrije elektronenpaar niet meer beschikbaar voor mesomerie

Bij methylamine speelt dit mesomerieverlies geen rol, omdat het zowel bij de niet-geprotoneerde vorm als bij de geprotoneerde vorm afwezig is.

4) Onderstaand is het mechanisme van de bromering van fenol weergegeven. Er kunnen meerdere broomatomen worden ingevoerd. De eerste stap is een electrofiele additie van de $Br^{\oplus}$ waarbij de positieve lading door mesomerie wordt gestabiliseerd (schema a). Protonafsplitsing geeft het aromatische systeem terug. Een electrofiele additie volgens schema b kan theoretisch ook zijn maar een mesomeer systeem zoals onder a waar de positieve lading naast de zuurstof komt is energetisch veel gunstiger.

Een andere mogelijkheid wordt weergegeven in schema c. De eerste stap kan hier wel plaatsvinden maar afsplitsing van een waterstof -zodat de energetisch voordelige aromatische systeem weer gevormd kan worden- kan nu niet meer optreden..

zeer gunstig

a

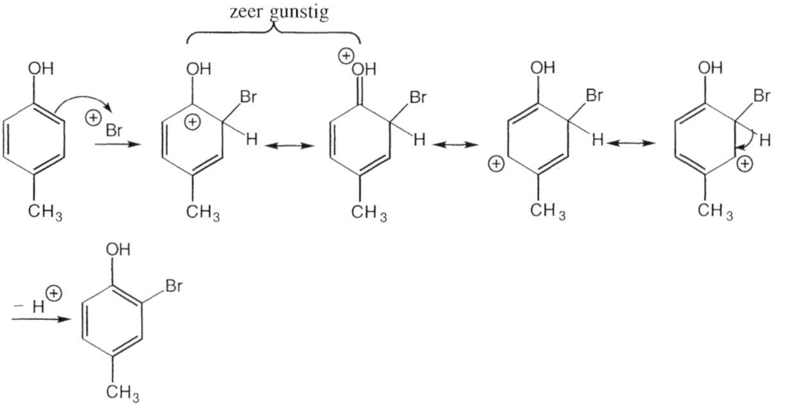

b

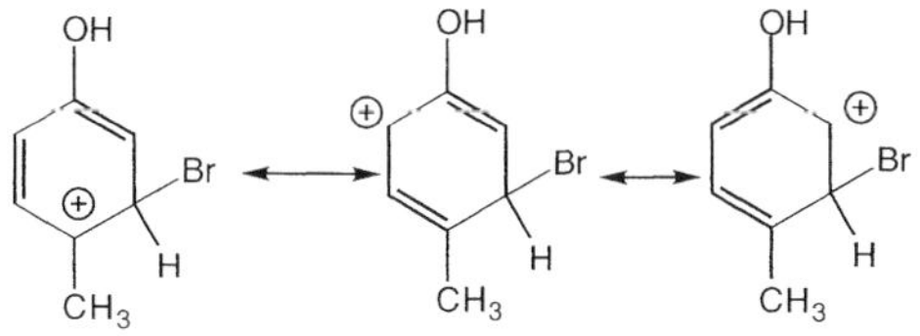

c   geen volgreactie tot aromaat mogelijk

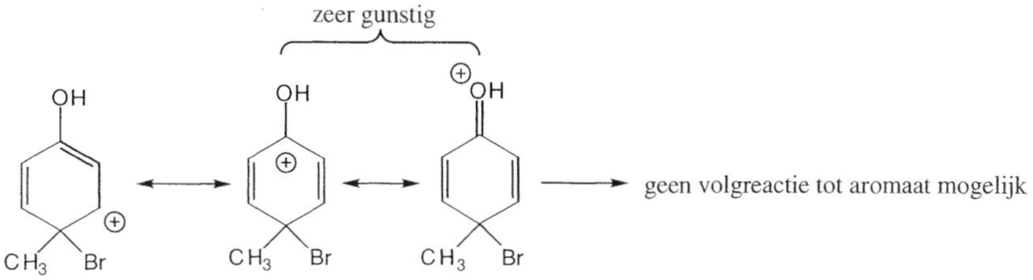

5) Fenol en analine hebben een vrij elektronenpaar op het O-atoom, resp. het N-atoom dat kan reageren als nucleofiel. Via een additie-eliminatiereactie ontstaan de onderstaande derivaten.

fenol

aniline

6) We moeten kijken naar de effecten die de substituenten aan de benzeenring kunnen hebben op de zuurgraad van het fenol. De nitrogroep is een sterk electronenzuigende groep en dit effect veroorzaakt een 'minder negatief' zuurstofatoom. Het proton zal dan minder worden gebonden en de zuurgraad wordt hoger. Drie nitrogroepen zullen dit effect nog versterken waardoor molecuul c een relatief sterk zuur is en daarom ook *picrinezuur* wordt genoemd. Een methoxygroep is een mesomeer stuwende groep die juist electronen in de richting van het zuurstofatoom stuwt. Hier treedt dan het tegengestelde effect op en wordt het 4-methoxyfenol minder zuur dan fenol zelf. De volgorde is dan c > b > a > d.

7) a Salpeterig zuur wordt gemaakt door natriumnitriet met zoutzuur te behandelen. Het hierbij gevormde nitrosoniumion NO$^{\oplus}$ reageert als electrofiel deeltje met aniline. *Para* substitutie vindt plaats omdat in één van de mesomere structuren de positieve lading op het koolstofatoom naast het stikstofatoom terecht komt (mesomere structuur 1). Deze structuur is gunstig omdat zowel het stikstofstofatoom als het koolstofatoom een achtomringing hebben. De reactie loopt af door afsplitsing van het proton uit 1.

Na afsplitsing van een proton uit intermediair I ontstaat vervolgens het 4-nitrosoaniline.

b Ortho substitutie vindt niet plaats omdat er teveel sterische hindering optreedt tussen de aminogroep en de het inkomende nucleofiel. Meta substitutie is niet mogelijk omdat in geen van de onderstaande mesomere structuren stabilisatie plaatsvindt van de positieve lading door het stikstofatoom. De volgreactie tot een aromaat door afsplitsing van een proton is niet mogelijk.

24 Heteroaromaten

1) Schrijf de structuren op met de volgende namen:

    a 2-methylpyrrool

    b 4-hydroxyimidazool

    c 2-chloor-4-nitropyridine

2) Reactie van pyridine met methyljodide geeft een produkt dat men vervolgens laat reageren met een hydride ion ($\overset{..}{H}{}^{\ominus}$).

    Deze reacties kunnen als eindprodukt(en) geven:

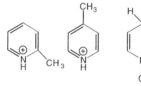

    a   b   c   d   e   f

    U hebt de keuze uit de volgende antwoordmogelijkheden:

    0: a   1: b   2: c   3: d   4: e   5: f

    6: a + b   7: d + e   8: c + f   9: geen van de producten

3) a Reactie van één mol pyrrool met één mol $H_3CCH_2CH_2Cl$ onder invloed van $AlCl_3$ als katalysator geeft als voornaamste reactieprodukt:

    0   1   2   3   4

    5   6   7   8   9

b Reactie van één mol pyridine met één mol H₃CCH₂CH₂Cl geeft

als voornaamste reactieprodukt:

2.

0   1   2   3

4   5   6   7

c Reactie van pyrrool met één mol D⁺ geeft als voornaamste

produkt (intermediair):

3.

0   1   2   3   4

24 Antwoorden

1)

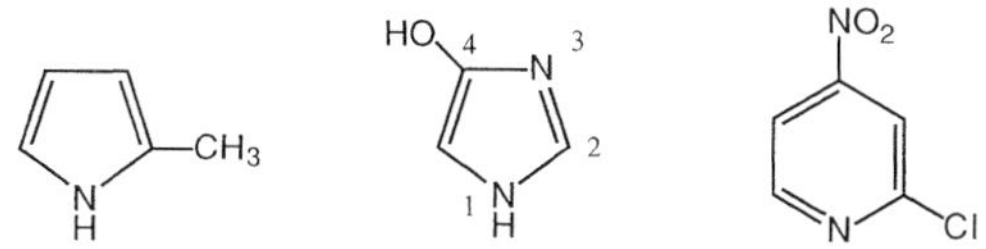

2)   Pyridine reageert met methyljodide volgens een S_N2 substitutie

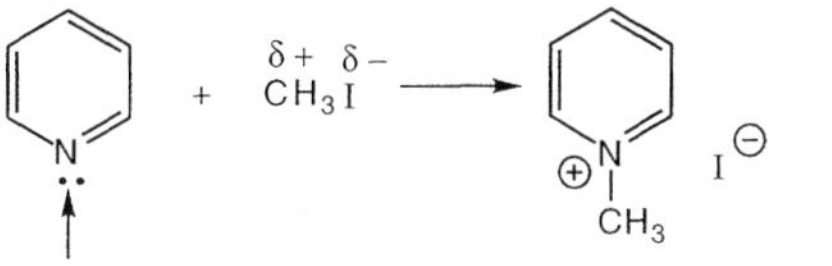

$$ + \quad \overset{\delta+}{C}H_3\overset{\delta-}{I} \longrightarrow $$

nucleofiel   pyridiniumzout
vrij elektronenpaar   (vergelijk ammoniumzout)

Een hydride ion zal aanvallen op de relatief elektronenarme pyridiniumkern. Dit zal bij voorkeur op de α– en γ-posities gebeuren, omdat het N-atoom dan het elektronenpaar op kan nemen.

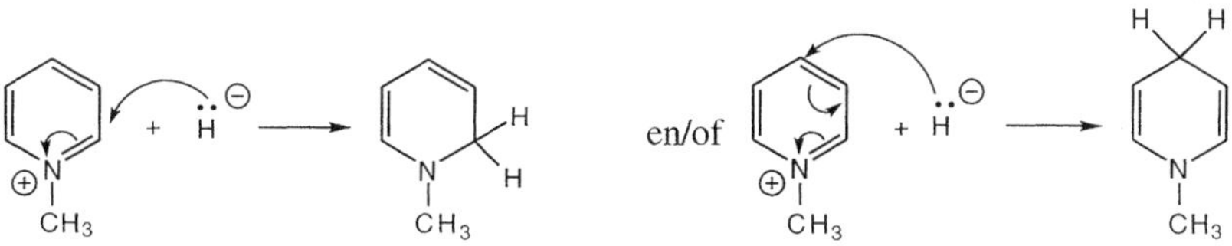

en/of

f   c

Vergelijk deze reactie met de reduktie van $NAD^{\oplus}$ tot NADH .

Het juiste antwoord is 1.8.

3)   a $H_3C-CH_2-CH_2Cl$ vormt het Lewis-zuur $AlCl_3$ een sterk elektrofiel deeltje.

$$H_3C-CH_2-CH_2Cl + AlCl_3 \longrightarrow H_3C-CH_2-\overset{\oplus}{C}H_2 \quad \overset{\ominus}{Cl\text{-}AlCl_3}$$

Het primaire carbokation legt snel om naar een energetisch stabieler secundair carbokation .

$$H_3C-CH_2-\overset{\oplus}{C}H_2 \quad \overset{\ominus}{Cl\text{-}AlCl_3} \longrightarrow H_3C-\overset{\oplus}{C}H-CH_3 + \overset{\ominus}{AlCl_4}$$

Het π-systeem van pyrrool valt aan op dit elektrofiele deeltje (vergelijk de reactie van pyrrool met het elektrofiel $H^{\oplus}$).

Aanval op α-positie is energetisch het gunstigst omdat daarbij het best gestabiliseerde intermediaire carbokation gevormd wordt (zie onder onderdeel c). Het juiste antwoord is 1.4.

b Pyridine heeft een vrij elektronenpaar beschikbaar, dat niet in het π-systeem van de ring is opgenomen. Dit vrije elektronenpaar heeft daarom basische en nucleofiele eigenschappen. Met een primair halogeenalkaan zoals in dit geval 1-propylchloride krijgen we een S_N2 -substitutie. Het vrije elektronenpaar op stikstof wordt nu als bindingselektronenpaar gedeeld met een ander atoom (koolstof). Daardoor wordt stikstof positief geladen. Antwoord: 2.0.

c De α-plaats van pyrrool is het meest gevoelig voor elektrofiele aanval, omdat bij aanval op die positie het resulterende kation het beste door mesomerie gestabiliseerd wordt. Het goede antwoord is 3.2.

Na aanval op N is geen mesomere stabilisatie mogelijk door elektronenverschuiving, want het N-atoom heeft al 8 elektronen!

25 Nucleotiden en nucleïnezuren

1) Welke van de onderstaande structuurelementen komt (komen) voor in DNA?

a   b   c

2) Een typisch fragment uit een RNA keten is

0   1   2

3   4   5

3) Gegeven is het nucleotide I

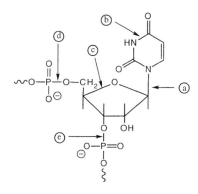

a   Dit nucleotide maakt deel uit van:

1.

    0: DNA   3: DNA + RNA   6: DNA + RNA + NADH

    1: RNA   4: DNA + NADH

    2: NADH   5: RNA + NADH

b   De base in het nucleotide is:

2.

    0: cytosine   2: uracil   4: guanine

    1: thymine   3: adenine

c   Bij behandeling van nucleotide I met verdund zuur zal bij voorkeur splitsing

3.

optreden op positie(s):

    0: a   3: d   6: a + d + e   9: c + d

    1: b   4: e   7: b + c

    2: c+ e   5: a + b   8: d + e

d   Bij behandeling van nucleotide I met verdunde base zal bij voorkeur

4.

splitsing optreden op positie(s):

    0: a   3: d   6: a + d + e   9: c + d + e

    1: b   4: e   7: b + c

    2: c   5: a + b   8: d + e

4) Verbinding I is een derivaat afgeleid van het nucleoside cytidine.

I

U hebt bij de beantwoording van de vraag steeds de keuze uit de volgende antwoordmogelijkheden.

0: alleen a	3: alleen d	6: b + c	9: a + b + d
1: alleen b	4: a + b	7: b + d	
2: alleen c	5: a + d	8: c + d	

A Welk(e) van de aangegeven bindingen is een (zijn) *ether*bindingen? [1.]

B Welk(e) van de aangegeven bindingen is een (zijn) *acetaal*bindingen? [2.]

C Welk(e) van de aangegeven bindingen is een (zijn) *ester*bindingen? [3.]

D Wanneer verbinding I gedurende korte tijd wordt gekookt met *verdund* zuur, welke bindingen zullen dan worden verbroken? [4.]

E Wanneer verbinding I gedurende lange tijd wordt gekookt met *verdunde* base, welke bindingen zullen dan worden verbroken? [5.]

25 Antwoorden

1) Er zit geen fosfaatgroep aan zuurstofatoom op C3 in de desoxyribose-ring van structuur a, de methyleengroep waaraan de fosfaatgroep aan vast zit ontbreekt en de suikervijfring is geen desoxyribose want er zit een hydroxylgroep teveel in op C2. In structuur c ontbreekt ook de methyleengroep waar de fosfaatgroep aan vast zit en ook hier is de suikerring geen desoxyribose. Alleen structuur b voldoet aan de vraag.

2) RNA bevat ribose dat via een N-glycosidebinding op C1 verbonden is met een stikstofbase en via fosfaat ester bindingen op C3 en C5 verbonden is met naburige riboseringen (1.3).

3) Het gegeven nucleotide bevat een riboserest en als stikstofbase uracil. Het maakt dus deel uit van RNA (1.1; 2.2). (DNA bevat desoxyribose en NAD bevat twee ribose-eenheden met als stikstofbasen nicotinamide en adenine). Bij behandeling van een nucleotide met verdund zuur zal bij voorkeur de N-glycosidebinding verbroken worden (te vergelijken met een acetaal-binding).
3.0 is dus het juiste antwoord.
Binding b maakt deel uit van de hetero-aromatische ring en zal niet hydrolyseren in zuur of basisch milieu. Binding c is een ether-binding en deze is eveneens stabiel in zowel zuur als basisch milieu. De bindingen d en e zijn ester-bindingen. Deze zullen het snelst gehydrolyseerd worden in basisch milieu. Het goede antwoord is 4.8.

4) A Alleen de bindingen van c zijn etherbindingen. Aan weerszijden van het zuurstofatoom zijn alleen alkylgroepen aanwezig. De eerstvolgende functionele groep zit op een afstand van twee koolstofatomen en het etherkarakter wordt dus niet aangetast.
Het antwoord is 1.2.

B Zowel a en b zijn onderdelen van hetzelfde acetaal en wel een aminoacetaal. Een van de zuurstofatomen van het acetaal is hier vervangen door een stikstofatoom.
Het antwoord is 2.4.

C Alleen binding d is een esterbinding. We zien hier een ester van azijnzuur. Het antwoord is 3.3.

D De ester en acetaalbindingen zullen snel worden verbroken. De etherbindingen zullen pas na lange tijd in verdund zuur worden open gaan. Het goede antwoord is 4.9 n.l. a, b en d.

E Met base zal alleen de ester van azijnzuur worden gehydrolyseerd, dus binding d. Acetalen en ethers zijn ongevoelig voor een base. Het juiste antwoord is 5.3.

26 Oefenexamen 1

Alle vragen van het tentamen zijn van het meerkeuzetype. Bij elk vragenonderdeel is slechts één keuzemogelijkheid juist. Het getal behorend bij het juiste antwoord, dient in het omkaderde vakje te worden ingevuld. Hoe dit dient te gebeuren, kunt u zien in het onderstaande examenvoorbeeld:

INVULVOORBEELD

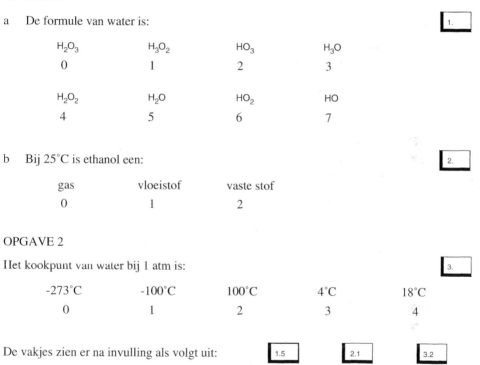

OPGAVE 1

a   De formule van water is: 1.

      H_2O_3 H_3O_2 HO_3 H_3O
        0   1   2   3

      H_2O_2 H_2O HO_2 HO
        4   5   6   7

b   Bij 25°C is ethanol een: 2.

      gas   vloeistof   vaste stof
       0   1   2

OPGAVE 2

Het kookpunt van water bij 1 atm is: 3.

    -273°C   -100°C   100°C   4°C   18°C
       0   1   2   3   4

De vakjes zien er na invulling als volgt uit: 1.5   2.1   3.2

Zie de inleiding voor meer informatie omtrent de berekening van het aantal gescoorde punten van de multiple choice examens.

OPGAVE 1 (6 punten)

U hebt bij elk onderdeel van deze vraag steeds de keuze uit:

0: geen van de structuren	2: alleen b	4: a + b	6: b + c
1: alleen a	3: alleen c	5: a + c	7: a + b + c

A   Welke moleculen zullen een dipoolmoment μ= 0 of vrijwel nul hebben?

serie 1

NH₃   (benzeen ring)   H₃CCH₂CH₃

   a   b   c

serie 2

(Z)-Cl-CH=CH-Br   (E)-H₃CCH=CHBr   CO₂

   a   b   c

B   In welke verbindingen is het koolstofatoom dat is aangegeven met een pijl, sp²-gehybridiseerd?

serie 1

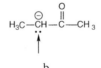
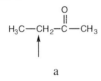
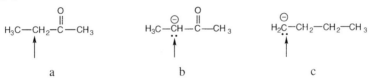

   a   b   c

serie 2

   a   b   c

C   Welke van onderstaande moleculen zijn Lewis-zuren?

serie 1

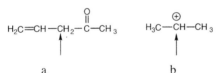
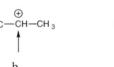

H⁺   AlBr₃   HSO₄⁻

   a   b   c

serie 2

BF₃   NH₃   H₃C—C(=O)—O⁻

   a   b   c

1. ☐
2. ☐
3. ☐
4. ☐
5. ☐
6. ☐

OPGAVE 2 (6 punten)

Gegeven zijn de volgende onverzadigde verbindingen:

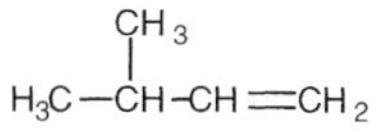

$$CH_3 \quad\quad CH_3 \quad\quad CH_2 \quad\quad CH_3$$

$$H_3C-\overset{CH_3}{\underset{}{CH}}-CH=CH_2 \quad H_3C-\overset{CH_3}{\underset{}{C}}=CH-CH_3 \quad H_3C-\overset{CH_2}{\underset{}{C}}-CH_2-CH_3 \quad H_2C=CH-\overset{CH_3}{\underset{}{C}}=CH_2$$

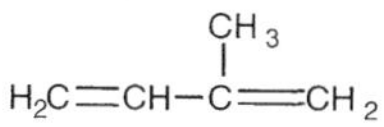

    0 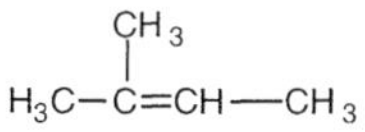   1 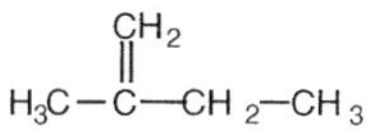   2   3

$$H_2C=CH-CH_2-CH=CH_2 \quad H_2C=CH-\overset{CH_3}{\underset{}{C}}=CHBr \quad H_2C=\overset{Br}{\underset{}{C}}-\overset{CH_3}{\underset{}{CH}}-CH_3 \quad H_2C=CH-CH=CH-CH_3$$

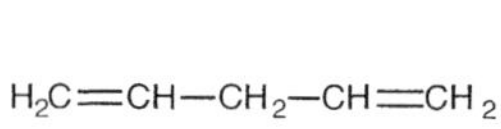

    4 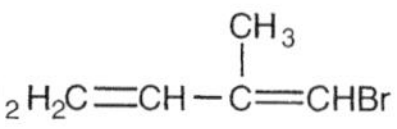   5 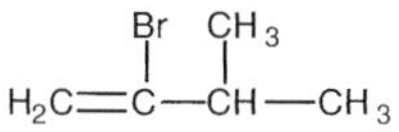   6 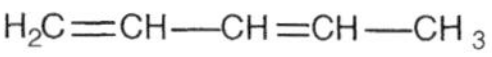   7

$$H_2C=\overset{CH_3}{\underset{}{C}}-\overset{Br}{\underset{}{CH}}-CH_3 \quad H_2C=CH-CH_2-\overset{CH_3}{\underset{}{CH}}-Br$$

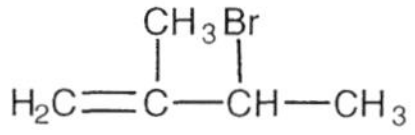

    8 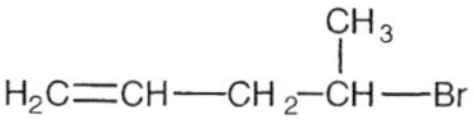   9

Geef aan welke van bovenstaande verbindingen reageert met:

(steeds één van de structuren 0 t/m 9 kiezen)

onderdeel a

$$Br_2 \quad\quad tot \quad\quad H_3C-\overset{Br}{\underset{CH_3}{C}}-\overset{Br}{\underset{}{CH}}-CH_3$$

| 7. |

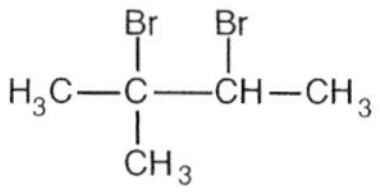

onderdeel b

$$(CH_3)_3CO^{\ominus} \quad\quad tot \quad\quad H_2C=\overset{}{\underset{CH_3}{C}}-CH=CH_2$$

| 8. |

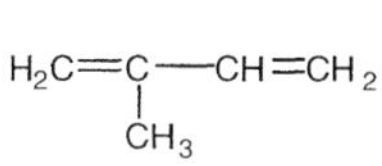

onderdeel c

$$H_2O \quad\quad tot \quad\quad H_2C=\overset{}{\underset{CH_3}{C}}-\overset{OH}{\underset{}{CH}}-CH_3$$

| 9. |

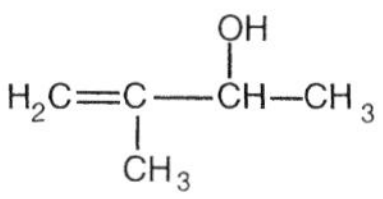

onderdeel d

$$overmaat\ HBr \quad tot \quad H_3C-\overset{}{\underset{CH_3}{C}H}-\overset{Br}{\underset{}{CH}}-CH_3$$

| 10. |

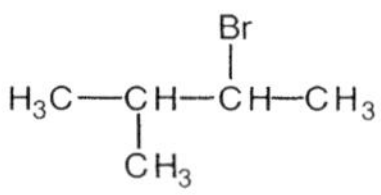

OPGAVE 3 (6 punten)

Gegeven zijn de volgende onverzadigde verbindingen:

a   b   c

Deze geven voor uw antwoorden op onderstaande vragen de volgende keuzemogelijkheden:

0: alleen a   3: a + b   6: a + b + c

1: alleen b   4: a + c   7: geen van deze drie

2: alleen c   5: b + c

a Geef aan welke van bovenstaande verbindingen reageert met verdund zuur

$(H^{\oplus}/H_2O)$ tot:

11.

b Geef aan welke van bovenstaande verbindingen reageert met waterstof en

een katalysator (Pd op koolstof) tot:

12.

c Geef aan welke van bovenstaande verbindingen reageert met Br_2 tot:

13.

OPGAVE 4 (6 punten)

Het steroïdhormoon cortisol heeft de volgende structuurformule:

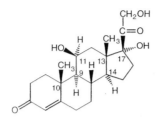

a

1 De configuratie van C_{10} en C_{11} is:

14.

    0: $C_{10} = R$ $C_{11} = S$ 2: $C_{10} = S$. $C_{11} = S$

    1: $C_{10} = R$ $C_{11} = R$ 3: $C_{10} = S$ $C_{11} = R$

2 De configuratie van C_{13} en C_{17} is:

15.

    0: $C_{13} = R$ $C_{17} = S$ 2: $C_{13} = S$ $C_{17} = S$

    1: $C_{13} = R$ $C_{17} =$ 3: $C_{13} = S$ $C_{17} = R$

3 De configuratie van C_9 en C_{14} is:

16.

    0: $C_9 = R$ $C_{14} = S$ 2: $C_9 = S$ $C_{14} = S$

    1: $C_9 = R$ $C_{14} = R$ 3 : $C_9 = S$ $C_{14} = R$

b   Het natuurlijke cortisol heeft de stereochemie, zoals in de structuurformule is
   aangegeven. Als in dit zuivere enantiomeer de C=C en de beide C=O bindingen
   gereduceerd worden met H_2 en Pt/C als katalysator, hoeveel nieuwe stereoisomere

   reactieprodukten kunnen dan worden gevormd?

17.

   U hebt de keuze uit de volgende antwoordmogelijkheden:

    0: 0   3: 3   6: 8   9: een ander aantal dan is aangegeven

    1: 1   4: 4   7: 12

    2: 2   5: 6   8: 16

OPGAVE 5 (8 punten)

Onderstaande reacties kunnen eventueel, in stereochemisch opzicht, de volgende reactieprodukten geven:

0: een racemisch mengsel

1: één mesoverbinding

2: één optisch actieve verbinding met de 2R, 3R configuratie

3: één optisch actieve verbinding met de 2S, 3S configuratie

4: een mengsel van diastereomeren met gelijke hoeveelheden van elk van de diastereomeren

5: een mengsel van diastereomeren met ongelijke hoeveelheden van elk van de diastereomeren (asymmetrische inductie)

6: een verbinding zonder chirale koolstofatomen.

Geef aan welk van deze uitspraken van toepassing is op de *produkten* van de volgende reacties (steeds één mogelijkheid kiezen).

reactie a

18.

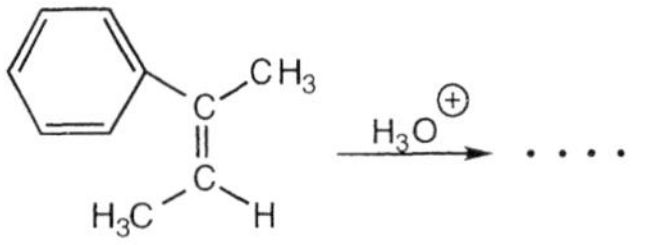

reactie b

19.

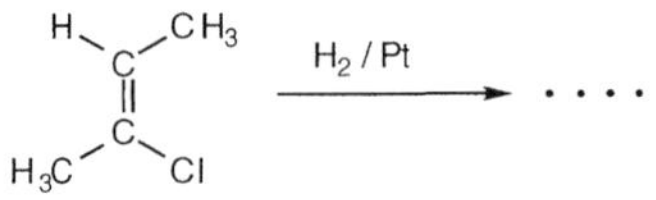

reactie c

20.

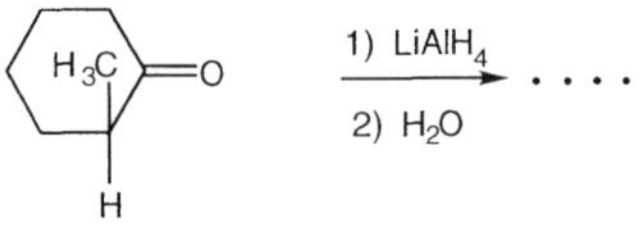

reactie d

21.

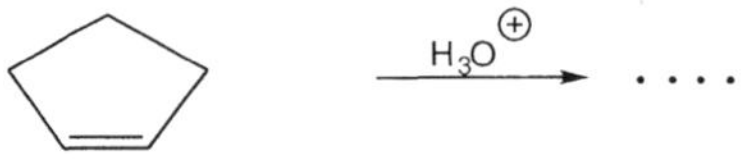

OPGAVE 6 (8 punten)

Geef aan welk(e) van de volgende reactiemechanismen een rol heeft (hebben) gespeeld in de reacties a t/m d.

U hebt daarbij steeds de keuze uit de volgende mogelijkheden:

0: alleen S_N1	5: $S_N1 + E1$
1: alleen S_N2	6: $S_N2 + E2$
2: alleen E1	7: E1 + E2
3: alleen E2	8: $S_N1 + E1 + E2$
4: $S_N1 + S_N2$	

reactie a

22.

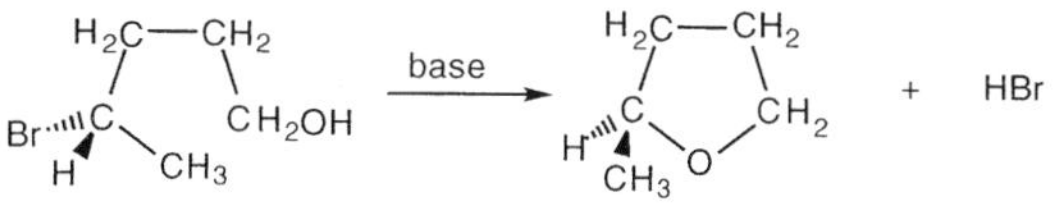

reactie b

23.

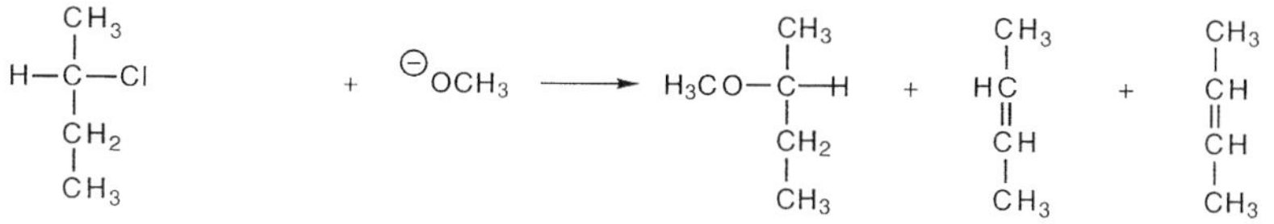

reactie c

24.

reactie d

25.

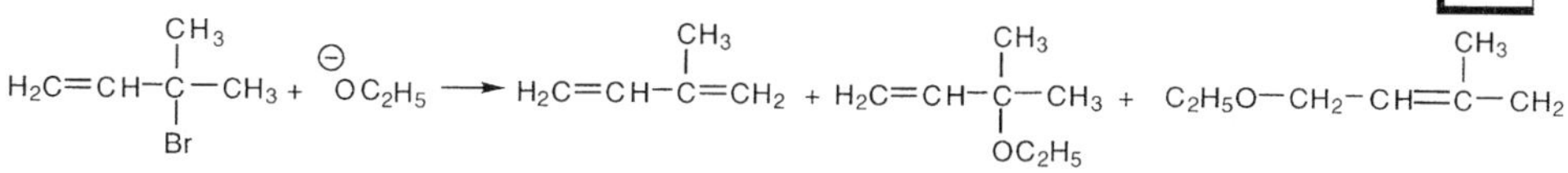

OPGAVE 7 (5 punten)

Welke van onderstaande reacties zal (zullen) *niet* de aangegeven produkten opleveren: 26.

reactie a

$H_3C-CH_2-S^{\ominus}$ + $H_3C-CH_2-\overset{\oplus}{N}H_3$ ⟶ $H_3C-CH_2-S-CH_2-CH_3$ + NH_3

reactie b

$H_3CO^{\ominus}$ + $H_3CO-\overset{O}{\underset{O}{\overset{\|}{\underset{\|}{S}}}}-\bigcirc-CH_3$ ⟶ H_3COCH_3 + $^{\ominus}O-\overset{O}{\underset{O}{\overset{\|}{\underset{\|}{S}}}}-\bigcirc-CH_3$

reactie c

$H_3C-CH_2-NH_2$ + H_3C-CH_2-I ⟶ $H_3C-CH_2-\overset{H}{\underset{\underset{H}{|}}{\overset{|}{\underset{\oplus}{N}}}}-CH_2-CH_3$ + $I^{\ominus}$

reactie d

$H_3CO^{\ominus}$ + $H_3C-\overset{CH_3}{\overset{|}{C}H}-OCH_3$ ⟶ $H_2C=CH_2-CH_3$ + $H_3CO^{\ominus}$ + H_3COH

U hebt de keuze uit de onderstaande antwoordmogelijkheden:

0: alleen a   2: alleen c   4: a + b   6: a + d   8: b + d
1: alleen b   3: alleen d   5: a + c   7: b + c   9: c + d

OPGAVE 8 (5 punten)

Onderstaande structuur I (2S, 6R)-(Z)-2,6-dihydroxy-3-hepteen), geeft bij toevoegen van een kleine hoeveelheid zuur een ringsluitingsreactie.

$H_3C-\overset{H}{\underset{\underset{OH}{|}}{\overset{|}{C}}}-CH=CH-CH_2-\overset{H}{\underset{\underset{OH}{|}}{\overset{|}{C}}}-CH_3$ I

Welk(e) van de onderstaande produkten kan (kunnen) hierbij worden gevormd? 27.

a   b   c   d

U hebt de keuze uit de volgende antwoordmogelijkheden:

0: alleen a   2: alleen c   4: a + b   6: a + d   8: b + d
1: alleen b   3: alleen d   5: a + c   7: b + c   9: c + d

OPGAVE 9 (6 punten)

a   Als verbinding A wordt behandeld met verdund zuur ($H^{\oplus}$, H_2O) treedt een
ringopeningsreactie op.

28.

Welke van onderstaande verbindingen wordt daarbij gevormd?

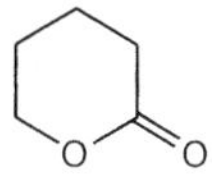

A

b   Welke van de onderstaande verbindingen wordt gevormd als verbinding B wordt
opgelost in water?

29.

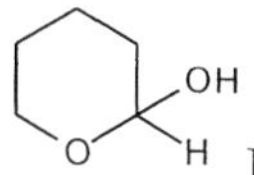

B

c   Welke van onderstaande verbindingen wordt als hoofdprodukt gevormd als
verbinding C wordt opgelost in water?

30.

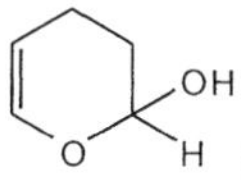

C

Voor de onderdelen a, b en c hebt u de keuze uit de volgende structuren:

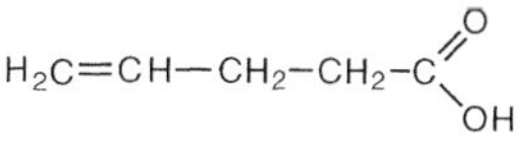

$H_2C{=}CH{-}CH_2{-}CH_2{-}C\!\!\begin{smallmatrix}O\\OH\end{smallmatrix}$

0

$HO{-}CH{=}CH{-}CH_2{-}CH_2{-}\underset{\underset{OH}{|}}{\overset{\overset{OH}{|}}{C}}{-}H$

1

$HO{-}CH{=}CH{-}CH_2{-}CH_2{-}C\!\!\begin{smallmatrix}O\\OH\end{smallmatrix}$

2

$HO{-}CH_2{-}CH_2{-}CH_2{-}CH_2{-}C\!\!\begin{smallmatrix}O\\OH\end{smallmatrix}$

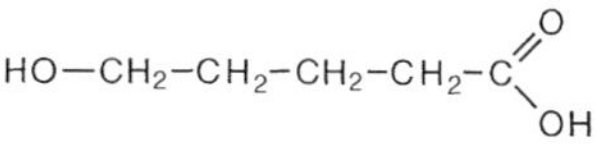

3

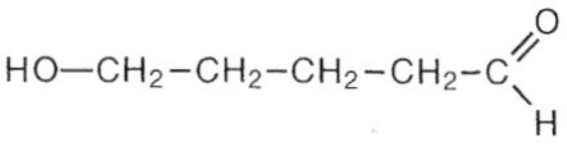

$HO{-}CH_2{-}CH_2{-}CH_2{-}CH_2{-}C\!\!\begin{smallmatrix}O\\H\end{smallmatrix}$

4

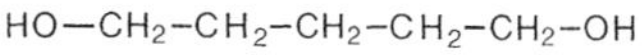

$HO{-}CH_2{-}CH_2{-}CH_2{-}CH_2{-}CH_2{-}OH$

5

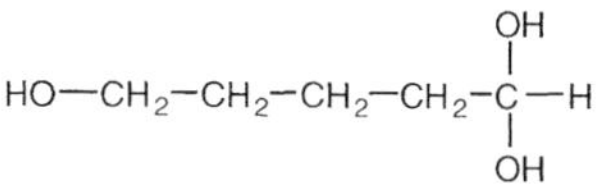

$HO{-}CH_2{-}CH_2{-}CH_2{-}CH_2{-}\underset{\underset{OH}{|}}{\overset{\overset{OH}{|}}{C}}{-}H$

6

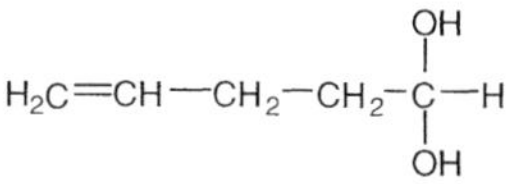

$H_2C{=}CH{-}CH_2{-}CH_2{-}\underset{\underset{OH}{|}}{\overset{\overset{OH}{|}}{C}}{-}H$

7

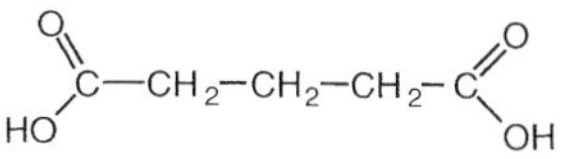

$\underset{HO}{\overset{O}{\|}}C{-}CH_2{-}CH_2{-}CH_2{-}C\!\!\begin{smallmatrix}O\\OH\end{smallmatrix}$

8

$\underset{H}{\overset{O}{\|}}C{-}CH_2{-}CH_2{-}CH_2{-}C\!\!\begin{smallmatrix}O\\H\end{smallmatrix}$

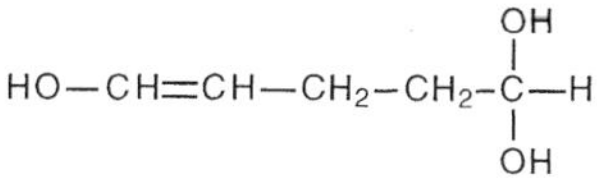

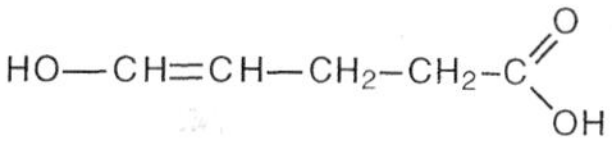

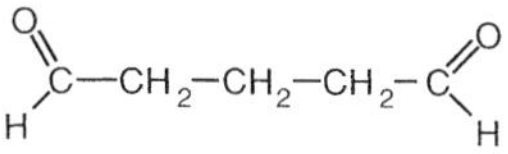

9

OPGAVE 10 (5 punten)

De acetaalvorming van benzaldehyde (C_6H_5CHO) en ethanol verloopt volgens een door zuur gekatalyseerd proces.
Geef aan welke kationen van belang zijn bij de vorming van het acetaal.

serie a   31.

0	1	2 3

serie b   32.

serie c   33.

serie d   34.

serie e   35.

OPGAVE 11 (7 punten)

Welke van onderstaande verbindingen zal in oplossing aanwezig zijn wanneer D-glucose wordt opgelost in een waterige oplossing van NaOH.

U hebt bij elke serie de volgende keuzemogelijkheid:

0: geen van de drie	2: alleen b	4: a + b	6: b + c
1: alleen a	3: alleen c	5: a + c	7: a + b + c

serie A

36.

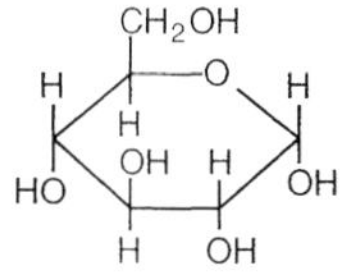

a 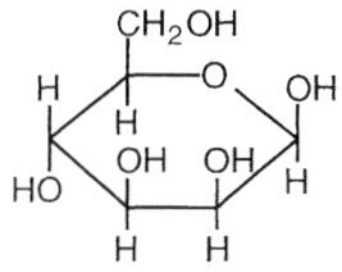 b 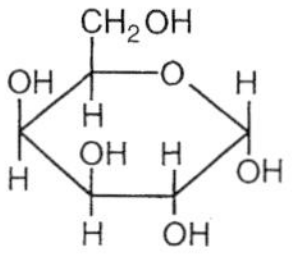 c

serie B

37.

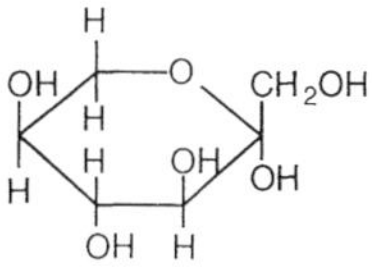

a 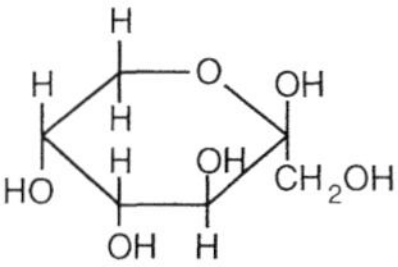 b 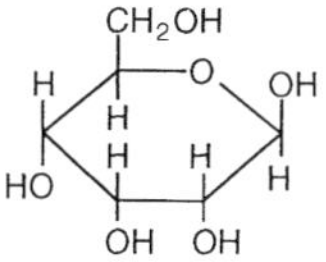 c

serie C

38.

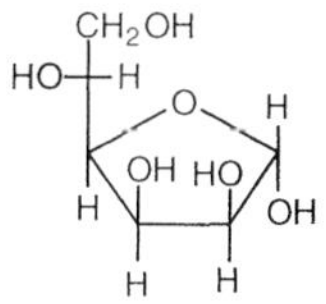

a 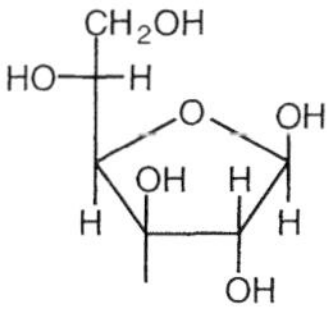 b 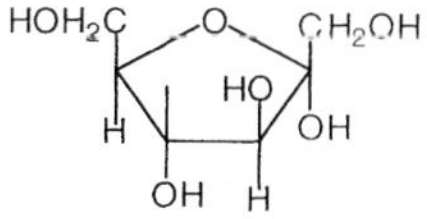 c

serie D

39.

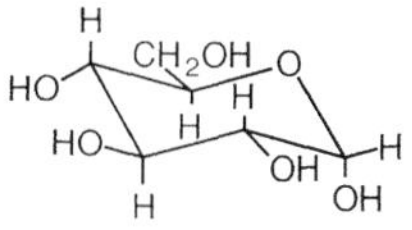

e 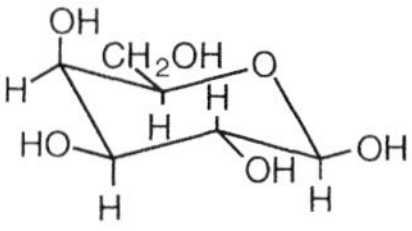 b 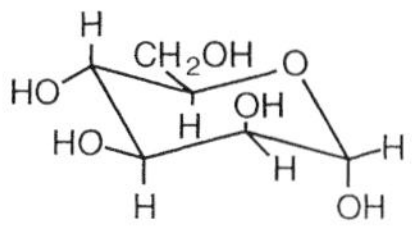 c

OPGAVE 12 (6 punten)

Bij gedeeltelijke hydrolyse van amylopectine wordt onderstaand brokstuk van dit polysaccharide verkregen.

Elk bolletje stelt een glucose eenheid voor; de hoofdketen is gearceerd weergegeven.

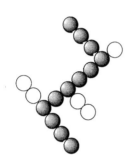

a Hoeveel α-(1,4)-glucoside bindingen komen in dit brokstuk voor?   40.

0: geen	3: 5	6: 13
1: 3	4: 6	7: 16
2: 4	5: 9	

b Hoeveel α-(1,6)-glucoside bindingen komen in dit brokstuk voor?   41.

0: geen	3: 5	6: 13
1: 3	4: 6	7: 16
2: 4	5: 9	

c Als alle hydroxygroepen gemethyleerd worden en het molecuul wordt daarna gehydrolyseerd met verdund zuur, hoeveel tetragemethyleerde glucosemoleculen worden er dan geïsoleerd?   42.

0 : geen	3: 5	6 : 13
1: 3	4: 6	7: 16
2: 4	5: 9	

OPGAVE 13 (6 punten)

A   Intermediair X kan voorkomen in:

43.

$$\underset{\underset{\displaystyle\text{X}}{}}{H_3C-\overset{\displaystyle O^{\ominus}}{\underset{\displaystyle OH}{C}}-O-\overset{\displaystyle CH_3}{\underset{\displaystyle CH_3}{CH}}}$$

0: (a) de reactie van natrium-acetaat met propanon

1: (b) de reactie van de 2-propylester van azijnzuur met NaOH opl.

2: (c) de reactie van ethanal met natrium 2-propanolaat

3: a + b

4: a + c.

5 b + c

6: a + b + c

7: geen van deze
     drie reacties

B   Intermediair Z kan voorkomen in:

44.

$$\underset{\underset{\displaystyle\text{Z}}{}}{H_3C-\overset{\displaystyle O^{\ominus}}{\underset{\displaystyle OCH_3}{C}}-Cl}$$

0: (a) de reactie van methylacetaat met $SOCl_2$

1: (b) de reactie van ethaan-zuurchloride met natrium methanolaat

2: (c) de reactie van het halfacetaal van ethanal en methanol met $SOCl_2$

3: a + b

4: a + c

5: b + c

6: a + b + c

7: geen van deze
     drie reacties

OPGAVE 14 (6 punten)

Gegeven zijn onderstaande drie verbindingen a, b en c:

$$\underset{\displaystyle a}{H_3C-CH_2-\overset{\displaystyle\cdot\cdot}{N}H_2} \qquad \underset{\displaystyle b}{H_3C-CH_2-\overset{\displaystyle O}{\overset{\displaystyle\|}{C}}-\overset{\displaystyle\cdot\cdot}{N}H_2} \qquad \underset{\displaystyle c}{H_3C-\overset{\displaystyle :NH_2}{\underset{\displaystyle}{CH}}-\overset{\displaystyle O}{\overset{\displaystyle\|}{C}}-OH}$$

Deze verbindingen geven bij onderstaande vragen de volgende keuzemogelijkheden:

0: alleen a

1: alleen b

2 alleen c

3: a + b

4: a + c   .

5: b + c

6: a + b + c

7: geen van de drie

A Uit welk van bovenstaande verbindingen ontstaat een andere verbinding na behandeling met NaOH oplossing, gevolgd door neutraliseren van de oplossing? | 45. |

B Uit welk van bovenstaande verbindingen ontstaat een andere verbinding na behandeling met methyljodide. | 46. |

C Uit welk van bovenstaande verbindingen ontstaat een andere verbinding na behandeling met ethaanzuurchloride (H_3CCOCl). | 47. |

D Uit welk van bovenstaande verbindingen ontstaat een andere verbinding na behandeling met natriumjodide in aceton. | 48. |

OPGAVE 15 (5 punten)

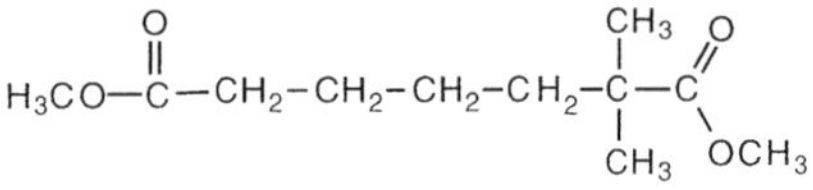

$$H_3CO-\overset{\overset{O}{\parallel}}{C}-CH_2-CH_2-CH_2-CH_2-\overset{\overset{CH_3}{|}}{\underset{\underset{CH_3}{|}}{C}}-\overset{\overset{O}{\parallel}}{C}\overset{\diagup}{\underset{\diagdown}{OCH_3}}$$

I

Verbinding I wordt behandeld met natriummethanolaat in methanol en ondergaat daarbij een intramoleculaire Claisencondensatie tot produkt A. Dit produkt A wordt daarna gekookt met NaOH oplossing en daarna wordt de oplossing aangezuurd.
Bij verhitting van de zure oplossing ontwijkt een gas en ontstaat eindprodukt B.

a   Welke van onderstaande structuurformules is de juiste voor produkt A? | 49. |

b   Welke van onderstaande structuurformules is de juiste voor produkt B? | 50. |

U hebt de keuze uit de volgende structuren

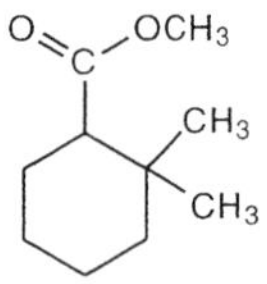

0 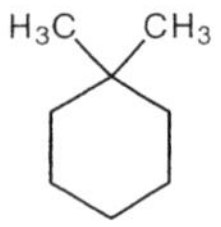   1 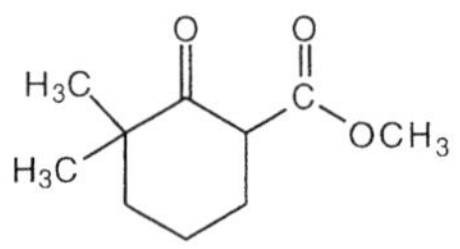   2 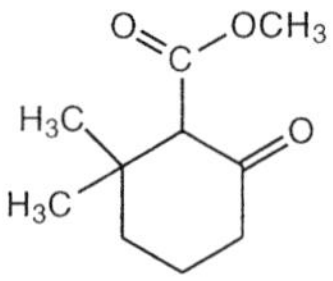   3 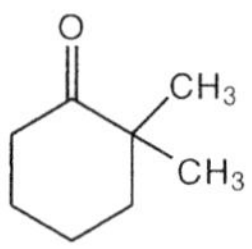   4 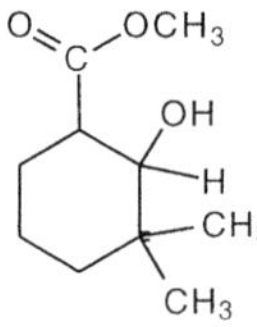   5

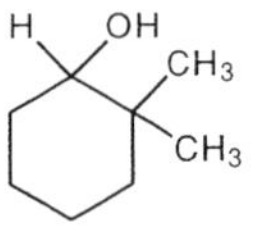

6 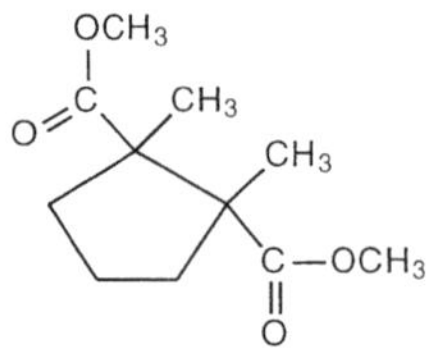   7 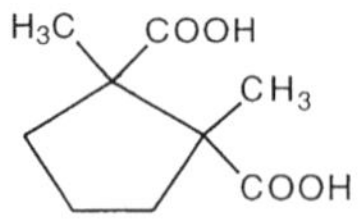   8 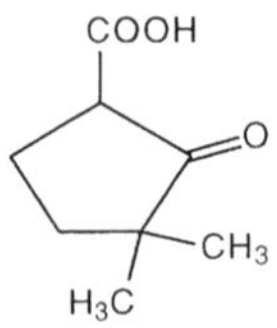   9

OPGAVE 16 (5 punten)

Geef bij de onderstaande tussenprodukten uit de citroenzuurcyclus steeds aan welk reactietype deze producten in de eerstvolgende stap van de citroenzuurcyclus ondergaan.

U hebt daarbij de keuze uit de volgende reactietypen:

 0: wateradditie

 1: dehydratatie

 2: decarboxylatie

 3: reduktie (van het substraat)

 4: oxidatie (van het substraat)

 5: condensatie met $H_2C-\overset{\ominus}{\underset{}{}}-\overset{O}{\underset{}{C}}-SR$

 6: omlegging

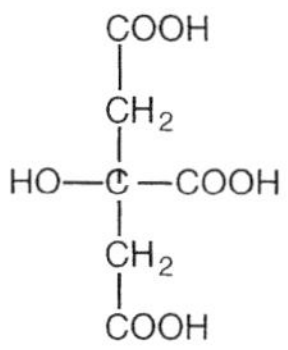

COOH	COOH		COOH
CH$_2$	C=O	COOH	CH
HO—C—COOH	H—C—COOH	C=O	C—COOH
CH$_2$	CH$_2$	CH$_2$	CH$_2$
COOH	COOH	COOH	COOH
51.	52.	53.	54.

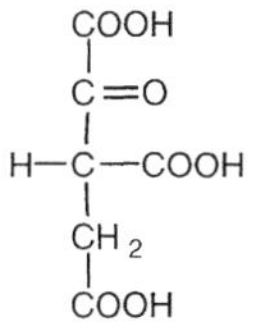

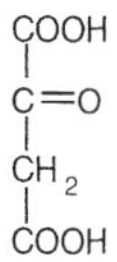

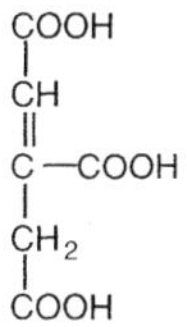

OPGAVE 17 (6 punten)

Het tripeptide Lys-Phe-Lys wordt behandeld met een overmaat dansylchloride en daarna gehydrolyseerd met verdund zoutzuur.

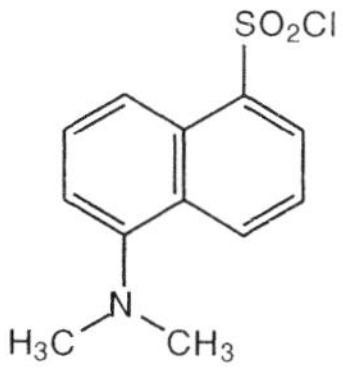

SO$_2$Cl

dansylchloride

SO$_2$—   ≡   R

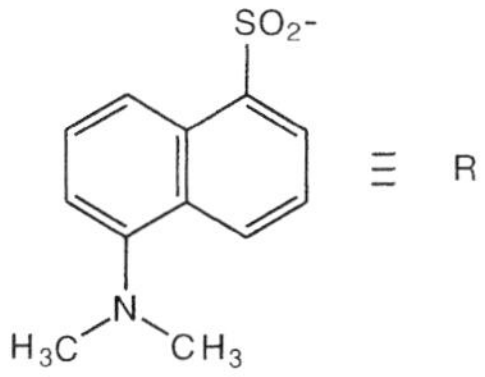

dansylgroep

Welke van onderstaande verbindingen wordt na de hydrolyse in het reactiemengsel aangetroffen?

N.B. De structuurgedeelten die afkomstig zijn van Lys en Phe zijn juist weergegeven.

U hebt bij elke serie steeds de keuze uit de volgende mogelijkheden:

0: alleen a	3: a + b	6: a + b + c
1: alleen b	4: a + c	7: geen van de drie
2: alleen c	5: b + c	

serie A

serie A structures: a, b, c

a   b   c

serie B

a   b   c

OPGAVE 18 (6 punten)

alanine   serine   glutamine   cysteïne

Welke van onderstaande verbindingen kan ontstaan bij <u>herhaalde</u> Edman-reactie met fenylisothiocyanaat Ph—N=C=S van het tetrapeptide Ala-Ser-Glu-Cys? (Ph= fenyl)

U hebt bij elke serie de keuze uit:

    0: alleen a   3: a + b   6: a + b + c

    1: alleen b   4: a + c   7: geen van de drie

    2: alleen c   5: b + c

serie A

a   b   c

serie B

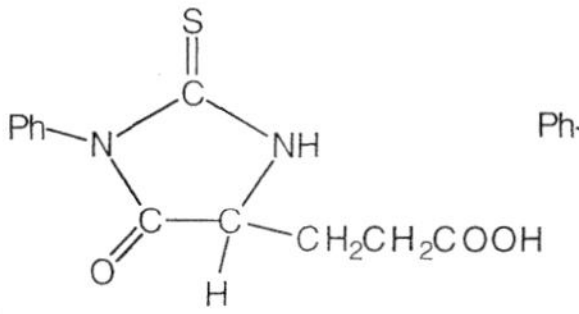

a 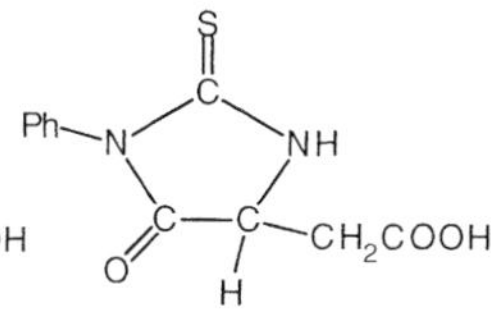   b 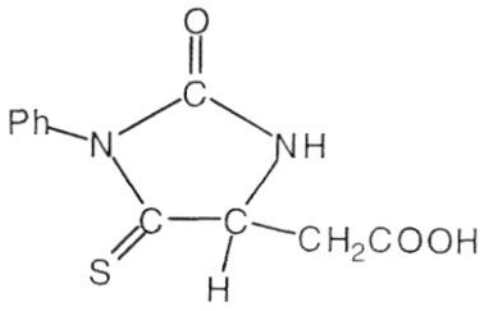   c

58.

serie C

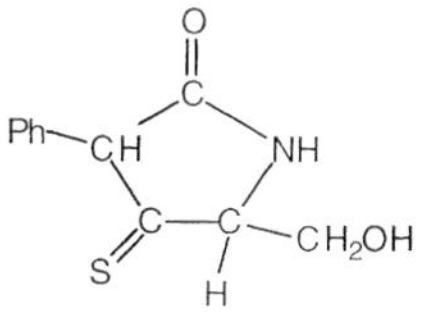

a 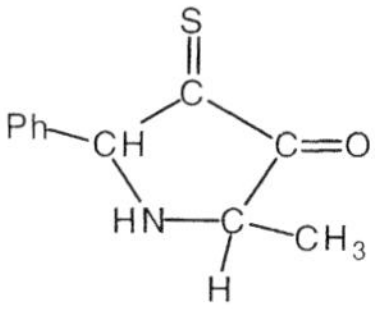   b 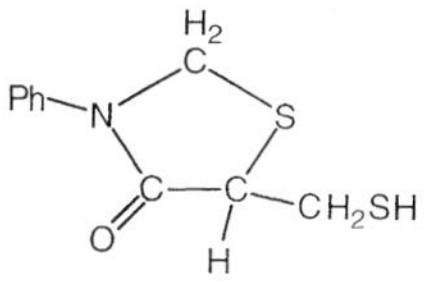   c

59.

OPGAVE 19 (5 punten)

Welk van de stiksktofatomen in onderstaande structuren heeft basische eigenschappen?
(Vrije elektronenparen zijn niet getekend.)

a

beide   geen van beide

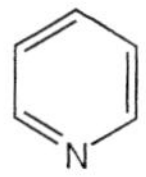

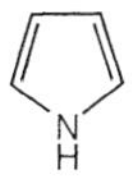

0   1   2   3

60.

b

beide   geen van beide

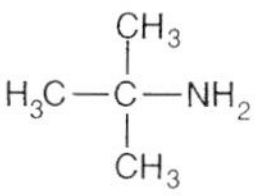

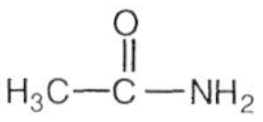

0   1   2   3

61.

c

beide   geen van beide

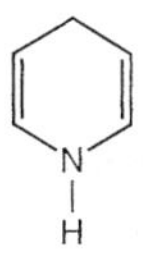

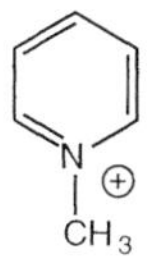

0   1   2   3

62.

d Reactie van benzeen met 1-chloorpropaan o.i.v. $AlCl_3$ als katalysator geeft als voornaamste intermediair tijdens de reactie: 63.

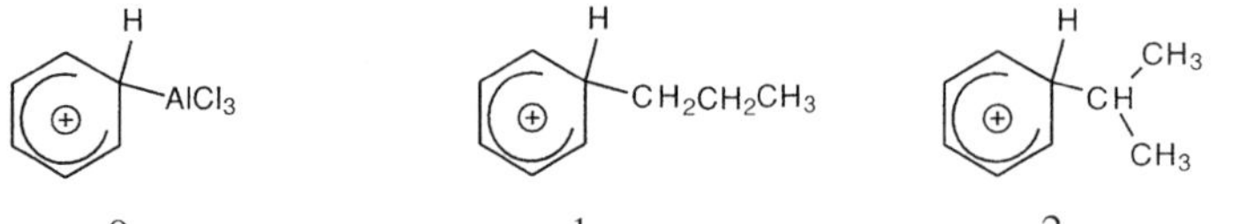

0 1 2

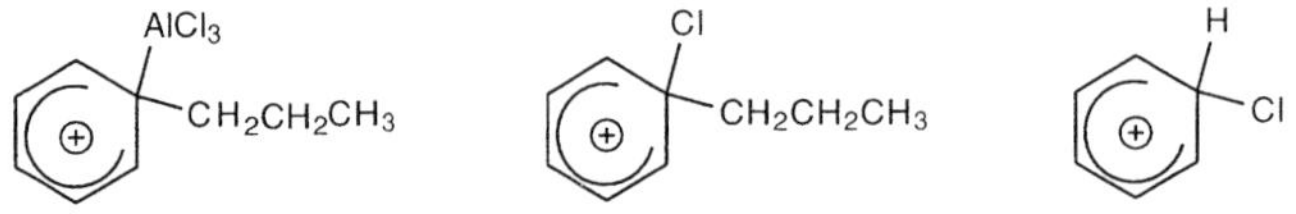

3 4 5

OPGAVE 20 (5 punten)

Het flavine adenine dinucleotide (FAD) speelt een belangrijke rol bij oxidatiereduktie processen in de cel. De structuur van FAD is:

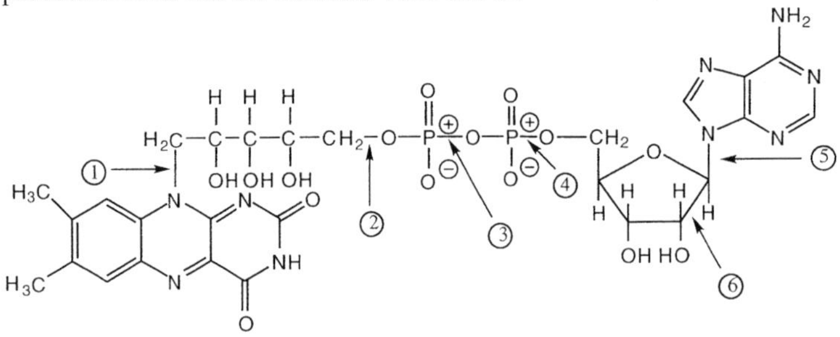

a Behandeling met verdund zuur geeft bij voorkeur splitsing van binding: 64.

0: geen splitsing van bindingen in verdund zuur	3: 3	6: 6
1: 1	4: 4	
2: 2	5: 5	

b Hydrolyse met verdunde base geeft bij voorkeur splitsing van binding: 65.

0: geen splitsing van bindingen in verdunde base	3: 3	6: 6
1: 1	4: 4	
2: 2	5: 5	

c Het aantal stikstofatomen dat deel uitmaakt van een glycoside binding in het molecuul is: 66.

0: 0	2: 2	4: 4	6: 6
1: 1	3: 3	5: 5	

Uitwerking oefenexamen 1

OPGAVE 1

A   Een dipoolmoment hebben die moleculen, die niet symmetrisch zijn en waarbij de ladingsdichtheid dus niet symmetrisch is verdeeld.

Serie 1:

a NH_3 heeft een dipoolmoment:

Het vrije elektronenpaar is de negatieve kant van de dipool.

b   ⬡ is symmetrisch en heeft dus geen dipool.

c $H_3C-CH_2-CH_3$ is ook symmetrisch. Door snelle rotatie rond de enkelvoudige bindingen zullen alle chirale conformaties uitgemiddeld worden. Bovendien heeft een C-H binding nauwelijks een dipoolmoment:

Het juiste antwoord is 1.6.

Serie 2:

a (Z)-Cl-CH = CH-Br :   heeft een duidelijk meer elektronegatieve kant aan de zijde van de halogeenatomen.

b (E)-H_3CCH = CH-Br :   de kant van het Br atoom is het meest elektronegatief.

c CO_2 is symmetrisch $\overset{\delta-}{O}=\overset{\delta+}{C}=\overset{\delta-}{O}$ de dipoolrichting van de beide $\overset{\delta+}{C}=\overset{\delta-}{O}$ bindingen heffen elkaar op: geen dipool.

Het juiste antwoord is 2.3.

B sp^2-Gehybridiseerd zijn koolstofatomen die een dubbele binding verzorgen, een carbokation, een koolstofradikaal en *carbanionen mits ze mesomeer gestabiliseerd zijn* (anders niet). Dus:

Serie 1:

a   is een verzadigd C-atoom; deze zijn altijd sp^3 gehybridiseerd.

b   is een carbanion dat mesomere stabilisatie ondervindt, dus sp^2 gehybrydiseerd (zie hiervoor par. 2.4 van het leerboek).

c is een carbanion zonder mogelijkheid tot mesomere stabilisatie. De meest gunstige hybridisatie toestand is dus sp^3-hybridisatie, omdat dan de *vier* elektronenparen maximaal van elkaar verwijderd zijn (tetraedische omringing).

Het juiste antwoord is 3.2.

Serie 2:

a is een verzadigd C-atoom; deze zijn altijd sp^3 gehybridiseerd.

b is een carbokation. Dit is sp^2-gehybridiseerd. In deze toestand zijn de *drie* elektronenparen rond koolstof maximaal van elkaar verwijderd.

c is een koolstofatoom dat een dubbele binding verzorgt en het is dus sp^2- gehybridiseerd.

Het juiste antwoord is dus 4.6.

C Lewiszuren zijn deeltjes met een electronengat, die een ander deeltje met vrij elektronenpaar kunnen binden.

Serie 1:

a H$^{\oplus}$ kan dit en is dus een Lewiszuur.

b AlCl$_3$ kan dit ook, want het heeft nog maar zes elektronen in de valentieschil.

elektronengat
6 bindingselektronen   8 bindingselektronen

c HSO$_4$$^{\ominus}$ is geen Lewiszuur. Het kan geen deeltje met een vrij elektronenpaar opnemen.

Het juiste antwoord is: 5.4.

Serie 2:

a BF$_3$ heeft maar zes elektronen in de valentieschil en kan er dus nog twee opnemen. Het is een Lewiszuur (zie 5b).

b NH$_3$ is geen Lewiszuur, evenals 6c. Geen van beide deeltjes kunnen een deeltje opnemen met een vrij electronenpaar .

Het juiste antwoord is 6.1.

OPGAVE 2

In deze opgave zijn een aantal eenvoudige alkenen gegeven, die gevormd kunnen worden uit diverse reacties. Waar het hierom gaat, is het herkennen van de gegeven reacties.
Elk hebben ze een aantal karakteristieke kenmerken.

Onderdeel a:
Reactie van een alkeen met Br$_2$, de broomatomen komen aan de C-atomen aan weerskanten van de dubbele binding. Dit verloopt volgens een *anti*-additieproces.

(Bromonium-ion mechanisme). 7.1 is juist.

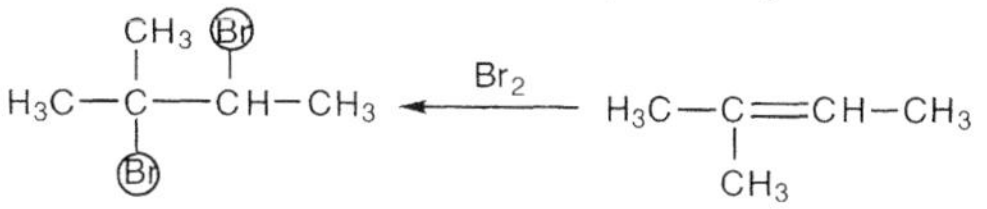

$$H_3C-\underset{\underset{(Br)}{|}}{\overset{\overset{CH_3\ (Br)}{|}}{C}}-CH-CH_3 \xleftarrow{\ Br_2\ } H_3C-\underset{\underset{CH_3}{|}}{C}=CH-CH_3$$

Onderdeel b:

$(CH_3)_3C\overset{\ominus}{O}$ is een typisch eliminatie-reagens (sterke base, slecht nucleofiel). In een eliminatie reactie wordt HX geëlimineerd (X in dit geval Br) en ontstaat een dubbele binding. We kunnen in dit geval dus het beste terugredeneren en één van beide dubbele bindingen vervangen door H en Br.

In principe zijn er dan vier mogelijkheden:

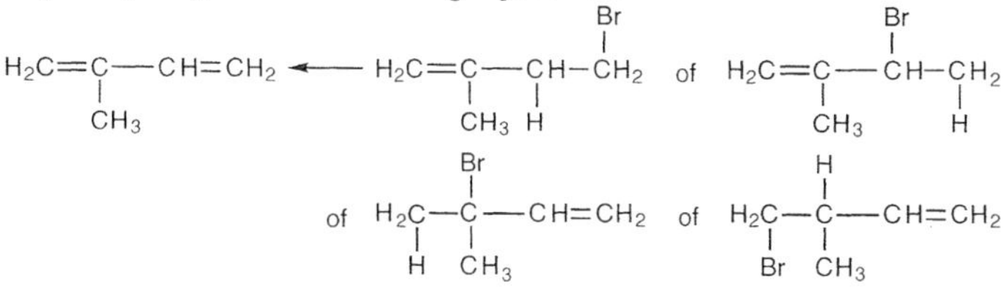

$$H_2C{=}\underset{\underset{CH_3}{|}}{C}{-}CH{=}CH_2 \longleftarrow H_2C{=}\underset{\underset{CH_3}{|}}{C}{-}\underset{\underset{H}{|}}{\overset{\overset{Br}{|}}{C}H}{-}CH_2 \quad of \quad H_2C{=}\underset{\underset{CH_3}{|}}{C}{-}\underset{\underset{H}{|}}{\overset{\overset{Br}{|}}{C}H}{-}CH_2$$

$$of \quad H_2C{-}\underset{\underset{H}{|}}{\overset{\overset{Br}{|}}{C}}{-}CH{=}CH_2 \quad of \quad H_2C{-}\underset{\underset{Br\ CH_3}{|\ \ |}}{\overset{\overset{H}{|}}{C}}{-}CH{=}CH_2$$

Van deze mogelijkheden staat alleen structuur 8 bij de antwoorden.

Dus 8.8 is het juiste antwoord.

Onderdeel c:

Reactie met H_2O. Dit kan op twee manieren gebeuren, n.l. *additie* van H_2O aan een dubbele binding, of *substitutie* van Br door OH afkomstig van H_2O. Bekijken we eerst de mogelijkheid van additie. Als we de diënen langs lopen komt alleen 9.3 in aanmerking:

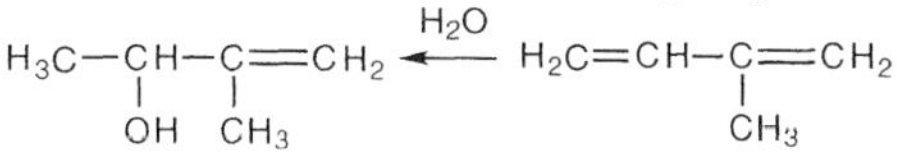

$$H_3C{-}\underset{\underset{OH}{|}}{C}H{-}\underset{\underset{CH_3}{|}}{C}{=}CH_2 \xleftarrow{\ H_2O\ } H_2C{=}CH{-}\underset{\underset{CH_3}{|}}{C}{=}CH_2$$

Dit proces verloopt eigenlijk niet goed zonder *zuurkatalyse*.

Antwoord 9.3 is dus zeker niet het beste antwoord.

Daarom moeten we vooral kijken naar de mogelijkheden, die substitutie van de broomverbindingen bieden. Broomverbindingen 5, 6, 8 en 9 bevatten een broomatoom. Verbindingen 5 en 6 vallen af omdat het broomatoom hier aan een vinylgroep zit en dus niet reactief is met water. Verbinding 9 leidt niet tot het juiste alkohol, maar verbinding 8 kan uitstekend met water reageren tot het goede produkt, want het broomatoom zit in een allylische postie en is dus behoorlijk reactief. In een polair oplosmiddel als water vormt het *allylbromide* een mesomeer gestabiliseerd carbokation dat daarna met H_2O als nucleofiel reageert:

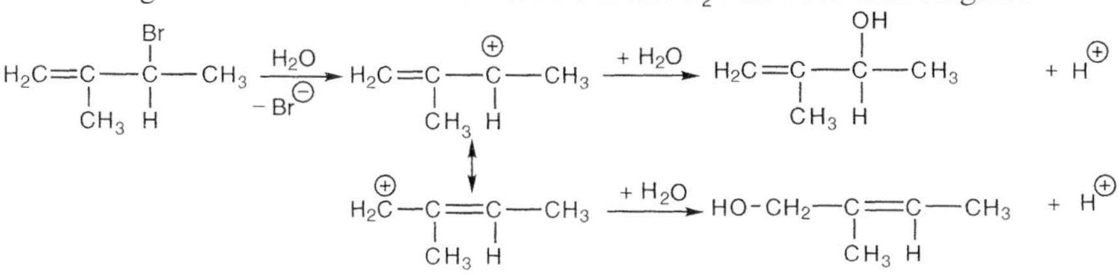

$$H_2C{=}\underset{\underset{CH_3\ H}{|\ \ |}}{C}{-}\overset{\overset{Br}{|}}{C}{-}CH_3 \xrightarrow[-\ Br^{\ominus}]{H_2O} H_2C{=}\underset{\underset{CH_3\ H}{|\ \ |}}{C}{-}\overset{\oplus}{C}{-}CH_3 \xrightarrow{+\ H_2O} H_2C{=}\underset{\underset{CH_3\ H}{|\ \ |}}{C}{-}\overset{\overset{OH}{|}}{C}{-}CH_3 \quad +\ \overset{\oplus}{H}$$

$$H_2\overset{\oplus}{C}{-}\underset{\underset{CH_3\ H}{|\ \ |}}{C}{=}C{-}CH_3 \xrightarrow{+\ H_2O} HO{-}CH_2{-}\underset{\underset{CH_3\ H}{|\ \ |}}{C}{=}C{-}CH_3 \quad +\ \overset{\oplus}{H}$$

Dus het antwoord is 9.8.

Onderdeel d:

Hier wordt overmaat HBr gebruikt en er ontstaat een verbinding met één broomatoom. Dit betekent, dat slechts één dubbele binding in de uitgangsstof aanwezig is geweest. HBr addeert aan een dubbele binding via een carbokation-mechanisme via het meest stabiele carbokation als intermediair. We kunnen dus als volgt terugredeneren:

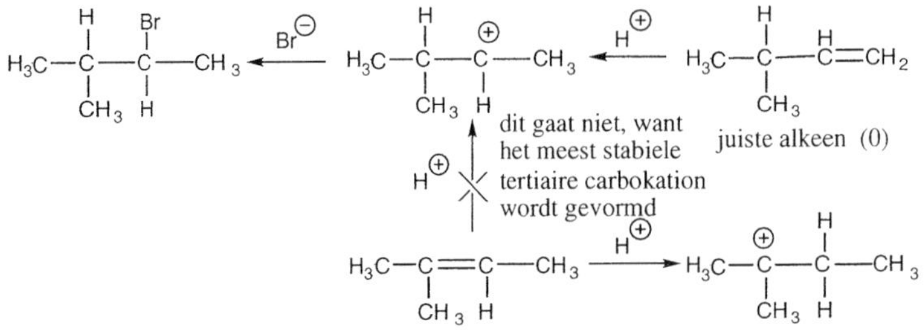

Het juiste antwoord is dus 10.0.

OPGAVE 3

Deze opgave is van hetzelfde type als opgave 2.

a 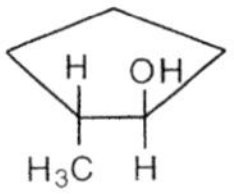   ontstaat met $H^{\oplus}$/ H_2O uit een carbokation

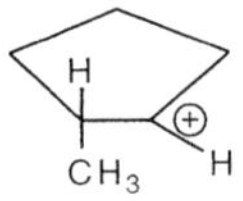

Dit carbokation ontstaat door protonering van een dubbele binding.

Dit kan alleen 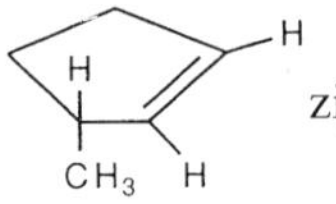 zijn, want 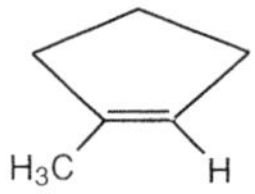 geeft bij protonering

het meer stabielere tertiaire carbokation

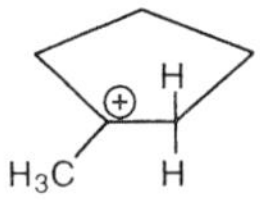

Daarom is 11.0 het goede antwoord.

b   Bij reactie met waterstof en een katalysator reageert een C = C dubbele binding tot een verzadigde bindingen. Alle drie uitgangsstoffen geven dus hetzelfde product. 12.6 is juist.

c   Broom reageert met een dubbele binding volgens een bromoniumion-mechanisme, waarbij de dubbele binding verdwijnt. Dit is niet het geval bij het gegeven produkt. Dus geen der gegeven alkenen kan het gevraagde produkt opleveren en 13.7 is het goede antwoord.

OPGAVE 4

C10:

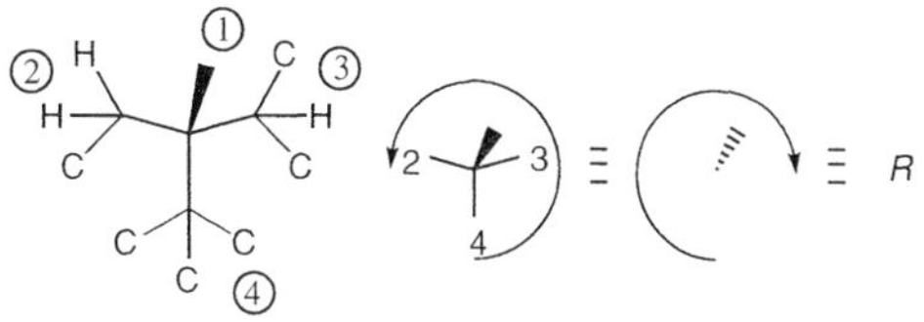

C11:

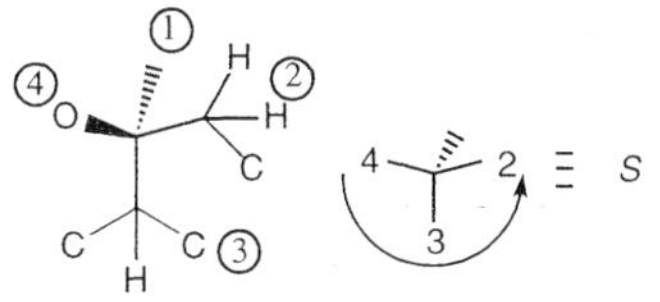

C13:

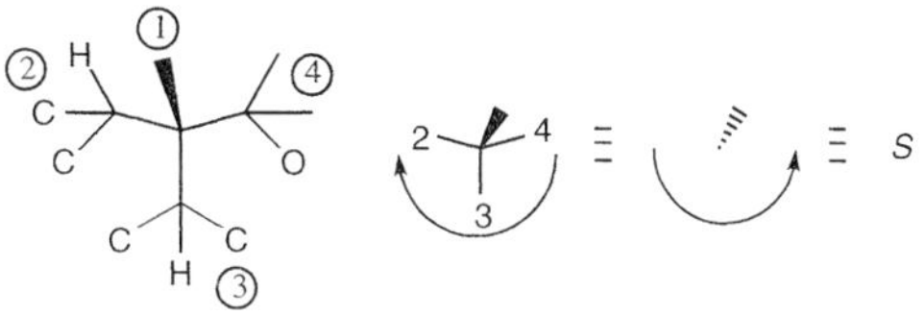

C17:

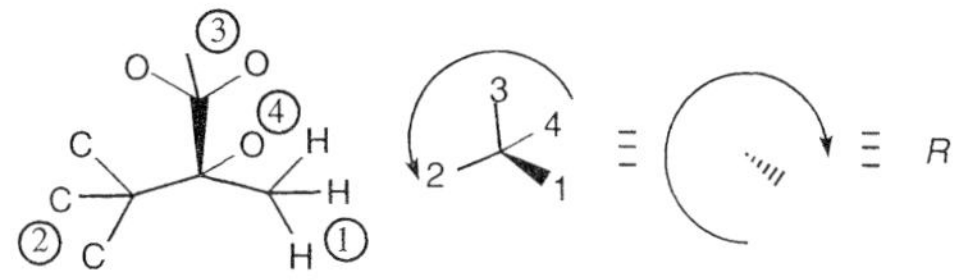

C9:

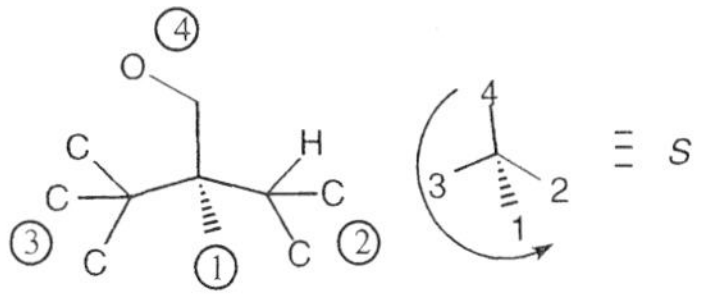

C14:

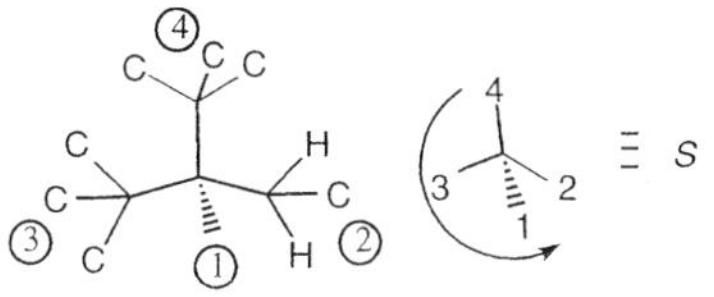

De juiste antwoorden zijn dus: 14.0, 15.3 en 16.2.

Wanneer de C=C en beide C=O bindingen gereduceerd worden, ontstaan er drie *nieuwe* chirale koolstofatomen:

(twee van de beide $>$C=O groepen, die $-\overset{|}{\underset{H}{C}}-$OH groepen worden en één van de $-$C=C$<$ groep die een $-$CH$_2$-$\dot{C}$H$<$ groep wordt).

Totaal ontstaan dus 2^3 = 8 stereoisomere reactieprodukten (17.6).

OPGAVE 5

Elke reactie moet nauwkeurig op zijn stereochemische consequenties worden beoordeeld.
Reactie a:

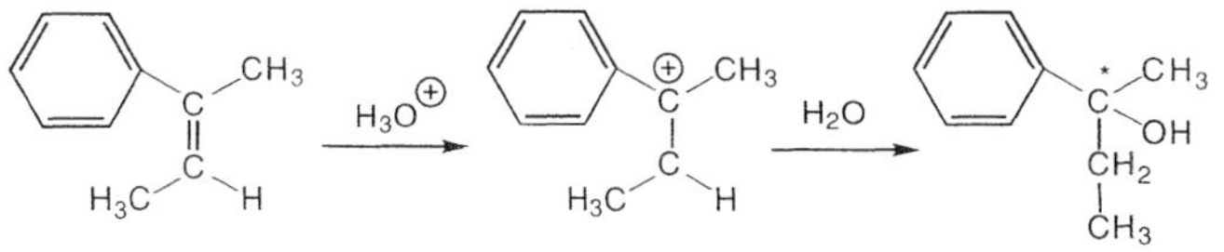

vlak

Er ontstaat in verdund zuur ($H_3O^{\oplus}$) eerst een door mesomerie gestabiliseerd carbokation door protonadditie. Een carbokation is *vlak* en daardoor kan H_2O aan beide kanten van het vlak aanvallen. Dit resulteert in de vorming van evenveel R als S produkt (18.0).

Reactie b:

De uitgangsstof is al vlak rond de $\searrow$C$=$C$\swarrow$ binding. Waterstof kan met de katalysator aan

beide kanten van het vlak even goed naderen (19.0).

Reactie c:

$AIH_4^{\ominus}$ kan de vlakke $\searrow$C$=$O groep van beide kanten naderen. Door de aanwezigheid van de

CH_3 groep zal de onderkant beter benaderbaar zijn dan de bovenkant van de ring. Hierdoor ontstaat dus een mengsel in *verschillende* verhoudingen.

De twee produkten zijn diastereomeren van elkaar, omdat de configuratie van de chirale koolstofatomen aan één koolstofatoom gelijk is en aan het andere koolstofatoom verschillend (20.5).

Reactie d:

Er wordt een product gevormd zonder chirale koolstofatomen want de koolstofatomen in de ring zijn linksom en rechtsom dezelfde. Het juiste antwoord is daarom 21.6.

OPGAVE 6.

Reactie a:

Dit proces is een zuivere S_N2 reactie. Door rotatie wordt het broomatoom dat moet vertrekken eerst in een goede positie geplaatst voor zo'n S_N2 reactie, zodat de $O^{\ominus}$ aan de achterkant kan aanvallen. Er is volledige inversie van configuratie opgetreden aan het chiralekoolstofatoom, dus S_N1 kan uitgesloten worden (22.1).

Reactie b:

$$H-\underset{\underset{CH_3}{|}}{\overset{\overset{CH_3}{|}}{C}}-Cl + {}^{\ominus}OCH_3 \longrightarrow H_3CO-\underset{\underset{CH_3}{|}}{\overset{\overset{CH_3}{|}}{C}}-H + \underset{\underset{CH_3}{|}}{\overset{\overset{CH_3}{|}}{HC}} + \underset{\underset{CH_3}{|}}{\overset{\overset{CH_3}{|}}{CH}}$$

$$S \qquad\qquad R \qquad\qquad E \qquad Z$$

De reactieprodukten laten zien, dat zowel substitutie (S) als eliminatie (E) is opgetreden. De substitutie reactie geeft volledige inversie ($S \rightarrow R$), dus dit is een S_N2-reactie. S_N1 kan dus worden uitgesloten; er komt geen carbokation aan te pas.

Op grond hiervan kan ook een E1 uitgesloten worden. De eliminatie produkten ontstaan dus door een E2-reactie. Van de CH_2-groep β ten opzichte van het chlooratoom kunnen twee verschillende H-atomen afgesplitst worden bij aanval van $CH_3O^{\ominus}$, waardoor zowel E als Z product kan worden gevormd.

Reactie c:

$$H_3C-\underset{\underset{H}{|}}{\overset{\overset{CH_3}{|}}{C}}-O-CH_3 + HI \longrightarrow H_3C-\underset{\underset{H}{|}}{\overset{\overset{CH_3}{|}}{\overset{\oplus}{C}}}-\overset{}{O}-CH_3 + I^{\ominus} \xrightarrow{S_N2} H_3C-\underset{\underset{H}{|}}{\overset{\overset{CH_3}{|}}{C}}-O-H + CH_3I$$

Splitsing van een ether verloopt moeilijk. Alleen met een sterk zuur en een goed nucleofiel verloopt het redelijk. HI is geschikt, het is een sterk zuur en $I^{\ominus}$ is een goed nucleofiel. $I^{\ominus}$ valt aan op de minst gehinderde kant van de geprotoneerde ether, dus op de CH_3 groep. Dit proces kan alleen maar via een S_N2-reactie verlopen. Voor een S_N1-reactie zou een carbokation gevormd dienen te worden. De geprotoneerde ether zal dan zeker niet splitsen in $CH_3^{\oplus}$ en $H_3C-\underset{\underset{H}{|}}{\overset{\overset{CH_3}{|}}{C}}-OH$ maar veel eerder in $H_3C-\underset{\underset{H}{|}}{\overset{\overset{CH_3}{|}}{C}}\oplus$ + $H-O-CH_3$ Dat dit niet gebeurt, zien we omdat de daaruit voortkomende reactie produkten niet gevormd worden. Een eliminatiereactie komt uiteraard niet in aanmerking, want er is geen produkt met een dubbele binding gegeven. 24.1 is het juiste antwoord.

Reactie d:

$$H_2C=CH-\underset{\underset{Br}{|}}{\overset{\overset{CH_3}{|}}{C}}-CH_3 + {}^{\ominus}OC_2H_5 \longrightarrow H_2C=CH-\overset{\overset{CH_3}{|}}{C}=CH_2 + H_2C=CH-\underset{\underset{OC_2H_5}{|}}{\overset{\overset{CH_3}{|}}{C}}-CH_3 + C_2H_5O-CH_2-CH=\overset{\overset{CH_3}{|}}{C}-CH_3$$

We zien aan de reactie produkten, dat zowel substitutie (S) als eliminatie (E)optreedt. De keuze in de antwoorden is dus tussen 5, 6 en 8.

Het derde produkt van de reactie heeft een onverwachte structuur als we deze met de uitgangsstof vergelijken. Dit kan ons wellicht naar het goede antwoord leiden.

$C_2H_5O-CH_2-CH=\overset{\overset{CH_3}{|}}{C}-CH_3$ moet ontstaan zijn via een S_N1 reactie, uit een door mesomerie gestabiliseerd carbokation.

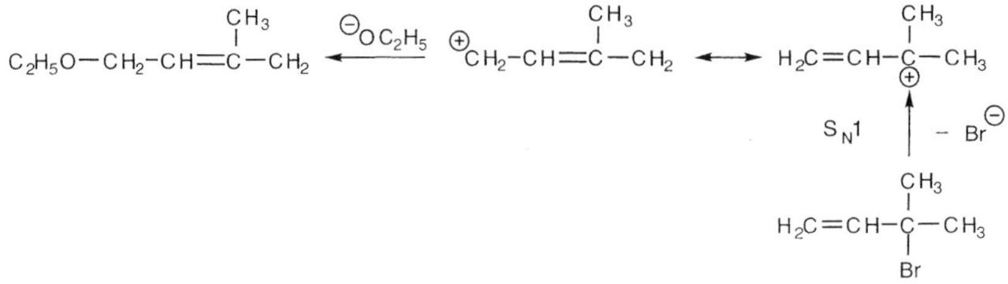

$$C_2H_5O-CH_2-CH=\overset{\overset{\displaystyle CH_3}{|}}{C}-CH_2 \xleftarrow{\quad \overset{\ominus}{O}C_2H_5 \quad} \overset{\oplus}{C}H_2-CH=\overset{\overset{\displaystyle CH_3}{|}}{C}-CH_2 \longleftrightarrow H_2C=CH-\overset{\overset{\displaystyle CH_3}{|}}{\underset{\oplus}{C}}-CH_3$$

$$S_N1 \;\Big|\; -Br^{\ominus}$$

$$H_2C=CH-\overset{\overset{\displaystyle CH_3}{|}}{\underset{\underset{\displaystyle Br}{|}}{C}}-CH_3$$

Wanneer een carbokation als intermediair aanwezig is, dan kan het eliminatie produkt ook heel goed via een E1 mechanisme zijn ontstaan. Een E2 reactie is echter niet uit te sluiten: $C_2H_5O^{\ominus}$ is een vrij sterke base en deze kan gemakkelijk een van de β-H atomen van de CH_3 groepen abstraheren. Dus $S_N1 + E1$ en/of E2. Zowel 25.5 als 25.8 zijn goede antwoorden. Een S_N2 reactie is niet goed mogelijk bij een tertiair halogeen alkaan.

OPGAVE 7

Reactie a:

In deze reactie wordt een nucleofiele substitutie gegeven, waarbij het $H_3C-CH_2-S^{\ominus}$ nucleofiel is en NH_3 de vertrekkende groep. $H_3C-CH_2-S^{\ominus}$ is inderdaad een goed nucleofiel, maar een $-\overset{\oplus}{N}H_3$ -groep kan niet als vertrekkende groep optreden. NH_3 is namelijk een té sterke base.

Reactie b:

$CH_3O^{\ominus}$ is in deze nucleofiele substitutie reactie het nucleofiel en $^{\ominus}OSO_2-\langle\!\bigcirc\!\rangle-CH_3$ is de vertrekkende groep. Dit is juist. De sulfonaatgroep is een goede vertrekkende groep, want de negatieve lading op zuurstof kan door mesomerie verdeeld worden over alle drie zuurstofatomen. De eigenschappen van $CH_3O^{\ominus}$ als sterke base spelen hier geen rol, omdat er geen eliminatie reactie kan optreden door het ontbreken van β-H atomen.

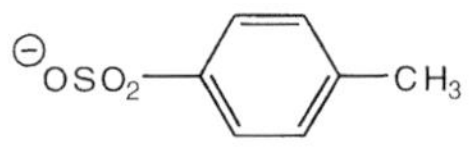

Reactie c:

$H_3C-CH_2-\overset{\cdot\cdot}{N}H_2$ treedt op als nucleofiel en $I^{\ominus}$ als vertrekkende groep.

Dit is goed. $H_3C-CH_2-NH_2$ is door de beschikbaarheid van het vrije elektronenpaar een redelijk goed nucleofiel, $I^{\ominus}$ is vanwege zijn grote polariseerbaarheid een goede vertrekkende groep. Het reactieprodukt blijft op stikstof geprotoneerd, omdat het secondaire amine dat ontstaan is (evenals overigens het primaire amine waarvan is uitgegaan) basische eigenschappen heeft.

Reactie d:

Hier is een eliminatie reactie gegeven. $CH_3O^{\ominus}$ treedt op als base. Dit kan op zichzelf wel, want anionen van alkoholen zijn voldoende sterke basen om in een eliminatie reactie een ß-H atoom te abstraheren. Een $CH_3O^{\ominus}$ groep is tevens als vertrekkende groep opgetreden. Dit is onmogelijk, de $CH_3O^{\ominus}$ groep is te sterk basisch om een molecuul te verlaten in een substitutie of eliminatie reactie. Het juiste antwoord is dus: a + d (26.6).

OPGAVE 8

door mesomerie gestabiliseerd carbokation 2S 6R   2R 6R

Het zuur zal de hydroxygroepen protoneren waarna waterafsplitsing zal optreden bij voorkeur op de meest linkse alcoholgroep op koolstofatoom nr.2, omdat daar een mesomeer gestabiliseerd carbokation ontstaat. De OH-groep op koolstofatoom nr.6 zal daarna aanvallen op het carbokation waarna de ringsluitingsreactie plaatsvindt.

Omdat een carbokation vlak is, gaat de oorspronkelijke configuratie van plaats 2 verloren; er kan zowel 2R als 2S worden gevormd. Plaats 6 blijft zijn R-configuratie behouden, omdat aan dit *koolstof*atoom geen reactie optreedt. Het juiste antwoord is dus: c + d (27.9).

OPGAVE 9

Ringverbindingen vertonen in principe hetzelfde reactiegedrag als open keten verbindingen. We moeten ons dus niet al te zeer door een ringstructuur laten afleiden van de eigenlijke aard van de verbinding.

Verbinding A is een cyclische ester (ook wel een lacton genoemd). Wanneer een ester wordt behandeld met verdund zuur ontstaat een carbonzuur en een alkohol.

(structuur 3)

estergroep

Verbinding B is een halfacetaal. In water splitsen halfacetalen in een alkohol en een carbonylverbinding. In verdund zuur milieu treedt een dergelijke reactie dus ook op en wordt zelfs nog versneld door zuurkatalyse.

(structuur 4)

Verbinding C is ook een halfacetaal en daarvoor kunnen we dus hetzelfde mechanisme als voor B uitschrijven.

of (structuur 9)

enol

Het ontstane reactieprodukt heeft echter een *enol* structuur en deze gaan snel over in de stabielere *keto* vorm. De antwoorden zijn dus 28.3, 29.4 en 30.9.

OPGAVE 10

Om deze opgave goed te kunnen beantwoorden, moet het mechanisme van de acetaalvorming worden uitgeschreven.

$$\phi-\overset{\overset{\displaystyle :O:}{\|}}{C}-H \;+\; H^{\oplus} \;\rightleftharpoons\; \phi-\overset{\overset{\displaystyle :\overset{\oplus}{O}H}{\|}}{C}-H \qquad \phi \;=\; C_6H_5 \;=\; \bigcirc$$

$$\phi-\overset{\overset{\displaystyle \overset{\oplus}{:O}H}{\|}}{C}-H \;+\; C_2H_5\overset{..}{O}H \;\rightleftharpoons\; \phi-\overset{\overset{\displaystyle :\overset{..}{O}H}{|}}{\underset{\underset{\displaystyle H\overset{\oplus}{O}C_2H_5}{|}}{C}}-H \;\rightleftharpoons\; \phi-\overset{\overset{\displaystyle :\overset{\oplus}{O}H_2}{|}}{\underset{\underset{\displaystyle :OC_2H_5}{|}}{C}}-H \;\overset{-\,H_2O}{\rightleftharpoons}\; \phi-\overset{\oplus}{\underset{\underset{\displaystyle :\overset{..}{O}C_2H_5}{|}}{C}}-H \;\longleftrightarrow\; \phi-\overset{\overset{\displaystyle}{\|}}{\underset{\underset{\displaystyle \oplus\overset{..}{O}C_2H_5}{}}{C}}-H$$

geprotoneerd
halfacetaal   1

Het carbokation 1 kan ontstaan omdat het mesomere stabilisatie ondervindt van de vrije elektronenparen van de naburige ethoxygroep. Het carbokation wordt in ethanol echter snel aangevallen door een ethanol molecuul en er ontstaat een acetaal.

$$\phi-\overset{\oplus}{\underset{\underset{\displaystyle :\,OC_2H_5}{|}}{C}}-H \;+\; C_2H_5\overset{..}{O}H \;\rightleftharpoons\; \phi-\overset{\overset{\displaystyle H\overset{..}{O}C_2H_5}{\overset{\oplus}{|}}}{\underset{\underset{\displaystyle :OC_2H_5}{|}}{C}}-H \;\overset{-\,H^{\oplus}}{\rightleftharpoons}\; \phi-\overset{\overset{\displaystyle \overset{..}{O}C_2H_5}{|}}{\underset{\underset{\displaystyle :OC_2H_5}{|}}{C}}-H$$

acetaal

Bij grote overmaat ethanol (b.v. als oplosmiddel gebruikt) loopt het evenwicht naar de kant van het acetaal af. Voor de in de opgave gegeven structuur zijn de volgende antwoorden juist: 31.3; 32.2; 33.3; 34.2 en 35.2. Let erop, dat 34.1 en 35.0 twee mesomere structuren van hetzelfde kation zijn.

OPGAVE 11

D-glucose kan in basische oplossing isomeriseren tot D-mannose en D-fructose. Uit de gegeven structuren moeten dus de mogelijke vormen van deze *drie* suikers opgespoord worden.
De juiste antwoorden zijn:

serie A: a = glucose; b = mannose   antwoord 36.4

serie B: b = fructose   antwoord 37.2

serie C: a = mannose; b = glucose; c = fructose   antwoord 38.7

serie D: a = glucose; c = mannose   antwoord 39.5

OPGAVE 12

Amylopectine is een polymeer van D-glucose. De glucose-eenheden zijn verbonden met een α(1-4) glucoside binding, die vertakt is door middel van α-1,6 glucoside bindingen.

De hoofdketen in de tekening is gearceerd weergegeven. De glucose moleculen zijn hier dus verbonden via α-1,4 glucoside bindingen. Dit zijn er 11. Daarnaast is in de zijketens tot tweemaal een α-1,4 glucoside binding aanwezig, zodat het totaal op 13 komt.

Het juiste antwoord is 40.6.

Elke vertakking begint met een α–1,6 glucoside binding. Er zijn drie vertakkingen, dus ook drie α–1,6 glocuside bindingen. Het goede antwoord is 41.1.

Bij methylering van het amylopectine-brokstuk worden in eerste instantie alle OH-groepen gemethyleerd. Bij hydrolyse met verdund zuur worden de glucoside bindingen verbroken en tevens worden eventuele acetaal-methoxy groepen weer omgezet in hydroxygroepen. Dit laatste geldt voor de methoxygroep aan het reducerende uiteinde. Vier gemethyleerde OH-groepen kunnen alleen de glucose-eenheden krijgen, die aan het eind van de keten zitten. De andere glucose-eenheden hebben minder OH-groepen vrij. Van de vijf eindstandige glucose-eenheden valt er na zure hydrolyse dus één af omdat de methoxygroep aan het reducerende uiteinde deel uitmaakt van een acetaalfunctie en er weer afgehydrolyseerd wordt.

Het juiste antwoord is 42.2.

OPGAVE 13

Voor het oplossen van deze vraag moeten de aangegeven verbindingen op de meest logische wijze met elkaar reageren. Dus de negatieve atomen vallen aan op de positief gepolariseerde koolstofatomen van de carbonylgroepen.

Voor intermediair X:

a   Natriumacetaat met propanon.

Behalve dat dit evenwicht bij voorkeur links ligt, omdat de negatieve lading op het acetaation door mesomerie gestabiliseerd is, levert aanval van het acetaat-ion op propanon ook niet het goede intermediair.

Dit geeft dus het juiste intermediair.

c $H_3C-\overset{\overset{O}{\|}}{C}-H$ + $\overset{\ominus}{O}-\underset{\underset{CH_3}{|}}{\overset{\overset{CH_3}{|}}{CH}}$ $\longrightarrow$ $H_3C-\underset{\underset{H}{|}}{\overset{\overset{O^{\ominus}}{|}}{C}}-O-\underset{\underset{CH_3}{|}}{\overset{\overset{CH_3}{|}}{CH}}$

Dit geeft niet het goede intermediair.

Het juiste antwoord is 43.1

Voor intermediair Z:

a $H_3C-\overset{\overset{O}{\|}}{C}-OCH_3$ + $SOCl_2$ $\xrightarrow{\;\;\times\;\;}$

SOCl$_2$ reageert met hydroxygroepen waarbij een OH-groep vervangen wordt door een Cl-groep.

b $H_3C-\overset{\overset{O}{\|}}{C}-Cl$ + $\overset{\ominus}{}OCH_3$ $\longrightarrow$ $H_3C-\underset{\underset{OCH_3}{|}}{\overset{\overset{O^{\ominus}}{|}}{C}}-Cl$

Dit is het juiste intermediair.

c $H_3C-\underset{\underset{OCH_3}{|}}{\overset{\overset{OH}{|}}{C}}-H$ + $SOCl_2$ $\longrightarrow$ $H_3C-\underset{\underset{OCH_3}{|}}{\overset{\overset{Cl}{|}}{C}}-H$ + SO_2 + HCl ?

Het is zeer de vraag of deze reactie goed verloopt, omdat het halfacetaal snel uiteenvalt in ethanal en methanol. Niettemin is zeker, dat nooit het gewenste intermediair gevormd kan worden, omdat het centrale koolstofatoom een C-H binding bevat, die niet zomaar verbroken kan worden. Dit atoom heeft niet de juiste oxidatiestaat.

Het juiste antwoord is 44.1.

OPGAVE 14

In verbinding a en c is de NH$_2$ groep als amine aanwezig. Dat wil zeggen, dat het vrije elektronenpaar op stikstof volledig beschikbaar is als base en als nucleofiel. In verbinding b maakt de NH$_2$ groep deel uit van de amide functie. Het vrije elektronenpaar op stikstof geeft mesomerie met de carbonylgroep en is dus niet vrij beschikbaar voor reactie.

A Behandeling met NaOH oplossing geeft hydrolyse van de amidegroep. Hierbij ontstaat een carbonzuur en ammoniak. De andere verbindingen reageren niet; immers de NH$_2$ groep is geen vertrekkende groep in S_N2 reacties. Antwoord 45.1 is juist.

B Methyljodide kan gemakkelijk een S_N2 reactie ondergaan met een nucleofiel. De NH$_2$ groepen in a en c hebben hun elektronenpaar volledig beschikbaar voor nucleofiele aanval en kunnen dus reageren met het methyljodide. Antwoord 46.4 is juist.

C Ethaanzuurchloride reageert ook gemakkelijk met nucleofielen. Hier geldt dus hetzelfde als voor 46. Het goede antwoord is 47.4.

D Natriumjodide in aceton is een goed reagens voor S_N2 reacties. $I^\ominus$ is hier het nucleofiel. De NH_2 groep is echter geen geschikte vertrekkende groep, dus geen van de verbindingen zal reageren. Het antwoord is dus 48.7.

OPGAVE 15

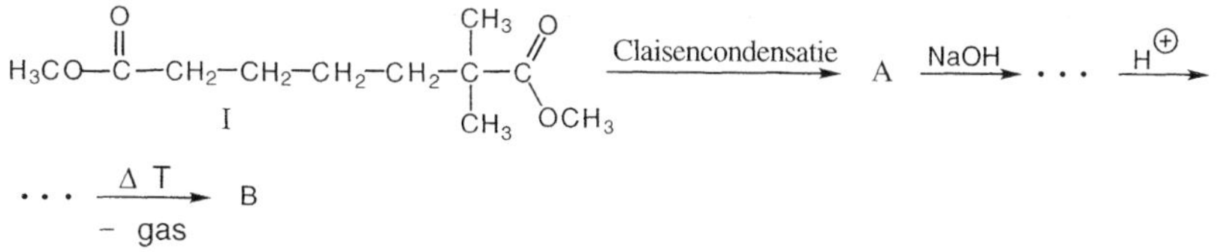

Er is gegeven dat in eerste instantie een intramoleculaire Claisencondensatie optreedt. Dit betekent dat eerst een anion gevormd moet worden naast een carbonylgroep en dat dit anion daarna aanvalt op een ester functie. Het anion in I kan maar op één manier gevormd worden omdat aan het andere α-koolstofatoom beide waterstofatomen door methylgroepen zijn vervangen. De daaropvolgende aanval van dit anion kan dus ook maar op één manier plaatsvinden.

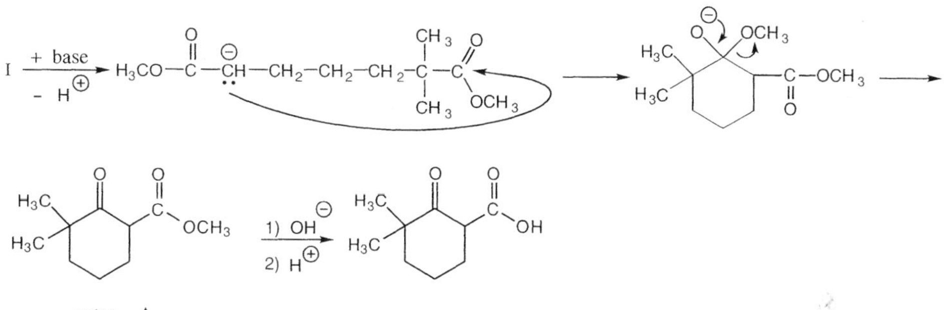

ester A

De gevormde verbinding A (antwoord 49.2) heeft een estergroep, die na basische hydrolyse en aanzuren wordt omgezet in een carbonzuurgroep. Deze carbonzuurgroep zit in een β-positie ten opzichte van een carbonylgroep en verliest bij verhitting gemakkelijk CO_2 gas:

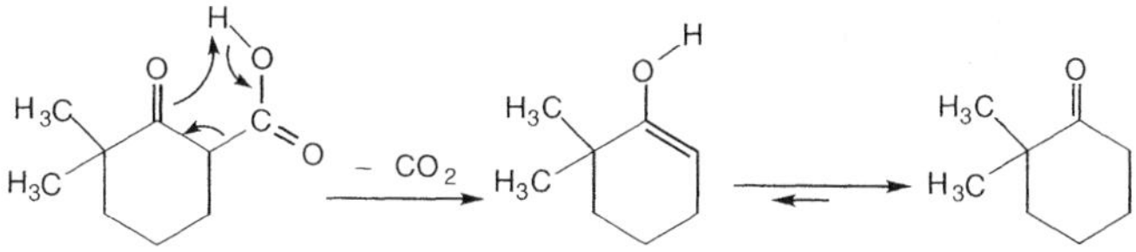

Atwoord 50.4 is juist.

OPGAVE 16

Om deze opgave goed te maken, kan de citroenzuurcyclus het beste eerst volledig worden uitgeschreven.

Hierbij dient te worden bedacht, dat de citroenzuurcyclus een verbrandingsproces is, dus een serie oxidatieve reacties. In elke cyclus wordt steeds een $H_3C-\overset{\overset{O}{\|}}{C}-$ eenheid (van acetyl CoA) omgezet in CO_2 en H_2O.

De juiste antwoorden zijn: 51.1, 52.2, 53.5 en 54.0.

OPGAVE 17

Dansylchloride reageert met vrije aminogroepen. Dit kan zijn de aminogroep van het N-terminale aminozuur, maar ook vrije NH_2-groepen in de zijketen van lysine!

In het tripeptide Lys - Phe - Lys reageert het N-terminale lysinemolecuul tweemaal met dansylchloride (eindstandige NH_2-groep en de NH_2-groep in de zijketen) en het C-terminale lysinemolecuul één maal, n.l. in de zijketen.

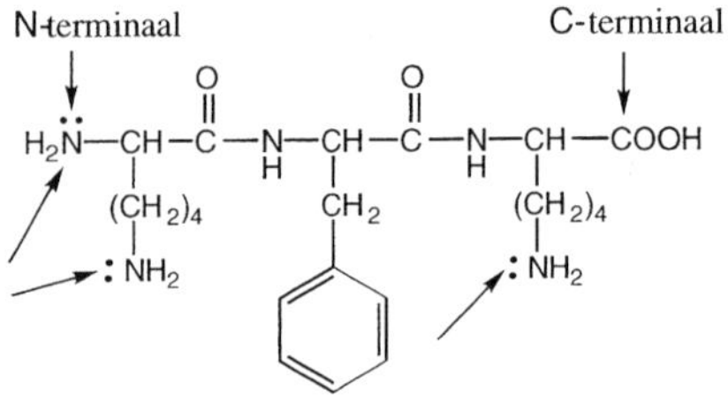

Lys — Phe — Lys

Verbindingen, die we kunnen aantreffen zijn dus:

R= dansyl

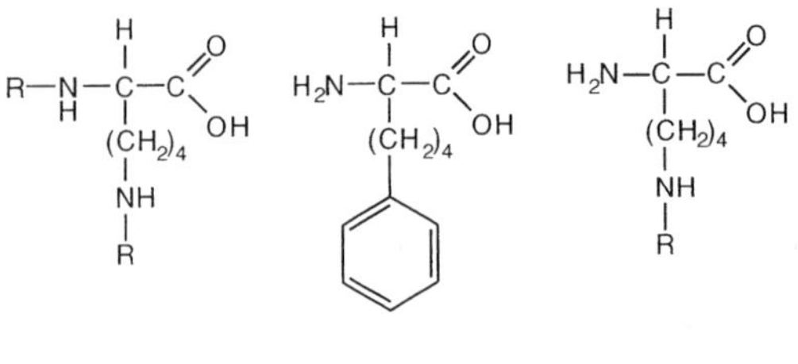

De juiste antwoorden zijn dan ook 55.2 en 56.3.

OPGAVE 18

Edman reagens, Ph - N = C = S, reageert met een N-terminaal aminozuur (vet aangegeven) waarbij uiteindelijk de onderstaande verbinding ontstaat:

$$\begin{array}{c} \text{S} \\ \| \\ \text{C} \\ \text{Ph--N} \diagdown \diagup \text{NH} \\ \text{C---C--R} \\ \text{O}\diagup \quad | \\ \text{H} \end{array}$$

In deze ringverbinding is zowel de structuur van het Edman reagens als van het aminozuur terug te vinden. We moeten bij deze opgave dus eerst letten op de juiste structuur van de ringverbinding. In tweede instantie kijken we dan of de restgroep R juist is.

De juiste antwoorden zijn 57.3: a + b (alanine en serine); 58.0: a (glutaminezuur); 59.7.

OPGAVE 19

Basische eigenschappen hebben alleen die stikstofatomen, die een *vrij* elektronenpaar hebben dat niet bij de mesomerie in de ring betrokken is.

a In pyridine (60.0) is het vrije elektronenpaar op stikstof niet in het aromatische systeem opgenomen en is dus beschikbaar als base.

In pyrrool (60.1) is dit wel het geval. Het vrije elektronenpaar op stikstof moet het aromatische π-elektronensextet completeren.

Dus: 60.0 is het goede antwoord.

b In 61.0 is de -NH$_2$ groep een aminogroep. Het vrije elektronenpaar is volledig beschikbaar, dus basisch.

In 61.1 maakt de NH$_2$ groep deel uit van een amidegroep. Het vrije elektronenpaar geeft mesomerie met de carbonylgroep en is niet beschikbaar als base. Een amide is neutraal. 61.0 is het goede antwoord.

c In 62.0 maakt het vrije elektronenpaar geen deel uit van een aromatisch systeem. De zesring heeft namelijk geen gesloten systeem van π-orbitalen, want het bovenste koolstofatoom is sp^3-gehybridiseerd. Het N-atoom is derhalve basisch.

In 62.1 heeft stikstof geen vrij elektronenpaar meer over en is dus niet meer basisch. 62.0 is het juiste antwoord. (62.3 krijgt ook punten, omdat de basische eigenschappen van het N-atoom in 62.0 door de interactie met de naburige π-bindingen wel duidelijk is verminderd)

d De alkylering van benzeen o.i.v. AlCl$_3$ geeft als voornaamste intermediair: 63.2.

Het primaire carbokation dat in eerste instantie gevormd wordt, legt namelijk snel om naar een secundair carbokation dat dan aanvalt op de benzeenring.

OPGAVE 20

In een nucleotidestructuur komen in het algemeen acetaalbindingen en esterbindingen voor. In dit nucleotide is ook nog een fosfaatanhydride aanwezig.

De acetaalbindingen zijn het gemakkelijkst hydrolyseerbaar in zuur milieu; de esterbindingen en anhydriden reageren het beste in basisch milieu.

In de gegeven structuur van FAD moeten we dus de acetaalbindingen, esterbindingen en anhydriden lokaliseren.

- Binding 5 is een N-acetaalbinding en deze splitst dus het snelst in zuur milieu (64.5).
  Binding 3 is een anhydridebinding en binding 4 een esterbinding. Deze bindingen splitsen snel in basisch milieu (65.3 of 65.4 beide punten).
  Wanneer een keuze moet worden gemaakt (en op het tentamen is altijd maar één antwoord mogelijk), dan gaat de voorkeur uit naar de anhydridebinding. Anhydriden zijn namelijk reactiever dan esters.
- Slechts één stikstofatoom maakt deel uit van een glycoside (= acetaal) binding, namelijk het stikstofatoom aan binding 5.
  Dit heeft het volgende structuur kenmerk:

Het stikstofatoom aan binding 1 (zie opgave) maakt geen deel uit van een acetaal binding. De CH_2 groep, die dit stikstofatoom bindt, bevat namelijk geen zuurstofatoom. Het antwoord 66.1 is juist. Eigenlijk wordt FAD ten onrechte aangegeven als een dinucleotide omdat het flavine niet via een N-acetaal maar via een gewone aminebinding aan het "suiker"molecuul is gebonden.

27 Oefenexamen 2

OPGAVE 1 (5 punten)

Geef de hybridisatie van de met een pijl aangegeven atomen in de volgende structuurformules.

U heeft voor elk atoom de keuze uit:

   0: niet gehybridiseerd

   1: sp-gehybridiseerd

   2: sp^2-gehybridiseerd

   3: sp^3-gehybridiseerd

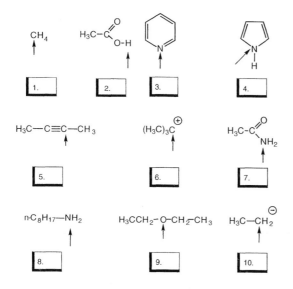

OPGAVE 2 (6 punten)

A Geef de volgorde aan waarin de zuursterkte afneemt (en de pK$_A$ waarde toeneemt) van de onderstaande verbindingen.

11.

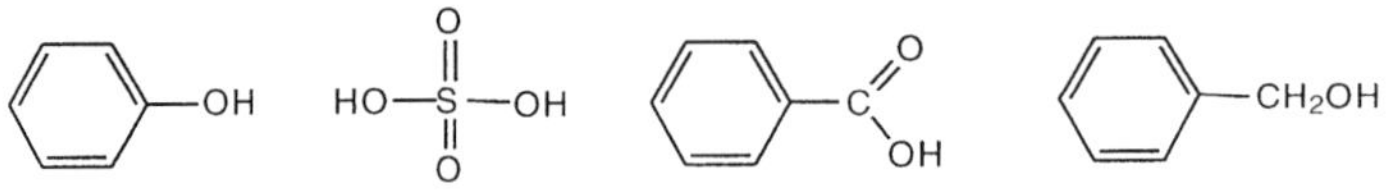

a   b   c   d

U hebt de keuze uit de volgende combinatiemogelijkheden:

0: a > b > c > d

1: b > d > a > c

2: b > c > d > a

3: a > c > b > d

4: b > c > a > d

5: b > d > c > a

6: a > d > c > b

7: c > b > a > d

8: c > a > d > b

9: b > a > c > d

B Geef de mesomere structuur aan, die de grootste bijdrage levert aan de stabiliteit van de hieronder beschreven verbindingen.

serie 1

12.

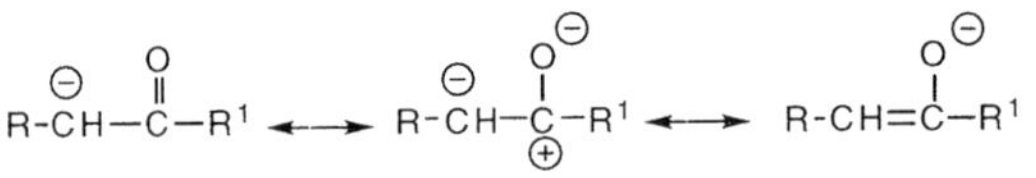

0   1   2

serie 2

13.

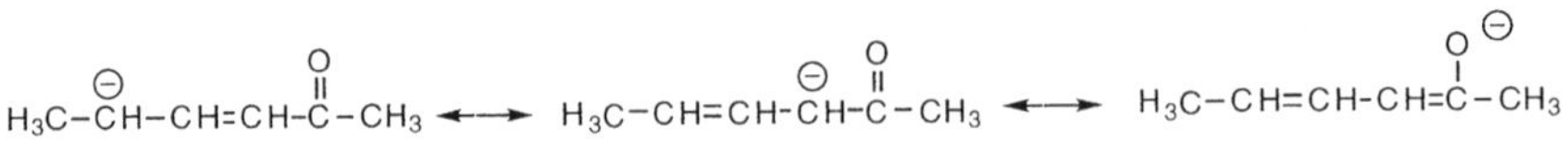

0   1   2

OPGAVE 3 (6 punten)

Welke van de onderstaande verbindingen of intermediairen spelen een rol in de biosynthese van geraniol, een belangrijk bestanddeel van geraniumolie.

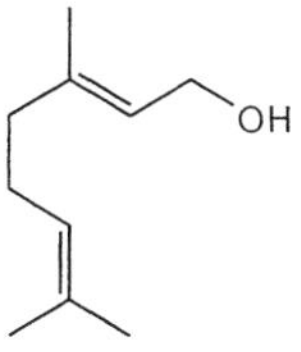

geraniol

serie A

14.

a 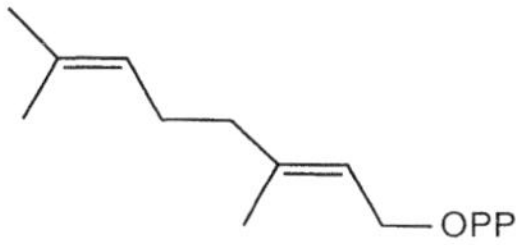   b 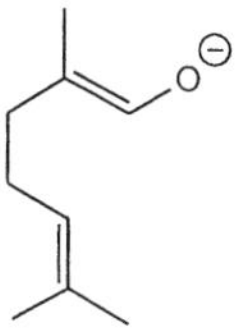   c

serie B

15.

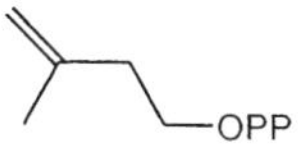

a 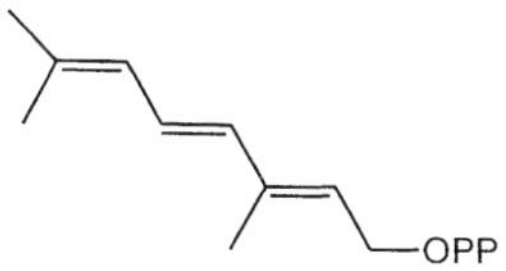   b    c

serie C

16.

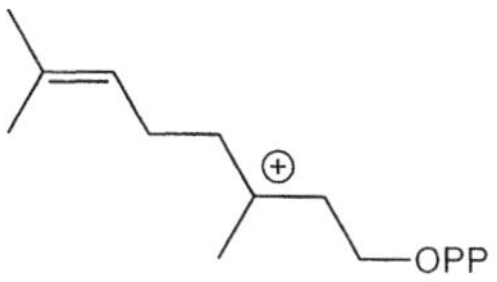

a 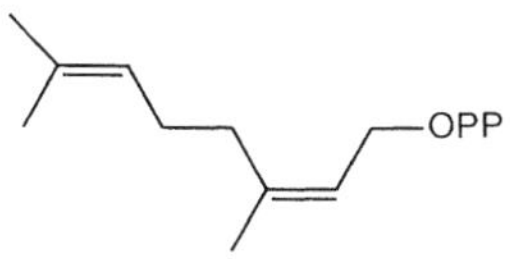   b 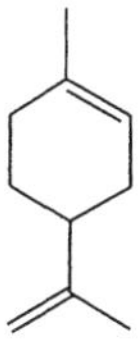   c

U hebt bij alle drie de series de keuze uit:

0: een van deze drie	3: alleen c	6: b + c
1: alleen a	4: a + b	7: a + b + c
2: alleen b	5: a + c	

OPGAVE 4 (9 punten)

Welke beweringen zijn van toepassing op de onderstaande reakties.

- Het reactieproduct is optisch inactief.   17.

- De reactie verloopt met retentie van configuratie rond het reactiecentrum. 18.

- De reactiesnelheid is afhankelijk van de sterkte van het nucleofiel.   19.

- Het eindprodukt heeft uitsluitend de R-configuratie.   20.

- De optische rotatie verandert niet.   21.

- Er treedt racemisatie op.   22.

a. benzyl—CH_2····C····Cl (met CH_3 boven, $CH_2CH_2CH_3$ onder) + H_2O →^{S_N1}

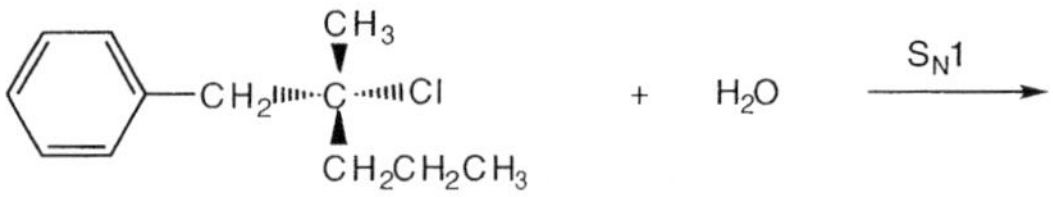

b. $n\text{-}C_6H_{17}$····C····Br (met H boven, CH_3 onder) + $CH_3S^{\ominus}$ →^{S_N2}

c. (bicyclisch systeem)—CH_2Br + $OH^{\ominus}$ →^{S_N2}

U hebt bij de beantwoording de keuze uit de volgende antwoordmogelijkheden:

0: geen van de reacties   3: alleen reactie c   6: b + c
1: alleen reactie a   4: a + b   7: a + b + c
2: alleen reactie b   5: a + c

OPGAVE 5 (6 punten)

A   De additiereaktie

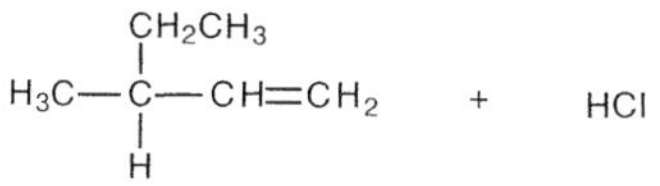

$$\begin{array}{c} CH_2CH_3 \\ | \\ H_3C-C-CH=CH_2 \\ | \\ H \end{array} \quad + \quad HCl$$

Geeft als produkt(en):

23.

$$\begin{array}{c} CH_2CH_3 \\ | \\ H_3C-C-CH_2-CH_2Cl \\ | \\ H \end{array} \qquad \begin{array}{c} CH_2CH_3 \\ | \\ H_3C-C-CHCl-CH_3 \\ | \\ H \end{array} \qquad \begin{array}{c} CH_2CH_3 \\ | \\ H_3C-C-CH_2CH_3 \\ | \\ Cl \end{array} \qquad \begin{array}{c} CH_2CH_3 \\ | \\ H-C-CH-CH_3 \\ | \quad | \\ Cl \quad CH_3 \end{array}$$

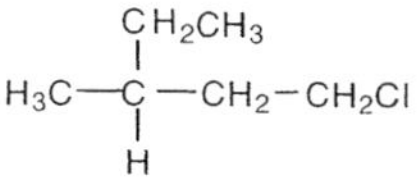

a 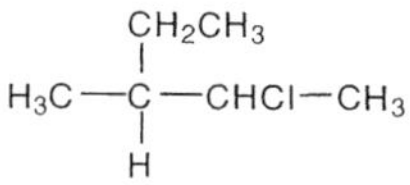   b 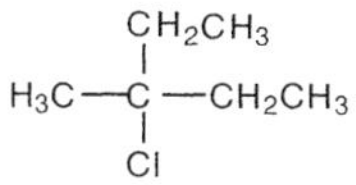   c 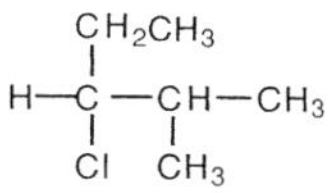   d

U heeft de keuze uit de volgende mogelijkheden:

0: alleen a	5: a + c
1: alleen b	6: a + d
2: alleen c	7: b + c
3: alleen d	8: b + d
4: a + b	9: c + d

B   Welke van de stoffen a t/m d hebben één chiraal koolstofatoom?

24.

U heeft de keuze uit de volgende combinaties:

0: a + b	5: c + d
1: a + c	6: a + b + c
2: a + d	7: a + b + d
3: b + c	8: a + c + d
4: b + d	9: b + c + d

OPGAVE 6 (6 punten)

In de reactie van maleïnezuur (I) met Br_2 worden 2 produkten gevormd.

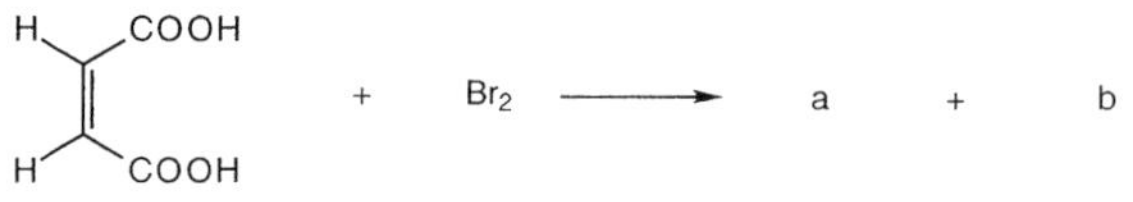

$$+ \quad Br_2 \quad \longrightarrow \quad a \quad + \quad b$$

I

Echter in de reactie van fumaarzuur (II) met Br_2 wordt slechts 1 produkt gevormd.

$$+ \quad Br_2 \quad \longrightarrow \quad c$$

II

Produkt c verschilt van a en b.

A Welke verbindingen zijn optisch actief?

25.

    0: a + b

    1: a + c.

    2: b + c

    3: geen van de verbindingen is optisch actief

B Welke van de volgende paren zijn enantiomeren?

26.

    0: a + c

    1: b + c

    2: a + b

    3: er zijn geen enantiomeren

C Welke van de volgende paren zijn diastereomeren?

27.

    0: a + c

    1: b + c

    2: a + b

    3: a + c en b + c

    4: er zijn geen diastereomeren

OPGAVE 7 (6 punten)

A De additie van methylmagnesiumjodide aan de weergegeven configuratie van
   3-methylcyclohexanon gevolgd door toevoegen van water, geeft als reactieprodukt: 28.

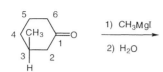

   U hebt de keuze uit de volgende antwoordmogelijkheden:
   0: a: 1R,3R-1,3-dimethyl-1-cyclohexanol
   1: b: 1R,3S-1,3-dimethyl-1-cyclohexanol
   2: c: 1S,3R-1,3-dimethyl-1-cyclohexanol
   3: d: 1S,3S-1,3-dimethyl-1-cyclohexanol
   4: a + b
   5: a + c
   6: a + d
   7: b + c
   8: b + d
   9: c + d

B Welke van de volgende bewering(en) is (zijn) juist met betrekking tot de onder   29.
   A genoemde reactie?

   0: a: Het produkt (de produkten) is(zijn) optisch actief.
   1: b: Er wordt o.a. een meso-verbinding gevormd.
   2: c: Er worden twee enantiomeren gevormd.
   3: d: Er worden twee diastereomeren gevormd.
   4: a + b
   5: a + c
   6: a + d
   7: b + c
   8: b + d
   9: c + d

OPGAVE 8 (4 punten)

De reaktie van acetofenon onder invloed van een base levert (een) condensatieprodukt(en) op.

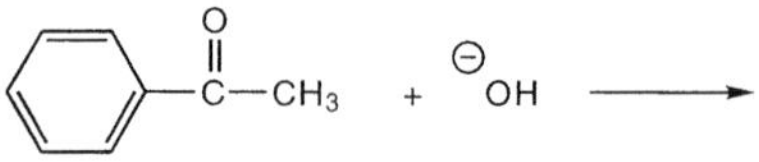

acetofenon

Welk(e) van onderstaande produkt(en) wordt(worden) gevormd?

30.

U heeft de keuze uit de volgende mogelijkheden.

0: alleen a

1: alleen b

2: alleen c

3: alleen d

4: alleen e

5: alleen f

6: a + b

7: c + d

8: e + f

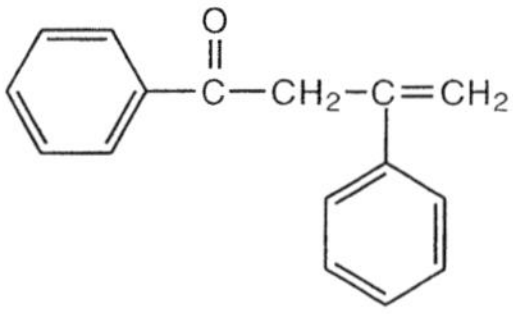

a

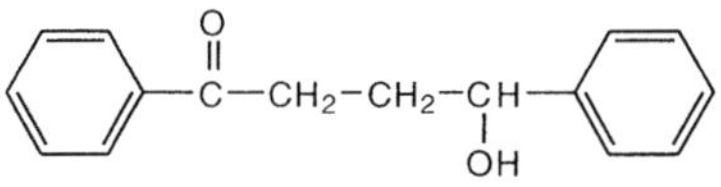

b

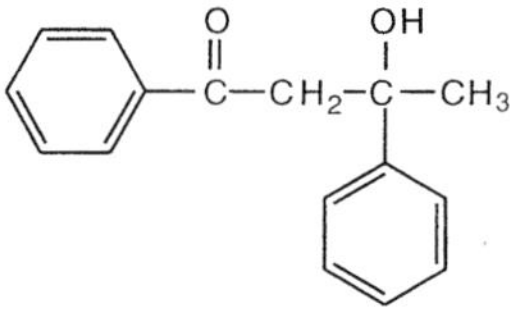

c

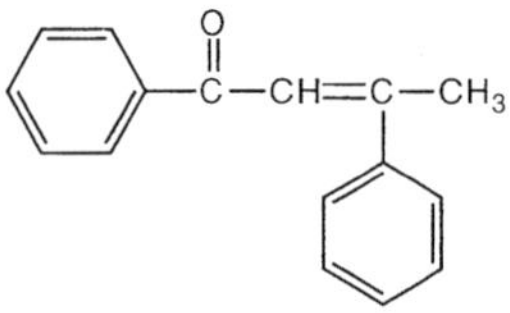

d

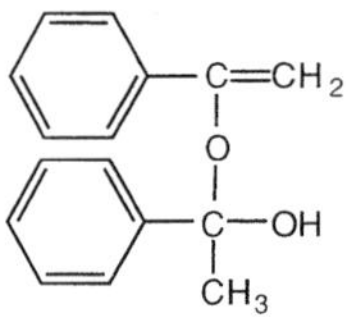

e

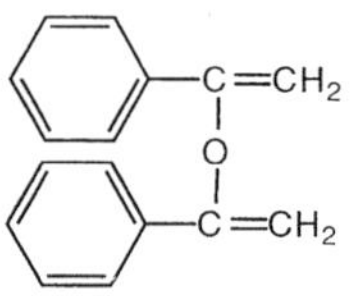

f

OPGAVE 9 (7 punten)

A Welke van de onderstaande structuurformules is die van α-D-ribofuranose?

| 0 | 1 | 2 | 3 |

31.

B Als α-D-ribofuranose wordt opgelost in water welke van onderstaande
verbindingen is(zijn) dan in de oplossing aanwezig?

32.

a   b   c   d

U heeft de volgende mogelijkheden:

0: alleen a	5: a + c
1: alleen b	6: a + d
2: alleen c	7: b + c
3: alleen d	8: b + d
4: a + b	9: c + d

C Als een Newman projectie gemaakt wordt door de C2-C1 binding in
α-D-ribopyranose te projecteren op het vlak van de tekening, welke van
onderstaande projecties geeft dan de juiste situatie weer?

33.

a   b   c   d

OPGAVE 10 (5 punten)

D-Galactose wordt behandeld met methanol onder invloed van een katalytische hoeveelheid zuur. Het produkt van deze reactie laat men reageren met een overmaat azijnzuuranhydride.

Welk(e) van onderstaande produkten is (zijn) gevormd tijdens deze reacties?

serie A

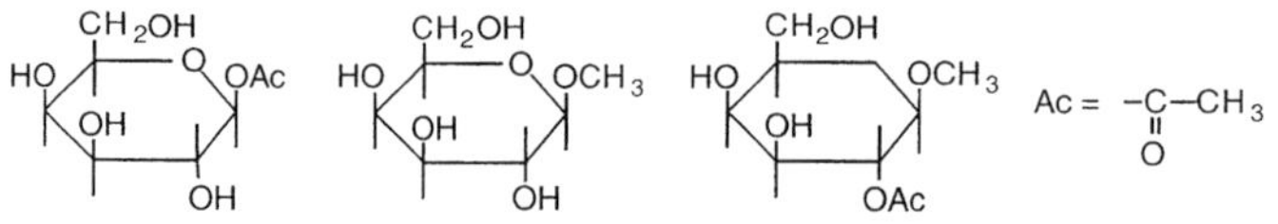

a   b   c

serie B

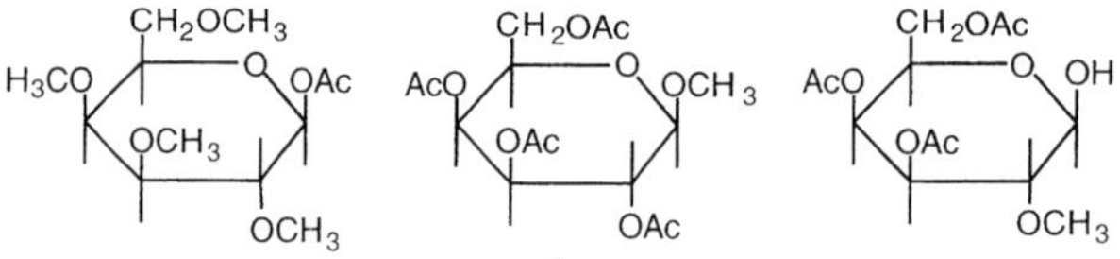

a   b   c

U hebt bij beide series de keuze uit:

0: alleen a

1: alleen b

2: alleen c

3: a + b

4: a + c

5: b + c

6: a + b + c

7: geen van de drie

OPGAVE 11 (5 punten)

Welke van de volgende intermediairen spelen een rol in de zuurgekatalyseerde verestering van azijnzuur met methanol?

serie A   36.

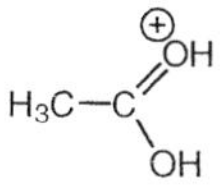

H_3C-C met $\overset{\oplus}{=}OH$ en OH — a

$H_3C-\overset{\overset{\oplus}{OH_2}}{\underset{OH}{C}}-OH$ — b

$H_3C-\overset{\overset{\oplus}{OH_2}}{\underset{OH}{C}}-OCH_3$ — c

serie B   37.

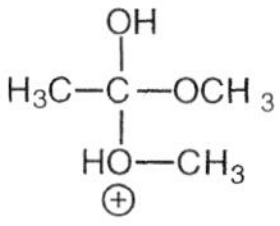

$H_3C-\overset{OH}{\underset{\underset{\oplus}{HO}-CH_3}{C}}-OCH_3$ — a

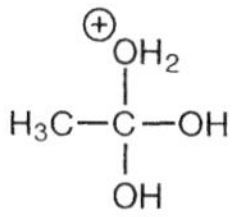

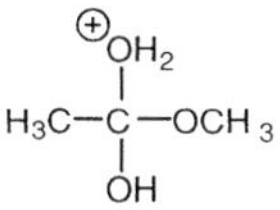

$H_3C-C\overset{OH}{\underset{OCH_3}{\oplus}}$ — b

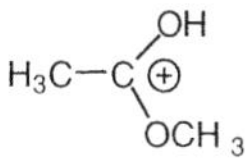

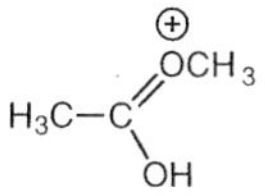

$H_3C-C\overset{\overset{\oplus}{OCH_3}}{\underset{OH}{}}$ — c

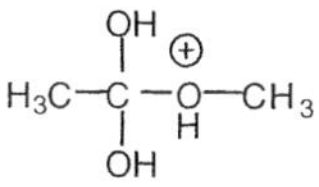

serie C   38.

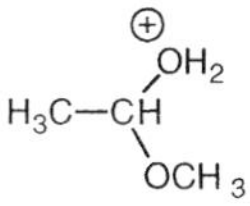

$H_3C-C\overset{\overset{\oplus}{OH_2}}{\underset{OCH_3}{H}}$ — a

$H_3C-\overset{OH}{\underset{\underset{H}{OH}}{C}}-\overset{\oplus}{O}-CH_3$ — b

$H_3C-C\overset{O}{\underset{OCH_3}{}}$ — c

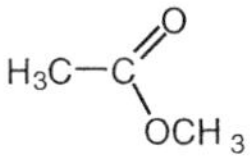

Bij elke serie heeft u de keuze uit de volgende mogelijkheden:

0: alleen a

1: alleen b

2: alleen c

3: a + b

4: a + c

5: b + c

6: a + b + c

7: geen van de drie

OPGAVE 12 (4 punten)

A Esters kunnen goed gereduceerd worden met behulp van overmmaat $LiAlH_4$.
Welke tussenprodukten treden op bij de reductie als de methylester van propionzuur
met $LiAlH_4$?

39.

$$H_3C-CH_2-C \overset{O}{\underset{OAlH_3^{\ominus}}{}} \qquad H_3C-CH_2-C\overset{\overset{\ominus}{O}\ AlH_3}{\underset{OCH_3}{\vert}} H \qquad H_3C-CH_2-C\overset{\overset{\ominus}{O}\ Al(OCH_3)H_2}{\underset{H}{\vert}} H$$

a   b   c

U heeft de keuze uit de volgende mogelijkheden:
0: alleen a
1: alleen b
2: alleen c
3: a + b
4: a + c
5: b + c
6: a + b + c
7: geen van deze mogelijkheden

B Wat is het eindprodukt van de onder A genoemde reactie als na afloop van de reactie
water aan het reactiemengsel wordt toegevoegd?

40.

$$H_3C-CH_2-C\overset{O}{\underset{H}{}} \qquad H_3C-CH_2-CH_2OH \qquad H_3C-CH_2-CH_2-OCH_3$$

0   1   2

$$H_3C-CH_2-C\overset{O}{\underset{OAlH_3Li}{}} \qquad H_3C-CH_2-CH_3 \qquad H_3C-CH_2-C\overset{O}{\underset{OH}{}}$$

3   4   5

OPGAVE 13 (7 punten)

In de biosynthese van vetzuren worden acetyl CoA en malonyl CoA via een omestering gekoppeld aan thiolgroepen van een enzym.

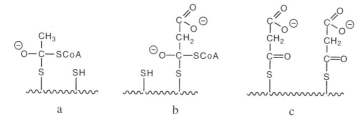

acetyl Co   malonyl CoA   enzym

A   Welke van onderstaande intermediairen kunnen hierbij optreden?

41.

a   b   c

B   Een sleutelstap in de biosynthese van vetzuren is de Claisencondensatie van thioesters.

Welke van onderstaande structuren geven een juist beeld van deelstappen van deze Claisencondensatie?

42.

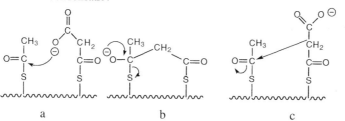

a   b   c

C   Het produkt van de Claisencondensatie wordt daarna in een serie reacties omgezet in een verzadigd vetzuur.

Welke van onderstaande tussenprodukten spelen daarin een rol?

43.

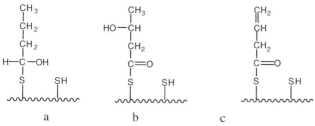

a   b   c

Bij elke serie heeft u de keuze uit de volgende mogelijkheden

0: alleen a	3: a + b	6: a + b + c
1: alleen b	4: a + c	7: geen van de mogelijkheden
2: alleen c	5: b + c	

OPGAVE 14 (6 punten)

Welke van onderstaande tussenprodukten speelt een rol in de reactie van alanine met ninhydrine?

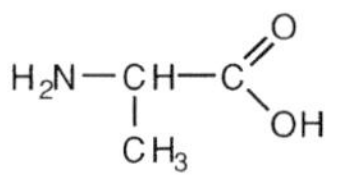

alanine 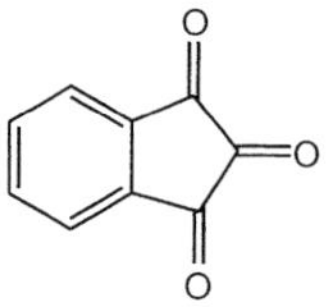   ninhydrine

serie A

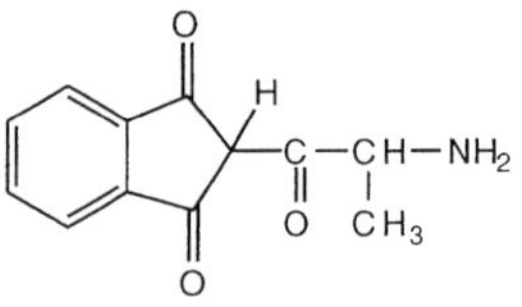

a 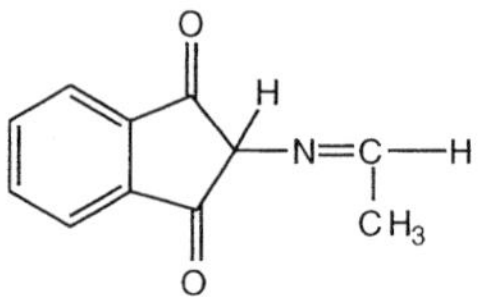   b 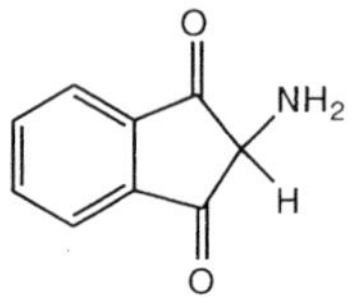   c

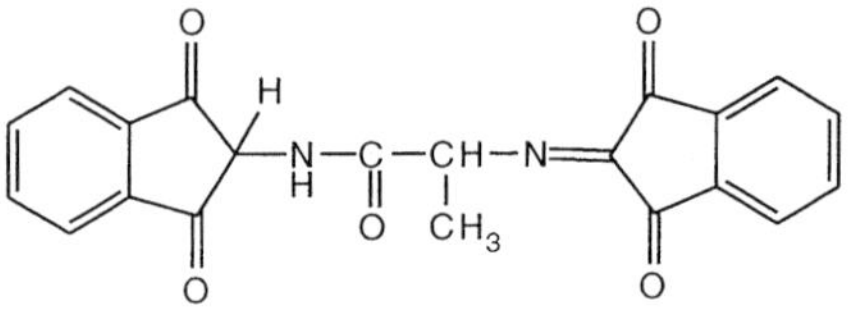

d

serie B

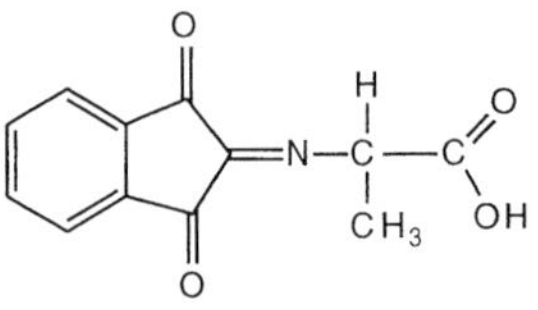

a 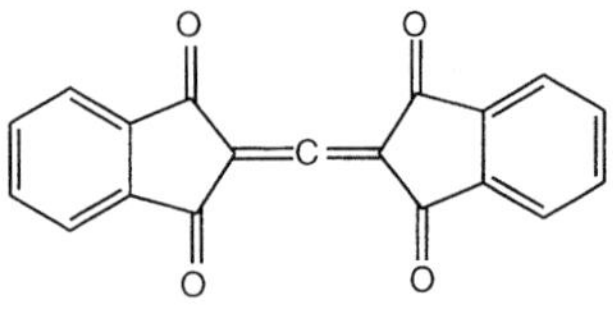   b

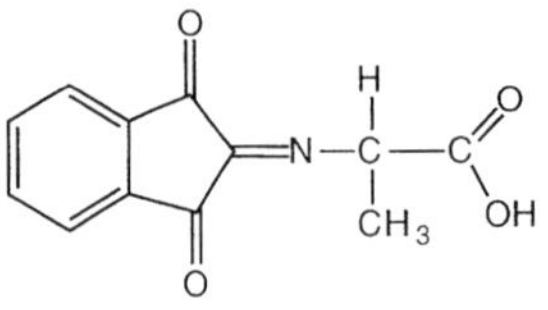

c 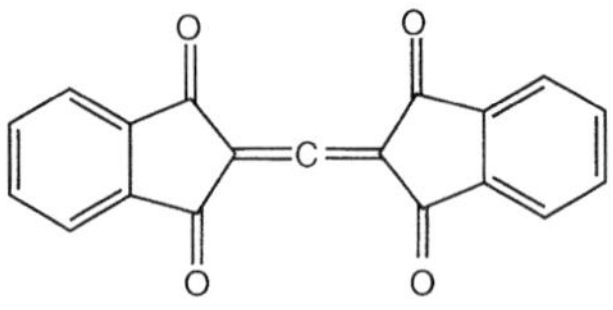   d

Bij beide series heeft u de keuze uit de volgende antwoordmogelijkheden:

0: alleen a	3: alleen d	6: a + d	9: c + d
1: alleen b	4: a + b	7: b + c	
2: alleen c	5: a + c	8: b + d	

OPGAVE 15 (5 punten)

Een tripeptide Phe-Lys-Gly (I) wordt behandeld met 2,4-dinitrofluorbenzeen en daarna onderworpen aan hydrolyse.

Welke van onderstaande verbindingen worden in het hydrolysaat aangetroffen?

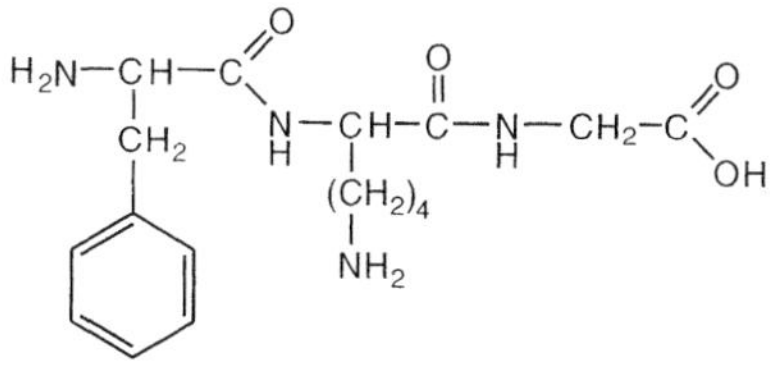

I

serie A

46.

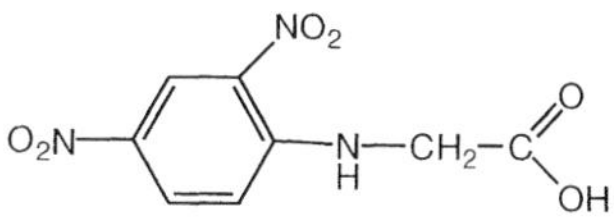

a 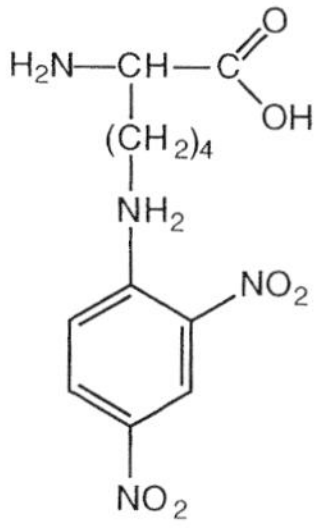   b 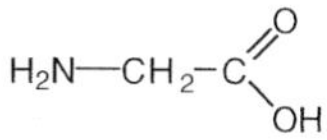   c

serie B

47.

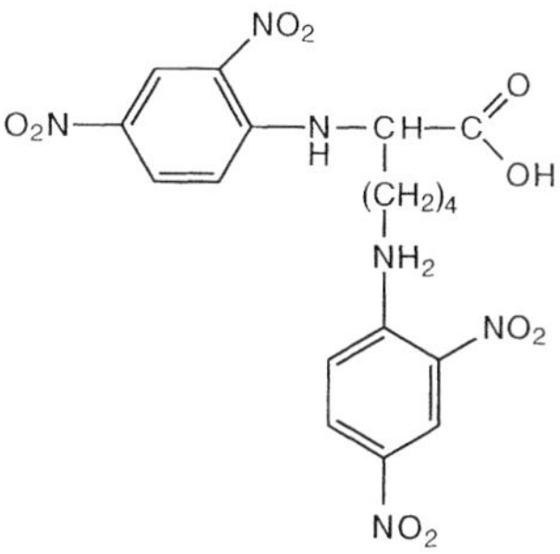

a 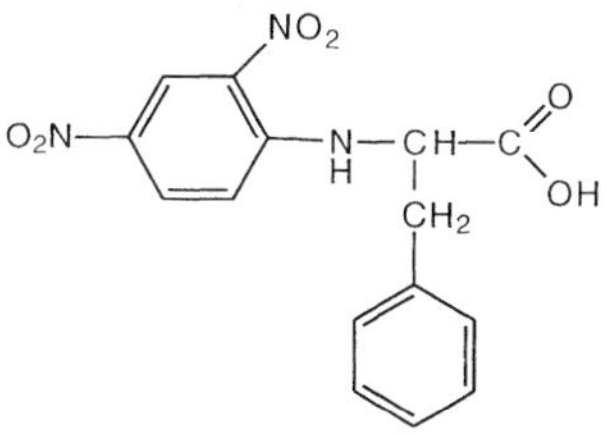   b 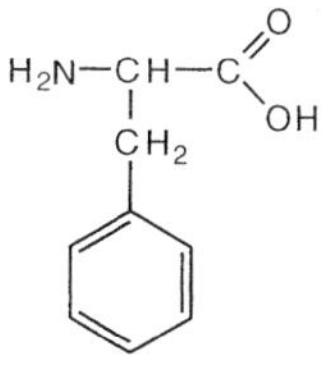   c

Voor elke serie heeft u de keuze uit de volgende antwoordmogelijkheden:

0: alleen a   3: a + b   6: a + b + c
1: alleen b   4: a + c   7: geen van deze drie
2: alleen c   5: b + c

OPGAVE 16 (4 punten)

A De reactie van benzeen met SO_3 in zwavelzuur geeft als produkt:

48.

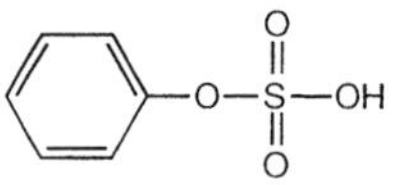

| 0 | 1 | 2 | 3 | 4 |

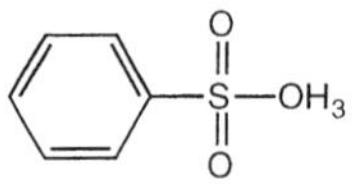

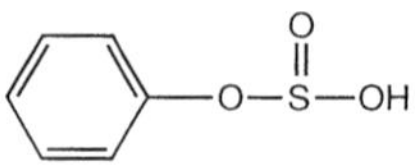

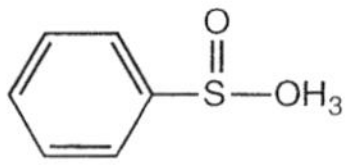

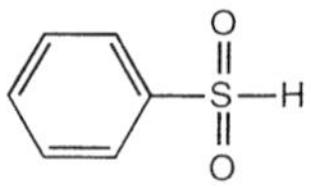

B De reactie van propionylchloride (H_3CCH_2COCl) met benzeen met $AlCl_3$ als katalysator geeft als produkt:

49.

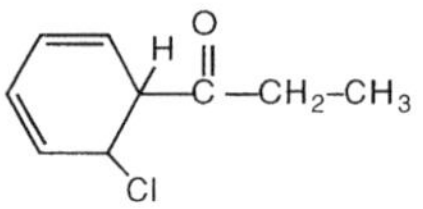

0

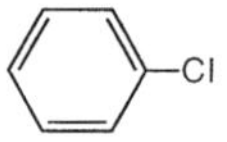

1

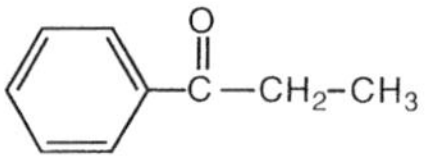

2

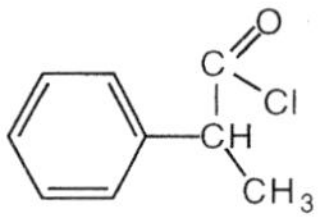

3

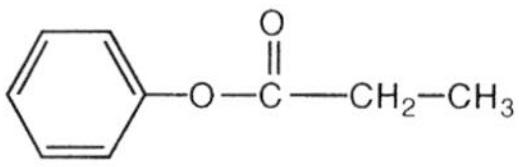

4

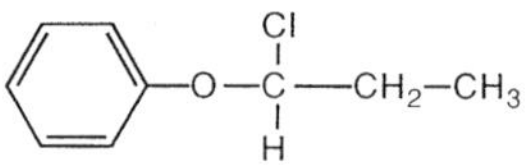

5

OPGAVE 17 (6 punten)

A De aanval van een nucleofiel (bv.een hydride ion H$^{\ominus}$) op het methylpyridinium
ion (I) vindt plaats:

50.

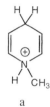

I

0: op het stikstofatoom (N)   5: op C-3 en C-4
1: op koolstofatoom 2 (C-2)   6: op C-2 en C-4
2: op koolstofatoom 3 (C-3)   7: op alle genoemde atomen
3: op koolstofatoom 4 (C-4)   8: op geen van de genoemde atomen.
4: op C-2 en op C-3

B Het produkt dat gevormd wordt bij reductie van het methylpyridinium ion met NaBH$_4$ is:

serie I

51.

a   b   c   d

serie II

52.

a   b   c   d

U heeft bij elke serie de volgende keuzemogelijkheden:

0: alleen a   4: a + b   8: b + d
1: alleen b   5: a + c   9: c + d
2: alleen c   6: a + d
3: alleen d   7: b + c

Uitwerking oefenexamen 2

OPGAVE 1

Reden voor de keuze:		antwoord:
1. sp³	een normaal tetraëdisch koolstofatoom	1.3
2. 0	een waterstofatoom is niet gehybridiseerd	2.0
3. sp²	een dubbel gebonden stikstof in een aromatische ring	3.2
4. sp²	de pyrroolring is aromatisch, stikstof moet daarvoor een electronenpaar in een 2p orbitaal bijdragen, stikstof is daarom sp² gehybridiseerd	4.2
5. sp	drievoudig gebonden koolstofatoom	5.1
6. sp²	een carbokation	6.2
7. sp²	het stikstofatoom maakt hier deel uit van een mesomeer systeem en dat kan alleen als het een vrij electronenpaar in een 2p orbitaal heeft	7.2
8. sp³	een tetraëdrisch stikstofatoom -3 x sp³ + een vrij electronenpaar	8.3
9. sp³	een tetraëdrisch zuurstofatoom -2 x sp³ + 2 vrije electronenparen in sp³ orbitalen	9.3
10. sp³	een tetraëdrische omringing van een koolstofatoom, waarvan één vrij electronenpaar; vergelijk dit met NH_3 of een amide	10.3

OPGAVE 2

A Overal komt de negatieve lading terecht op een zuurstofatoom. Ga bij het oplossen van een dergelijke vraag dan na welk anion heeft de meeste mesomere grensstructuren heeft, m.a.w. welke structuur is het meest gestabiliseerd. De zuurgraad neemt toe met toenemende stabilisatie van het anion.

d $\langle\!\!\!\!\bigcirc\!\!\!\!\rangle$—CH$_2$OH $\rightleftharpoons$ $\langle\!\!\!\!\bigcirc\!\!\!\!\rangle$—CH$_2O^\ominus$ + H$^\oplus$

Opmerkingen:

1 Het fenolaation is door zijn mesomerie goed gestabiliseerd. Maar de electronegativiteit van het zuurstofatoom localiseert de negatieve lading grotendeels op het ene zuurstofatoom. Fenol is dan ook minder zuur dan benzoëzuur waar de negatieve lading verdeeld is over twee zuurstofatomen.

2 Benzylalohol heeft na afsplitsing van H$^\oplus$ geen mogelijkheden tot mesomerie.

3 Het carboxylaatanion van benzoëzuur heeft een goede mesomerie. De negatieve lading wordt over de twee equivalente zuurstofatomen verdeeld.

4 Zwavelzuur is door de vele mesomere structuren van het di-anion het sterkste zuur.

Het antwoord is dan: b > c > a > d (11.4)

B Het antwoord is: 12.2 en 13.2. Dit zijn de meest stabiele mesomere grensstructuren omdat de negatieve lading op het meest electronegatieve element zit, namelijk zuurstof. Verder is een ladingsscheiding zoals bij 12.1 energetisch ongunstig en deze grensstructuur zal daarom niet of nauwelijks bijdragen.

Dit soort vraagstukken (1 en 2) moeten geen problemen opleveren. Is dit wel het geval, dan dient de basisstof uit hoofdstuk 1 van het boek opnieuw grondig doorgenomen te worden.

OPGAVE 3

Goede antwoorden: 14.4   15.1   16.1
Schrijf de biosynthese volledig uit om een goed overzicht te hebben.

serie A Alleen structuren a en b komen voor. Structuur c is een enolaat dat na protonering een aldehyde geeft. Het heeft bovendien een koolstofatoom te weinig.
serie B Structuur b valt af omdat er een dubbele band teveel in het molecuul aanwezig is. Structuur c valt af omdat het niet in de biosynthese van geraniol voorkomt.
serie C Structuur b is een intermedair in de biosynthese van nerol. Via afsplitsing van OPP$^\ominus$ en omlegging kan uiteindelijk wel geraniol worden verkregen maar de vraagstelling was naar de directe bio-synthetische weg naar geraniol.
Structuur c valt af omdat dit niet de structuur van geraniol weergeeft maar die van limoneen. Limoneen kan wel uit geranyl-PP via cyclisatie van neryl-PP gevormd worden, maar dat wordt niet gevraagd.

OPGAVE 4

Voor de overzichtelijkheid is het handig bij dit soort complexe vragen een schema te maken.

Na invullen van de vragen krijgen we het volgende schema:

	17.	18 .	19.	20.	21.	22.
A	+	-	-	-	-	+
B	-	-	+	-	-	-
C	-	-	+	-	-	-

De antwoorden zijn dan: 17.1   18.0   19.6   20.0   21.0   22.1

Toelichting:

Reactie A:

Bij een S_N1 reactie wordt een carbokation gevormd. Dit ion is vlak zodat een aanval van het nucleofiel zowel van de onderkant als de bovenkant plaatsvindt. Er ontstaan twee produkten in gelijke hoeveelheden.

Het reactie-produkt is dus optisch inactief (17+).

Er onstaan twee producten (enantiomeren) in gelijke hoeveelheden, er treedt racemisatie op en geen retentie (18-).

In een S_N1-reactie heeft het nucleofiel geen invloed op de snelheid van ionisatie (19-).

Er ontstaat een mengsel van $R + S$ (20-).

De optische rotatie verandert wel, het racemaat heeft een rotatie van nul, terwijl de uitgangsstof de R-configuratie heeft en dus een rotatie zaal geven (21-).

Er treedt bij een S_N1-reactie wel racemisatie op (22+).

Reactie B:

In een S_N2-reactie treedt inversie van configuratie op $R \rightarrow S$. Het beginproduct is optisch actief, het eindproduct dus ook (17-). Er treedt inversie op (18-).

In een S_N2-reactie is naast de concentratie de sterkte van het nucleofiel van belang (19-).

Het eindproduct heeft de S-configuratie (20-).

De rotatie zal veranderen, er wordt een ander optisch actief product gevormd (21-). Er treedt inversie op en dus geen racemisatie (22-).

Reactie C:

De chirale koolstofatomen in dit molecuul zijn niet bij de reactie betrokken. De configuratie van de bestaande chirale koolstofatomen blijft dus gewoon bestaan (17-)

Het koolstofatoom waaraan gereageerd wordt is niet chiraal, er is hier dus geen sprake van retentie, inversie of racemisatie (18- en 22-).

De reactiesnelheid is wel afhankelijk van de sterkte van het nucleofiel in een S_N2-reactie (19+).

Er zijn meerdere chirale centra aanwezig (20-). Er wordt een ander product gevormd met een andere rotatie (21-).

OPGAVE 5

A Het proton komt bij voorkeur op C1 terecht. Het gevormde carbokation (I) is secundair en is beter gestabiliseerd dan carbokation II waar de positieve lading op het primaire koolstofatoom zit.

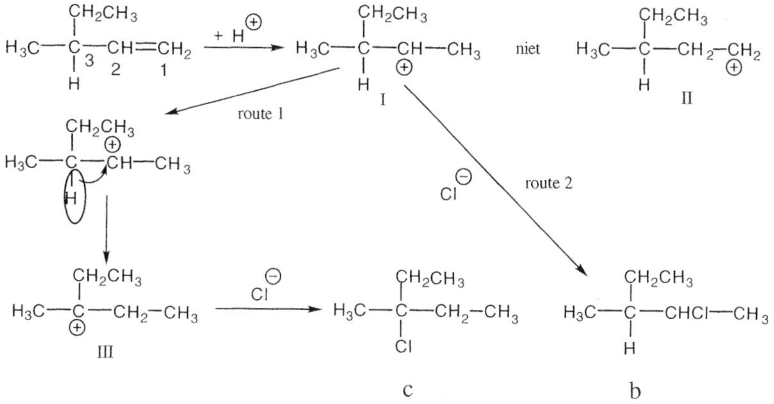

Route 1:

Hier vindt een 1,2 H-verschuiving plaats. Dit is energetisch voordelig want het levert het stabielere *tert.* carbokation III op. Reactie van III met $Cl^{\ominus}$ levert c.

Route 2:

Naast route 1 zal ook het gewone additieprodukt b worden gevormd. Alternatief d heeft geen prioriteit. Een verhuizing van een $^{\ominus}CH_3$ naar koolstofatoom 2 geeft immers weer een secundair carbokation, wat geen winst oplevert.

Het antwoord is: b + c (23.7).

B Antwoord: a + d (24.2). Stof b heeft *twee* chirale koolstofatomen. Kies niet voor stof c, waartoe men snel geneigd zou kunnen zijn, want aan het centrale koolstofatoom zitten *twee* ethylgroepen.

OPGAVE 6

Schrijf de reactievergelijkingen om a, b en c te verkrijgen volledig uit.

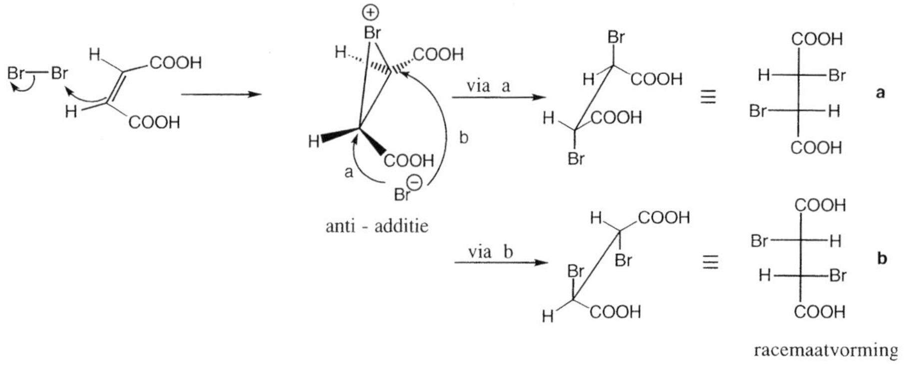

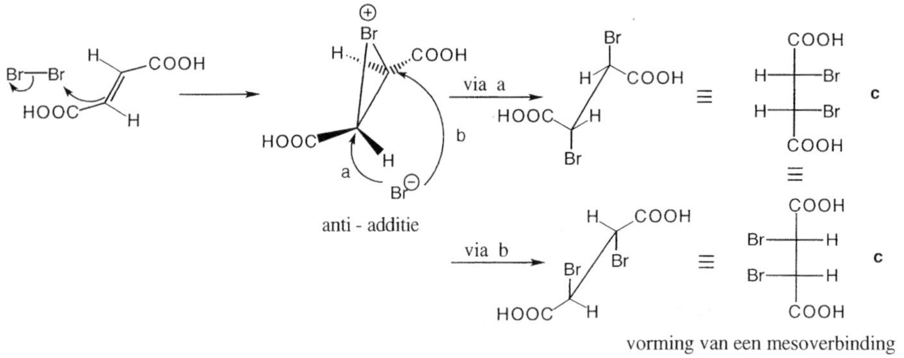

anti - additie

racemaatvorming

anti - additie

vorming van een mesoverbinding

A   Het goede antwoord is 25.0 n.l. a + b. Dit zijn enantiomeren. Structuur c is een meso verbinding en deze is optisch inactief.

B   Het juiste antwoord is 26.2. Dus alleen a + b (zie 25.0). c is een meso verbinding. Ook combinaties van c met a resp. b vallen af.

C   Het goede antwoord is 27.3. De combinaties van a + c en b + c zijn diastereomeren.

OPGAVE 7

A   De aanval van het nucleofiel $CH_3^{\ominus}$ van het methylmagnesiumjodide, op het positief gepolariseerde koolstofatoom kan van de onderkant en van de bovenkant komen. Het uitgangsprodukt blijkt na toepassing van de C.I.P.-regels op koolstofatoom 3 de S-configuratie te hebben- (ga dit na!).

In het reactiemengsel zal na afloop van de reactie een mengsel van $1R,3S$- en $1S,3S$-1,3-dimethyl-1-cyclohexanol aanwezig zijn. De configuratie op C3 verandert niet door de reactie. Het antwoord is b + d (28.8).

B a De produkten zijn optische actief (zie boven)

  b Het reactieproduct is geen mesoverbinding; het zijn twee verschillende verbindingen.

  c Het zijn *geen* enantiomeren, immers dat zou een combinatie moeten zijn van *RR* vs. *SS* of *SR* vs. *RS*.

  d Dus zijn de gevormde stoffen diastereoisomeren; de antwoorden a en d zijn goed (29.6).

OPGAVE 8

De reactie verloopt volgens het normale aldolcondensatiepatroon. De laatste stap, de afsplitsing van water, tot het onverzadigd keton verloopt snel omdat er een geconjugeerd systeem (-aromaat-dubbele band-keton-) ontstaat, dat energetisch gunstig is. Het antwoord is: alleen d (antwoord 30.3). Product c is niet het eindproduct, maar treedt wel op als intermediair.

OPGAVE 9

De structuur van suikers ribose, mannose, glucose, galactose en fructose dient u zonder meer te kunnen reproduceren in al hun notatievormen.

A Ribose is een C5-suiker waarvan alle OH-groepen naar rechts wijzen in de projectieformule. Na het sluiten van lineaire structuur zitten alle OH-groepen, ook die op C1 naar beneden (er wordt gevraagd naar de α-vorm). Structuur 31.3 is de juiste, alle andere structuren zijn fout.

B In water zal dit halfacetaal, dat in de furanose-vorm aanwezig is, open gaan en na sluiten kan de β–furanose gevormd worden maar ook een pyranose-vorm - zoals getekend bij onderdeel B - zowel in de α- als in de β-vorm; dit zijn de structuren b. en c. Het goede antwoord is 32.7.

C α-D-ribopyranose is structuur c en kijkend langs de binding C2-C1 blijkt 33.2 het juiste antwoord. Dit is de enige structuur met een axiale OH naar beneden op C1 en een equatoriale OH op C2.

OPGAVE 10

Teken eerst de structuur van de open verbinding van galactose en sluit deze daarna tot de pyranose-vorm. Zet de OH groep op koolstofatoom 1 in de β-stand, want in de gegeven structuren is immers geen α- OH aanwezig.

Er vinden twee reacties plaats:

1 Reactie met methanol en een katalytische hoeveelheid zwavelzuur.

De echte alcoholgroepen in het galactosemolecuul reageren niet onder deze omstandigheden met dit reagens. Wel reageert de halfacetaalgroep en ontstaan het α- en β-isomeer E en G (zie schema). G valt af omdat in de gegeven structuren geen α-vorm wordt gegeven als mogelijk antwoord.

α– en β–galactose

E   G

2 Met azijnzuuranhydride worden **alle** nog beschikbare OH-groepen geacetyleerd!

Serie A:

Concluderend blijft alleen structuur b over (E in het schema). Het juiste antwoord is dus 34.1. Structuur a heeft alleen een acetylgroep op de OH aan C1. Dit kan niet juist zijn, want ook de andere OH- groepen zouden dan hebben gereageerd. Ook structuur c heeft slechts één OH die is geacetyleerd en valt af om dezelfde reden.

Serie B:

De reactie met azijnzuuranhydride zorgt ervoor dat alle overgebleven OH-groepen van structuur E (zie schema) worden geacetyleerd. We verkrijgen dan alleen structuur b. Antwoord 35.1 is dus juist. Structuur a heeft alleen een geacetyleerde OH-groep van het acetaal en structuur c bezit zelfs nog een vrije OH van het acetaal. Op deze gronden alleen al moeten de structuren a en c worden verworpen.

OPGAVE 11

Lees de vraag goed. Essentiëel is de opmerking "spelen een rol". Dus geen structuren die eventueel kunnen ontstaan door schuiven met protonen, maar die structuren die op de directe weg liggen naar het eindprodukt. Schrijf de reactie eerst geheel uit, de kans dat u anders bij een dergelijk gecompliceerd mechanisme iets vergeet is groot.

In onderstaand schema is de algemene veresteringsreactie uit het boek weergegeven.

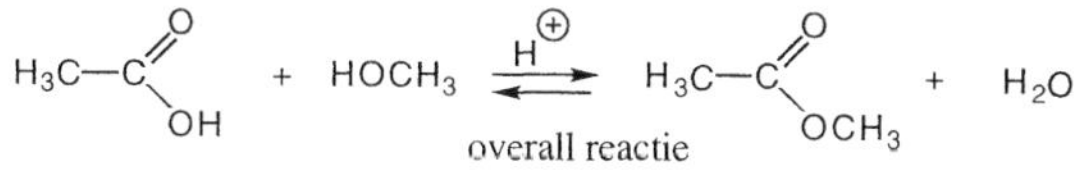

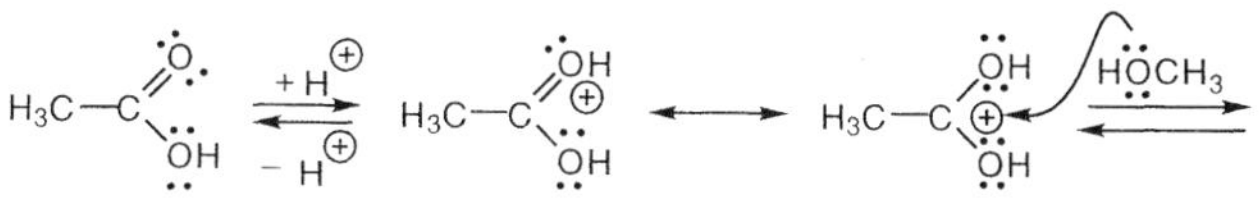

1

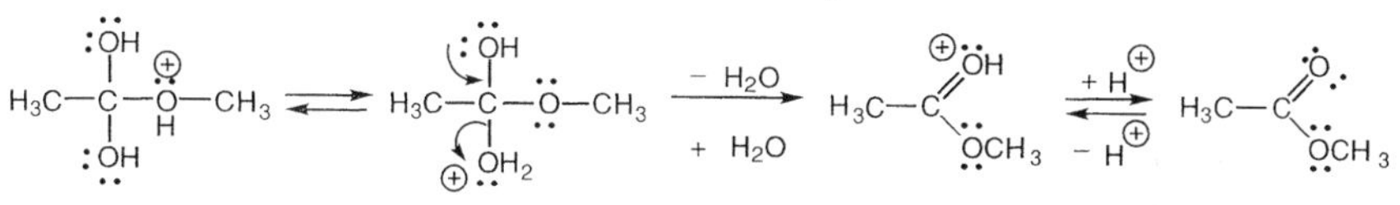

2

Let er op dat verbinding b van serie I niet als zodanig in het schema is te vinden, maar wel in het mengsel aanwezig kan zijn. Dit intermediair kan verkregen worden door in plaats van de alcohol water op structuur 1 te laten aanvallen. Een dergelijke reactie heeft geen zin, want het gewenste produkt wordt hiermee niet verkregen en verbinding b is dus geen goed antwoord. Structuur c van serie II komt eveneens niet in het schema, maar is een mesomere structuur van structuur 2. Uit het schema is nu eenvoudig te concluderen wat de goede oplossingen zijn, n.l. 36.4, 37.5 en 38.5.

OPGAVE 12

Schrijf de reactievergelijking volledig uit.

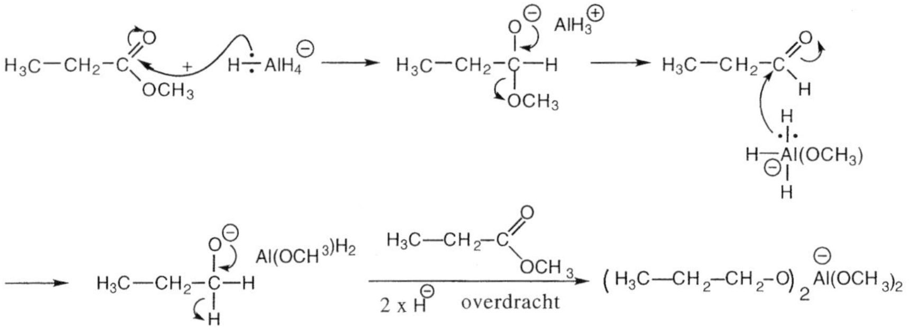

$$\xrightarrow{H_2O} 2\ CH_3OH + 2\ C_3H_7OH + Al(OH)_3 + H_2O$$

A Het antwoord is dus 39.5 (b en c).

B Het antwoord 40.1 is nu eenvoudig uit het schema te halen. De essentie van deze reductie is het optreden van het nucleofiel deeltje $H^{\ominus}$ Een veel voorkomende fout is dat men de reactie laat stoppen bij het aldehyde-stadium (antwoord 40.0). Dit gebeurt echter niet. Omdat tegelijkertijd zowel de ester als het aldehyde aanwezig is in het reactiemengsel, zal het aldehyde doordat het reactiever is dan de ester, sneller reageren. Het aldehyde wordt verder gereduceerd tot het eindprodukt c bij A, dat na toevoegen van water structuur 1 geeft.

OPGAVE 13

Schrijf bij deze opgave over de vetzuurcyclus de gehele cyclus eerst uit.
Gegeven:

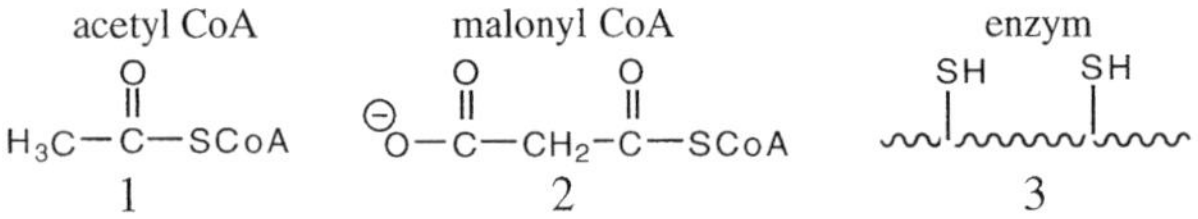

1 2 3

Het juiste antwoord is voor onderdeel A niet direct terug te vinden in het schema van de vetzuurcyclus uit het boek, maar bedenk dat reactie van stof 1 resp. 2 met 3 de aangegeven intermediairen a en b oplevert. De goede oplossingen zijn nu gemakkelijk in het door u uitgeschreven schema te halen.
Antwoord A: a + b (41.3) B: b + c (42.5) en C: alleen b (43.1).

OPGAVE 14

Schrijf de gehele ninhydrinereactie uit (zie boek par. 20.5). Uit de reactievergelijking zijn de volgende antwoorden te vinden:

serie A: b + c Antwoord 44.7.
serie B: a + c Antwoord 45.5

OPGAVE 15

Koppel eerst het reagens aan het tripeptide. De reactie zal plaatsvinden aan de vrije basische aminogroepen gemerkt met de open pijlen. De stikstofatomen in de amidebindingen zijn niet voldoende nucleofiel om te reageren.

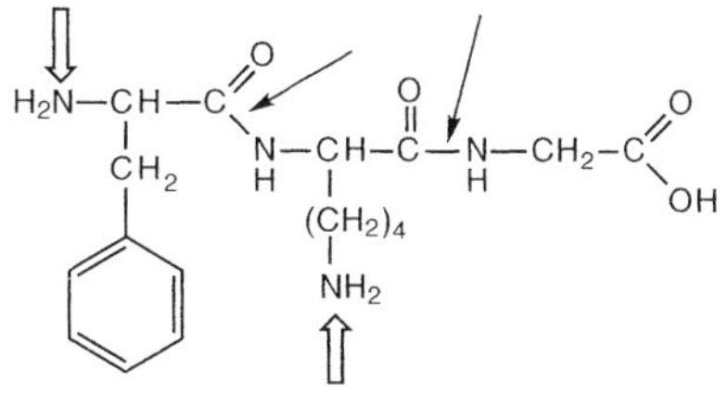

1

Vervolgens wordt gehydrolyseerd en daarbij breken de amidebindingen - aangegeven met de gewone pijlen - en ontstaan de vrije aminozuren. In Phe en Lys is daaraan op de met de open pijl aangegeven plaatsen een dinitrofenylrest aanwezig.
De juiste antwoorden zijn dus: serie A: b + c (46.5) en serie B: alleen b (47.1).

OPGAVE 16

In beide reacties is sprake van een electrofiele aromatische substitutie.

A SO_3 is een Lewis zuur omdat het zwavelatoom, dat verbonden is met drie zuurstofatomen, tamelijk sterk positief is gepolariseerd en dus genegen is een electronenpaar op te nemen.

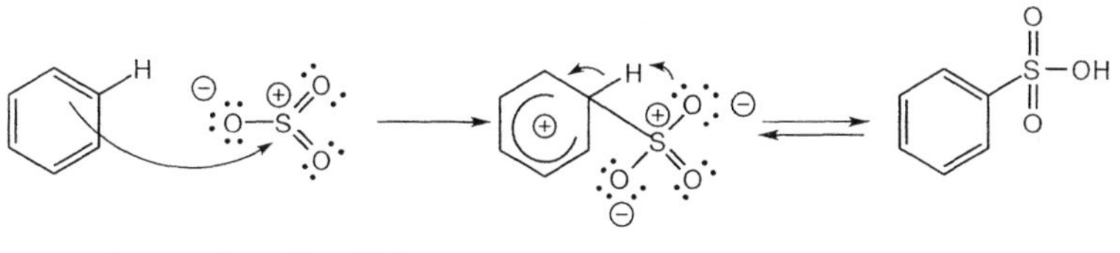

Het antwoord moet dus zijn: 48.1.

B   Propionylchloride reageert eerst met aluminumchloride zodat er een positief deeltje,
een zgn. acylkation ontstaat, dat aangevallen wordt door de aromatische ring.
Zie schema:

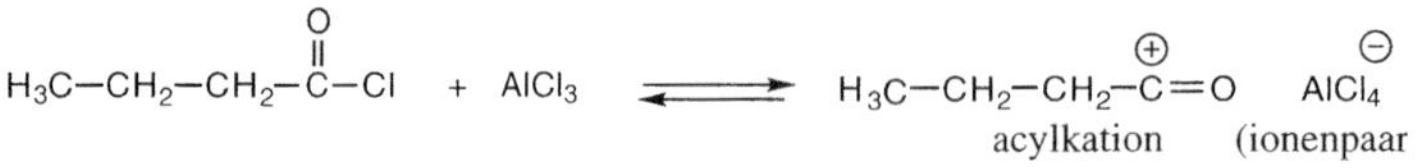

$$H_3C-CH_2-CH_2-\overset{\overset{O}{\|}}{C}-Cl \quad + \quad AlCl_3 \quad \rightleftharpoons \quad H_3C-CH_2-CH_2-\overset{\oplus}{C}=O \quad \overset{\ominus}{AlCl_4}$$

acylkation   (ionenpaar

Dit acylkation legt niet om, omdat het mesomeer gestabiliseerd is.

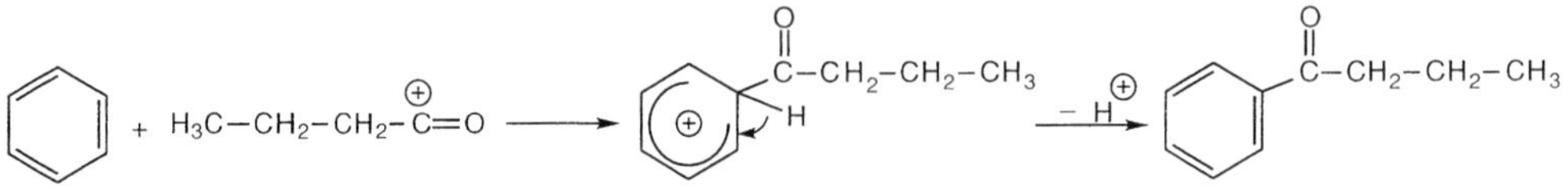

Het goede antwoord is 49.1.

OPGAVE 17

Een nucleofiel valt aan op het pyridinium ion op de positief gepolariseerde plaatsen die
aangegeven zijn in schema a.
Schema a:

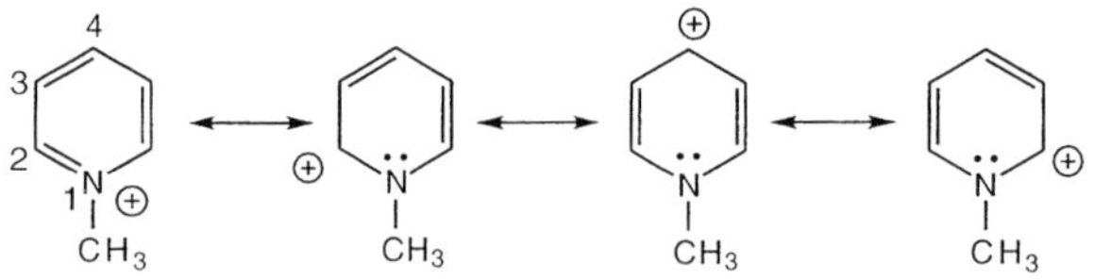

In de mesomere structuren komt de positieve lading op de plaatsen 2 en 4. Het nucleofiel
zal op deze plaatsen aanvallen (schema b). Het goede antwoord is 50.6
Schema b:

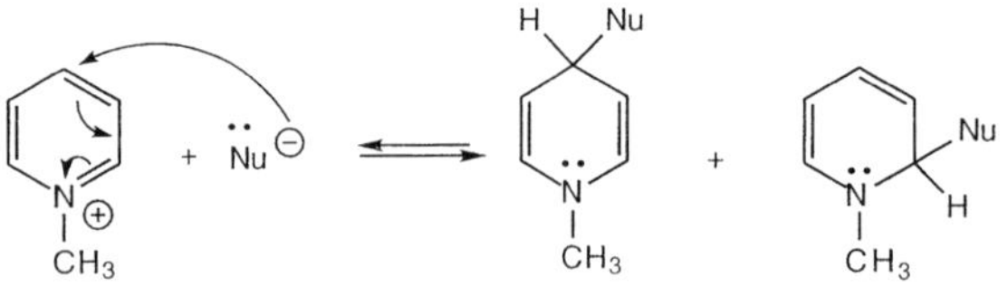

Voor de reactie met NaBH₄ geeft dat:

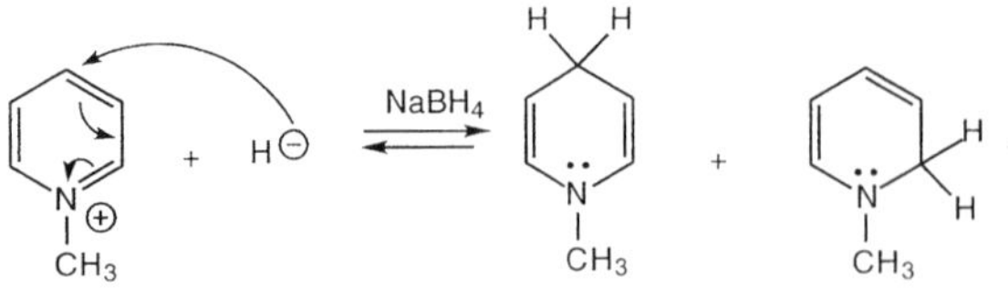

De twee eindprodukten die ontstaan zijn:
serie I: alleen c dus antwoord 51.2 en serie II: alleen a dus antwoord 52.0.

Printed in the United States
by Baker & Taylor Publisher Services